计算机基础与实训教材系列

中文版

Flash CS4动画制作

实用教程

梁栋 潘洪军 编著

清华大学出版社

北 京

内 容 简 介

  本书由浅入深、循序渐进地介绍了 Adobe 公司最新推出的动画制作软件——Flash CS4 的操作方法和使用技巧。全书共分 13 章，依次介绍了 Flash CS4 基础知识，使用绘图工具绘制图形，编辑插入的图形和文本对象，导入外部多媒体元素，认识时间轴和帧，使用图层制作引导和遮罩动画，创建元件、实例和库，ActionScript 3.0 基础和应用，使用 Flash 中自带的组件，测试并发布影片等内容。其中第 8 章的实例主要是通过帧和图层来实现的补间动画、引导动画和遮罩动画等，第 13 章的实例偏重有关 ActionScript 3.0 的应用。

  本书内容丰富，结构清晰，语言简练，图文并茂，具有很强的实用性和可操作性，是一本适合于大中专院校、职业学校及各类社会培训学校的优秀教材，同时也可作为广大初、中级电脑用户的自学参考书。

  本书对应的电子教案、实例源文件和习题答案可以登录 http://www.tupwk.com.cn/edu 网站下载。

图书在版编目(CIP)数据

中文版 Flash CS4 动画制作实用教程/梁栋，潘洪军 编著. —北京：清华大学出版社，2010.8
(计算机基础与实训教材系列)

ISBN 978-7-302-23076-2

Ⅰ. 中…　Ⅱ. ①梁…②潘…　Ⅲ. 动画—设计—图形软件，Flash CS4—教材　Ⅳ. TP391.41

中国版本图书馆 CIP 数据核字(2010)第 113993 号

责任编辑：胡辰浩(huchenhao@263.net) 袁建华
装帧设计：孔祥丰
责任校对：成凤进
责任印制：孟凡玉

出版发行：清华大学出版社　　　　　　地　　址：北京清华大学学研大厦 A 座
　　　　　http://www.tup.com.cn　　　邮　　编：100084
　　　　　c-service@tup.tsinghua.edu.cn
　　　社　总　机：010-62770175　　邮　　购：010-62786544
　　　投稿与读者服务：010-62776969，c-service@tup.tsinghua.edu.cn
　　　质　量　反　馈：010-62772015，zhiliang@tup.tsinghua.edu.cn

印　刷　者：北京四季青印刷厂
装　订　者：三河市新茂装订有限公司
经　　销：全国新华书店
开　　本：190×260　印　张：19.75　字　数：518 千字
版　　次：2010 年 8 月第 1 版　　印　　次：2010 年 8 月第 1 次印刷
印　　数：1～5000
定　　价：30.00 元

产品编号：031640-01

编审委员会

计算机基础与实训教材系列

计算机已经广泛应用于现代社会的各个领域，熟练使用计算机已经成为人们必备的技能之一。因此，如何快速地掌握计算机知识和使用技术，并应用于现实生活和实际工作中，已成为新世纪人才迫切需要解决的问题。

为适应这种需求，各类高等院校、高职高专、中职中专、培训学校都开设了计算机专业的课程，同时也将非计算机专业学生的计算机知识和技能教育纳入教学计划，并陆续出台了相应的教学大纲。基于以上因素，清华大学出版社组织一线教学精英编写了这套"计算机基础与实训教材系列"丛书，以满足大中专院校、职业院校及各类社会培训学校的教学需要。

一、丛书书目

本套教材涵盖了计算机各个应用领域，包括计算机硬件知识、操作系统、数据库、编程语言、文字录入和排版、办公软件、计算机网络、图形图像、三维动画、网页制作以及多媒体制作等。众多的图书品种可以满足各类院校相关课程设置的需要。

- 已出版的图书书目

《计算机基础实用教程》	《中文版 Excel 2003 电子表格实用教程》
《计算机组装与维护实用教程》	《中文版 Access 2003 数据库应用实用教程》
《五笔打字与文档处理实用教程》	《中文版 Project 2003 实用教程》
《电脑办公自动化实用教程》	《中文版 Office 2003 实用教程》
《中文版 PowerPoint 2003 幻灯片制作实用教程》	《电脑入门实用教程》
《中文版 Word 2003 文档处理实用教程》	《Excel 财务会计实战应用》
《中文版 Photoshop CS3 图像处理实用教程》	《JSP 动态网站开发实用教程》
《Authorware 7 多媒体制作实用教程》	《Mastercam X3 实用教程》
《中文版 AutoCAD 2009 实用教程》	《Mastercam X4 实用教程》
《AutoCAD 机械制图实用教程(2009 版)》	《Director 11 多媒体开发实用教程》
《中文版 Flash CS3 动画制作实用教程》	《中文版 Indesign CS3 实用教程》
《中文版 Flash CS3 动画制作实训教程》	《中文版 CorelDRAW X3 平面设计实用教程》
《中文版 Flash CS4 动画制作实用教程》	《中文版 CorelDRAW X4 平面设计实用教程》
《中文版 Dreamweaver CS3 网页制作实用教程》	《中文版 Windows Vista 实用教程》
《中文版 3ds Max 9 三维动画创作实用教程》	《中文版 3ds Max 2009 三维动画创作实用教程》
《中文版 Dreamweaver CS4 网页制作实用教程》	《中文版 Premiere Pro CS3 多媒体制作实用教程》

《中文版 3ds Max 2010 三维动画创作实用教程》	《网络组建与管理实用教程》
《中文版 SQL Server 2005 数据库应用实用教程》	《Java 程序设计实用教程》
《Visual C#程序设计实用教程》	《ASP.NET 3.5 动态网站开发实用教程》
SQL Server 2008 数据库应用实用教程	

- 即将出版的图书书目

《Oracle Database 11g 实用教程》	《中文版 Pro/ENGINEER Wildfire 5.0 实用教程》
《中文版 Word 2007 文档处理实用教程》	《中文版 Office 2007 实用教程》
《中文版 Excel 2007 电子表格实用教程》	《中文版 PowerPoint 2007 幻灯片制作实用教程》
《AutoCAD 建筑制图实用教程（2009 版）》	《中文版 Access 2007 数据库应用实例教程》
《中文版 Photoshop CS4 图像处理实用教程》	《中文版 Project 2007 实用教程》
《中文版 Illustrator CS4 平面设计实用教程》	《中文版 After Effects CS4 视频特效实用教程》
《中文版 Indesign CS4 实用教程》	《中文版 Premiere Pro CS4 多媒体制作实用教程》

二、丛书特色

1. 选题新颖，策划周全——为计算机教学量身打造

本套丛书注重理论知识与实践操作的紧密结合，同时突出上机操作环节。丛书作者均为各大院校的教学专家和业界精英，他们熟悉教学内容的编排，深谙学生的需求和接受能力，并将这种教学理念充分融入本套教材的编写中。

本套丛书全面贯彻"理论→实例→上机→习题"4 阶段教学模式，在内容选择、结构安排上更加符合读者的认知习惯，从而达到老师易教、学生易学的目的。

2. 教学结构科学合理，循序渐进——完全掌握"教学"与"自学"两种模式

本套丛书完全以大中专院校、职业院校及各类社会培训学校的教学需要为出发点，紧密结合学科的教学特点，由浅入深地安排章节内容，循序渐进地完成各种复杂知识的讲解，使学生能够一学就会、即学即用。

对教师而言，本套丛书根据实际教学情况安排好课时，提前组织好课前备课内容，使课堂教学过程更加条理化，同时方便学生学习，让学生在学习完后有例可学、有题可练；对自学者而言，可以按照本书的章节安排逐步学习。

3. 内容丰富、学习目标明确——全面提升"知识"与"能力"

本套丛书内容丰富，信息量大，章节结构完全按照教学大纲的要求来安排，并细化了每一

章内容，符合教学需要和计算机用户的学习习惯。在每章的开始，列出了学习目标和本章重点，便于教师和学生提纲挈领地掌握本章知识点，每章的最后还附带有上机练习和习题两部分内容，教师可以参照上机练习，实时指导学生进行上机操作，使学生及时巩固所学的知识。自学者也可以按照上机练习内容进行自我训练，快速掌握相关知识。

4. 实例精彩实用，讲解细致透彻——全方位解决实际遇到的问题

本套丛书精心安排了大量实例讲解，每个实例解决一个问题或是介绍一项技巧，以便读者在最短的时间内掌握计算机应用的操作方法，从而能够顺利解决实践工作中的问题。

范例讲解语言通俗易懂，通过添加大量的"提示"和"知识点"的方式突出重要知识点，以便加深读者对关键技术和理论知识的印象，使读者轻松领悟每一个范例的精髓所在，提高读者的思考能力和分析能力，同时也加强了读者的综合应用能力。

5. 版式简洁大方，排版紧凑，标注清晰明确——打造一个轻松阅读的环境

本套丛书的版式简洁、大方，合理安排图与文字的占用空间，对于标题、正文、提示和知识点等都设计了醒目的字体符号，读者阅读起来会感到轻松愉快。

三、读者定位

本丛书为所有从事计算机教学的老师和自学人员而编写，是一套适合于大中专院校、职业院校及各类社会培训学校的优秀教材，也可作为计算机初、中级用户和计算机爱好者学习计算机知识的自学参考书。

四、周到体贴的售后服务

为了方便教学，本套丛书提供精心制作的 PowerPoint 教学课件(即电子教案)、素材、源文件、习题答案等相关内容，可在网站上免费下载，也可发送电子邮件至 wkservice@vip.163.com 索取。

此外，如果读者在使用本系列图书的过程中遇到疑惑或困难，可以在丛书支持网站(http://www.tupwk.com.cn/edu)的互动论坛上留言，本丛书的作者或技术编辑会及时提供相应的技术支持。咨询电话：010-62796045。

Flash CS4 是 Adobe 公司最新推出的专业化动画制作软件，目前已广泛应用于网站规划、美术设计、多媒体软件和光盘制作等诸多领域。最新版本的 Flash CS4 在原有版本的基础上改进了诸多功能，如简化了工作界面，丰富了绘图功能，新增了三维立体方面的操作工具，增强了与 Photoshop 或 Illustrator 等图像编辑软件的配合，尤其重要的是，Flash CS4 引入了代码编写更加规范、执行效率更高的 ActionScript 3.0 脚本语言。

本书从教学实际需求出发，合理安排知识结构，从入门开始、由浅入深、循序渐进地讲解 Flash CS4 的基础知识和使用方法，本书共分为 13 章，主要内容如下：

第 1 章介绍了 Flash 动画的相关知识，以及 Flash CS4 工作界面和文档的常用基本操作。

第 2 章介绍了 Flash 中各种绘图工具的使用方法。

第 3 章介绍了图形对象的基本编辑方法以及插入和编辑文本内容。

第 4 章介绍了将外部图像及视频导入 Flash 中的方法。

第 5 章介绍了时间轴和帧的相关知识和操作方法。

第 6 章介绍了有关图层的一些基础知识和操作方法，着重介绍了引导层和遮罩层的应用。

第 7 章介绍了元件的基础知识和操作方法，以及【库】面板的使用方法和技巧。

第 8 章介绍了时间轴动画、动作补间动画和形状补间动画的制作方法。

第 9 章介绍了 ActionScript 3.0 语言基础知识，以及使用动作脚本语言创建交互式动画的方法。

第 10 章介绍了 ActionScript 3.0 在动画制作过程中的实际应用。

第 11 章介绍了组件的概念以及在 Flash 中添加 UI 组件和视频组件的方法。

第 12 章介绍了测试 Flash 动画的方法，以及优化、导出和发布 Flash 动画的方法和技巧。

第 13 章讲解了 5 个综合实例，帮助读者巩固图像绘制、动画制作及动作脚本语言应用等方面的知识。

本书图文并茂，条理清晰，通俗易懂，内容丰富，在讲解每个知识点时都配有相应的实例，方便读者上机实践。同时在难于理解和掌握的部分内容上作出相关提示，让读者能够快速地提高操作技能。此外，本书配有大量综合实例和练习，让读者在不断的实际操作中更加牢固地掌握书中讲解的内容。

除封面署名的作者外，参加本书编写的人员还有徐帆、王岚、洪妍、方峻、何亚军、王通、高娟妮、严晓雯、杜思明、孔祥娜、张立浩、孔祥亮、陈笑、陈晓霞、王维、牛静敏、何俊杰等人。由于作者水平有限，加之创作时间仓促，本书难免有不足之处，欢迎广大读者批评指正。我们的邮箱是 huchenhao@263.net，电话 010-62796045。

作　者

2010 年 4 月

章　名	重点掌握内容	教学课时
第 1 章　Flash CS4 动画制作基础	1. Flash 动画的基础知识 2. Flash CS4 的工作界面 3. 文档的基本操作	2 学时
第 2 章　绘制图形图像	1. Flash CS4 中的图形类型 2. 使用【工具】面板中的绘制工具 3. 使用辅助工具 4. 编辑图形	2 学时
第 3 章　编辑图形和文本	1. 图形的基本操作 2. 排列、组合和分离对象 3. 对象的变形 4. 填充变形对象 5. 编辑文本 6. 添加文本效果	3 学时
第 4 章　导入外部文件	1. 导入位图 2. 导入其他格式图像文件 3. 导入视频文件 4. 导入声音文件 5. 编辑声音	2 学时
第 5 章　时间轴和帧	1. 时间轴和帧的基础知识 2. 时间轴的组成 3. 编辑帧 4. 制作基本、逐帧和补间动画 5. 使用【动画编辑器】工具 6. 使用【动画预设】面板 7. 使用【骨骼】工具	4 学时
第 6 章　使用图层	1. 图层的基础知识 2. 使用图层 3. 编辑图层 4. 引导层 5. 遮罩层	3 学时

(续表)

第7章 使用元件、实例和库	1. 使用元件 2. 使用实例 3. 【动画编辑器】面板 4. 【动画预设】面板 5. 3D 工具 6. Deco 工具 7. 使用库	3 学时
第8章 动画实例解析	1. 制作逐帧动画 2. 制作补间动画 3. 制作引导动画 4. 制作遮罩动画	3 学时
第9章 ActionScript 应用(一)	1. ActionScript 语言简介 2. ActionScript 常用术语 3. ActionScript 3.0 的特点 4. 输入 ActionScript	2 学时
第10章 ActionScript 应用(二)	1. 认识 ActionScript 常用语句 2. 编写类	3 学时
第11章 使用 Flash 组件	1. 组件的概念 2. 组件的基本操作 3. 常用 UI 组件的使用 4. 视频组件的使用	2 学时
第12章 测试与发布影片	1. 优化影片 2. 测试影片下载性能 3. 发布影片	2 学时
第13章 综合实例应用	1. 绘制图像 2. 创建逐帧动画 3. 创建补间动画 4. 创建引导动画 5. 创建遮罩动画 6. 为动画添加 ActionScript	4 学时

注：1. 教学课时安排仅供参考，授课教师可根据情况作调整。

2. 建议每章安排与教学课时相同时间的上机练习。

计算机基础与实训教材系列

目 录

CONTENTS

计算机基础与实训教材系列

计算机 基础与实训教材系列

第**1**章

Flash CS4 动画制作基础

学习目标

Flash 动画是当今最为流行的动画形式之一。凭借其诸多的优点,在互联网、多媒体课件制作以及游戏软件制作等领域得到了广泛应用。Flash CS4 是 Adobe 公司最新推出的 Flash 动画制作软件,相比之前的版本它在功能上有了很多有效的改进及拓展,深受用户青睐。为了使读者对 Flash 动画及 Flash CS4 进行初步了解,本章主要介绍 Flash 动画的特点及应用领域,以及 Flash CS4 的新增功能和工作界面等内容。

本章重点

- ◉ Flash 动画的基础知识
- ◉ Flash CS4 的新增功能
- ◉ Flash CS4 的工作界面
- ◉ 文档的基本操作

1.1 Flash 动画的基础知识

Flash 动画是一种以 Web 应用为主的二维动画形式,它不仅可以通过文字、图片、视频、声音等综合手段展现动画意图,还可以通过强大的交互功能实现与动画观看者之间的互动。

1.1.1 什么是 Flash 动画

Flash 动画是目前非常流行的二维动画制作软件之一,它是矢量图编辑和动画创作的专业软件,能将矢量图、位图、音频、动画和深层的交互动作有机地、灵活地结合在一起,创建美观、新奇、交互性强的动画。Flash 不仅用于制作动画、游戏等,还广泛用于制作动态效果网页,网上已经有成千上万个 Flash 站点。Flash 是一种比较简单易学的大众化制作软件，具备一定计算机基础的人都能很容易上手。

1.1.2　Flash 动画的特点

　　Flash 软件提供的物体变形和透明技术使得创建动画更加容易；交互设计让用户可以随心所欲地控制动画，用户有更多的主动权；优化的界面设计和强大的工具使 Flash 更简单实用。Flash 还具有导出独立运行程序的能力。由于 Flash 记录的只是关键帧和控制动作，因此所生成的编辑文件(*.fla)和播放文件(*.swf)都非常小巧。与其他动画制作软件制作出的动画相比，Flash 动画的特点主要归纳为以下几点：

- Flash 可使用矢量绘图。有别于普通位图图像的是，矢量图像无论放大多少倍都不会失真，因此 Flash 动画的灵活性较强，其情节和画面也往往更加夸张起伏，可以在最短的时间内传达出最深的感受。
- Flash 动画具有交互性，能更好地满足用户的需要。设计者可以在动画中加入滚动条、复选框、下拉菜单等各种交互组件，使观看者可以通过单击、选择等操作决定动画运行过程和结果，这一特点是传统动画所无法比拟的。
- Flash 动画拥有强大的网络传播能力。由于 Flash 动画文件较小且是矢量图，因此它的网络传输速度优于其他动画文件，而其采用的流式播放技术，更可以使用户以边看边下载的模式欣赏动画，从而大大减少了下载等待时间。
- Flash 动画拥有崭新的视觉效果。Flash 动画比传统的动画更加简易和灵巧，已经逐渐成为一种新兴的艺术表现形式。
- Flash 动画制作成本低，效率高。使用 Flash 制作的动画在减少了大量人力和物力资源消耗的同时，也极大地缩短了制作时间。
- Flash 动画在制作完成后可以把生成的文件设置成带保护的格式，这样就维护了设计者的版权利益。

1.1.3　Flash 动画的应用领域

　　Flash 动画可以在浏览器中观看，随着 Internet 网络的不断推广，被延伸到了多个领域。并且由于它可以在独立的播放器中播放的特性，越来越多的多媒体光盘也都通过 Flash 制作。

　　Flash 动画凭借生成文件小、动画画质清晰、播放速度流畅等特点，在诸多领域中都得到了广泛的应用，它的主要用途有以下几点。

- 制作多媒体动画
- 制作交互性游戏
- 制作多媒体教学课件

⊙　制作电子贺卡

⊙　制作网站动态元素

⊙　制作 Flash 网站

1. 制作多媒体动画

Flash 动画的流行源于网络，其诙谐幽默的演绎风格吸引了大量的网络观众。另外，Flash 动画比传统的 GIF 动画文件要小很多，一个几分钟长度的 Flash 动画也许只有 1~2Mbit 大小，在网络带宽局限的条件下，在网络传输方面更显示出其优越性。如图 1-1 所示，是使用 Flash 制作的多媒体动画。

2. 制作游戏

Flash 动画有别于传统动画的重要特征之一就在于它的互动性，观众可以在一定程度上参与或控制 Flash 动画，这得益于 Flash 拥有较强的 ActionScript 动态脚本编程语言。随着 ActionScript 编程语言发展到 3.0 版本，其性能更强、灵活性更大、执行速度也越来越快，这使得我们可以利用 Flash 制作出各种有趣的 Flash 游戏。如图 1-2 所示，是使用 Flash 制作的游戏。

图 1-1　多媒体动画

图 1-2　Flash 游戏

3. 制作教学课件

为了摆脱传统教学枯燥的文字模式，远程网络教育对多媒体课件的要求非常高。一个基础的课件需要将教学内容播放成为动态影像，或者播放教师的讲解录音；而复杂的课件在互动性方面有着更高的要求，它需要学生通过课件融入到教学内容中，就像亲身试验一样。利用 Flash 制作的教学课件，能够很好地满足这些需求，如图 1-3 所示即为一个物理课用的 Flash 教学课件，学生可以通过操作课件控制实验的进行。

4. Flash 电子贺卡

在特殊的日子里，为亲朋好友制作一张 Flash 贺卡，将自己的祝福和情感融入其中，一定会让对方喜出望外。如图 1-4 所示的是使用 Flash 制作的生日贺卡。

计算机基础与实训教材系列

图 1-3　制作课件　　　　　　　　　　图 1-4　电子贺卡

5. 制作网站动态元素

广告是大多数网站的收入来源，任意打开一个浏览量较大的网站都可以发现站内嵌套着很多定位或不定位广告。网站中的广告不仅要求具有较强的视觉冲击力，而且为了不影响网站正常运作，广告占用的空间应越小越好，Flash 动画正好可以满足这些条件，如图 1-5 所示的是使用 Flash 制作的产品广告。

6. 制作 Flash 网站

Flash 不仅仅是一种动画制作技术，它同时也是一种功能强大的网站设计技术，现在大多数网站中都加入了 Flash 动画元素，借助其高水平的视听影响力吸引浏览者的注意。设计者可以使用 Flash 制作网页动画，甚至是整个网站。如图 1-6 所示，是使用 Flash 制作的一个儿童类网站。

图 1-5　网站广告　　　　　　　　　　图 1-6　Flash 网站

①.1.4　Flash 动画的制作流程

Flash 动画的制作需要经过很多环节的处理，每个环节都相当重要。如果处理或制作不好，会直接影响到动画的效果。下面介绍制作动画的步骤，让用户对创作动画的流程有一个清楚全面的了解，能更熟练地制作动画。

要构建 Flash 应用程序，通常需要执行下列基本步骤：

- 计划应用程序：确定应用程序要执行的基本任务。
- 添加媒体元素：创建并导入媒体元素，如图像、视频、声音和文本等。
- 排列元素：在舞台上和时间轴中排列这些媒体元素，以定义它们在应用程序中显示的时间和显示方式。
- 应用特殊效果：根据需要应用图形滤镜(如模糊、发光和斜角)、混合和其他特殊效果。
- 使用 ActionScript 控制行为：编写 ActionScript® 代码以控制媒体元素的行为方式，包括这些元素对用户交互的响应方式。
- 测试并发布应用程序：进行测试以验证应用程序是否按预期工作，查找并修复所遇到的错误，在整个创建过程中应不断测试应用程序。 将 FLA 文件发布为可在网页中显示并可使用 Flash® Player 播放的 SWF 文件。

 知识点

根据项目和工作方式，用户可以根据实际的制作需求，选择不同的顺序使用制作步骤。

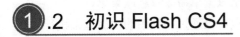 **初识 Flash CS4**

Flash CS4 作为最新的 Flash 版本，在之前版本的基础上新增了许多功能，并且 Flash CS4 能逼真地制作出动作连贯的动画，例如人物的跑动。此外，使用新增的 3D 工具能在 Z 轴上调整对象，能更好地制作出三维效果。全新的 CS4 界面能在不同的工作区模式之间切换，满足不同需求的用户。

1.2.1　Flash CS4 的工作界面

要使用 Flash CS4 制作动画，首先要熟悉 Flash CS4 的工作界面，主要包括菜单栏、【工具】面板、垂直停放的面板组、【时间轴】面板、设计区等界面要素，如图 1-7 所示。

图 1-7　Flash CS4 的默认工作界面

提示

　　Flash CS4 的工作界面是可以自定义的，用户根据自己的实际需要来更改工作界面，可以一次打开多个面板，并更改每个面板的位置和大小，在下次启动时，系统将自动使用最后更改的工作界面。要恢复默认的工作界面，选择【窗口】|【工作区】|【重置】命令即可。

1. 菜单栏

菜单栏包括【文件】、【编辑】、【视图】、【插入】、【修改】、【文本】、【命令】、【控制】、【调试】、【窗口】与【帮助】菜单，如图 1-8 所示。

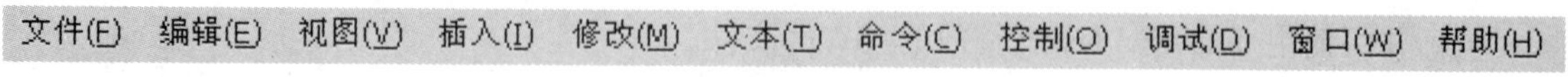

文件(F)　编辑(E)　视图(V)　插入(I)　修改(M)　文本(T)　命令(C)　控制(O)　调试(D)　窗口(W)　帮助(H)

图 1-8　菜单栏

在选择菜单命令时，要注意以下几点：

- 当菜单命令显示为灰色时，表示该菜单命令在当前状态下不能使用。
- 当菜单命令后标有黑色小三角按钮符号时，表示该菜单命令有级联菜单。
- 当菜单命令后标有快捷键时，表示该菜单命令也可以通过所标识的快捷键来执行。
- 当菜单命令后有省略号时，表示执行该菜单命令时，会打开一个对话框。

 提示

　　关于选择菜单命令的注意点，同样适用于其他软件中，例如 Photoshop、Dreamweaver 等。融会贯通、举一反三，能更好地帮助您提高软件的学习进度。

关于菜单栏中的各个菜单的主要作用分别如下。

- 【文件】菜单：用于文件操作，例如创建、打开和保存文件等。
- 【编辑】菜单：用于动画内容的编辑操作，例如复制、粘贴等。
- 【视图】菜单：用于对开发环境进行外观和版式设置，例如放大、缩小视图等。
- 【插入】菜单：用于插入性质的操作，例如新建元件、插入场景等。
- 【修改】菜单：用于修改动画中的对象、场景等动画本身的特性，例如修改属性等。
- 【文本】菜单：用于对文本的属性和样式进行设置。
- 【命令】菜单：用于对命令进行管理。
- 【控制】菜单：用于对动画进行播放、控制和测试。
- 【调试】菜单：用于对动画进行调试操作。
- 【窗口】菜单：用于打开、关闭、组织和切换各种窗口面板。
- 【帮助】菜单：用于快速获取帮助信息。

2. 【工具】面板

Flash CS4 的【工具】面板包含了用于创建和编辑图像、图稿、页面元素的所有工具。该面板根据各个工具功能的不同，可以分为【绘图】工具、【视图调整】工具、【填充】工具和【选项设置】工具 4 大部分，使用这些工具可以进行绘图、选取对象、喷涂、修改及编排文字等操作。如图 1-9 所示，是对【工具】面板中各个工具的介绍。

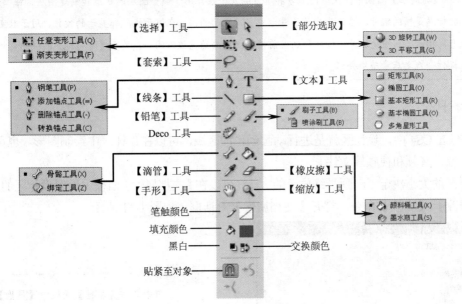

图 1-9　【工具】面板

知识点

　　Flash CS4 新增了 3D 工具、Deco 工具和【骨骼】工具，丰富了绘制图形的效果，提高了动画的自然性，可以说 Flash CS4 除了是一款专业的二维动画设计软件外，还是一款优秀的图形图像制作软件。有关【工具】面板中的各个工具的功能以及使用方法，将在之后章节中详细介绍。

3. 【时间轴】面板

　　【时间轴】面板是 Flash 界面中十分重要的部分，用于组织和控制影片内容在一定时间内播放的层数和帧数。与电影胶片一样，Flash 影片也将时间长度划分为帧。图层相当于层叠在一起的幻灯片，每个图层都包含一个显示在舞台中的不同图像。时间轴的主要组件是图层、帧和播放头，如图 1-10 所示。

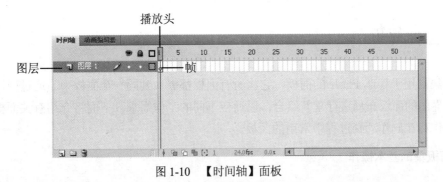

图 1-10　【时间轴】面板

知识点

在【时间轴】面板中，左边的上方和下方的几个按钮用于调整图层的状态和创建图层。在帧区域中，顶部的标题是帧的编号，播放头指示了舞台中当前显示的帧。在该面板底部显示的按钮，用于改变帧的显示状态，指示当前帧的编号、帧频和到当前帧为止动画的播放时间等。关于【时间轴】面板的详细介绍和基本操作会在之后章节中介绍。

4. 设计区

在 Flash CS4 中，设计区就是进行动画创作的区域，可以在设计区中绘制图形，也可以导入外部图像、音频和视频等文件。

设计区的大小决定了动画最终显示的大小，可以在【文档属性】面板中设置设计区的属性。选择【修改】|【文档】命令，打开【文档属性】对话框，如图 1-11 所示。

图 1-11 　【文档属性】对话框

提示

可以单击【属性】面板中【属性】选项卡面板中的【编辑】按钮，打开【文档属性】对话框。

在【文档属性】对话框面板中，主要参数选项的具体作用如下。

- ◉ 　【尺寸】：可以在文本框中输入文档的大小数值，单位为像素。
- ◉ 　【背景颜色】：可以设置文档的背景颜色，默认是白色。
- ◉ 　【帧频】：可以在文本框中输入动画播放的帧频，帧频决定了动画的播放速度，默认是12fps。
- ◉ 　【标尺单位】：在适用标尺工具时，设置标尺工具显示方式的单位，可以选择像素、点、厘米等选项。

①.2.2　面板集

面板集是用于管理 Flash 的面板，它将所有面板都嵌入到同一个面板中。通过面板集，可以对工作界面的面板布局进行重新组合，以适应不同的工作需求。下面将介绍有关面板集的一些基本操作和在制作动画过程中常用的面板。

1. 面板集的基本操作

面板集的基本操作主要包括以下几点。

- 在 Flash CS4 中提供 3 种工作区面板集的布局方式，选择【窗口】|【工作区】命令，在子菜单中可以选择【动画】、【传统】或【调试】命令，可以在 3 种布局模式中切换不同的面板集。

- 手动调整工作区布局：除了使用预设的 3 种布局方式以外，还可以对整个工作区进行手动调整。拖动任意面板进行移动时，该面板将以半透明的方式显示，如图 1-12 所示；当被拖动的面板停靠在其他面板旁边时，会在其边界出现一个蓝边的半透明条，表示如果此时释放鼠标，则被拖动的面板将停放在半透明条的位置，如图 1-13 所示。

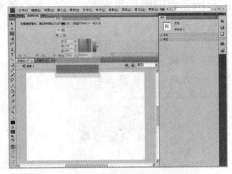

图 1-12　拖动面板以半透明的方式显示　　图 1-13　停放面板的位置

- 将一个面板拖放到另一个面板中时，目标面板会呈现蓝色的边框，如图 1-14 所示。如果此时释放鼠标左键，被拖放的面板将会以选项卡的形式出现在目标面板中，如图 1-15 所示。

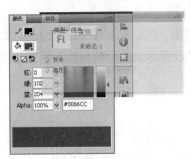
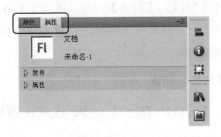

图 1-14　将一个面板拖放到另一个面板　　图 1-15　以选项卡的形式出现在目标面板

- 调整面板大小：当需要同时使用多个面板时，如果将这些面板全部打开，会占用大量的屏幕空间，此时可以单击面板顶端的空白处或面板顶端的 ⊟ 按钮将面板最小化。再次单击面板顶端的空白处或面板顶端的 ⊟ 按钮，可以最大化面板。

 知识点

当面板处于面板集内时，单击面板集顶端的【折叠为图标】按钮 ⬛⬛⬛⬛⬛⬛⬛⬛⬛，可以将整个面板集以【图标和文本默认值】布局方式显示，再次单击该按钮则恢复面板的显示。在默认设置下，按下 F4 键可以显示或隐藏所有面板。

1．【颜色】面板

选择【窗口】|【颜色】命令，或按下 Shift+F9 键，可以打开【颜色】面板，如图 1-16 所示。该面板用于给对象设置边框颜色和填充颜色。在设置边框颜色时，可以通过选择 Alpha 值来改变边框的透明度；在设置填充类型中，可以选择纯色、线性、放射状或位图。

2．【库】面板

选择【窗口】|【库】命令，或按下 Ctrl+L 键，可以打开【库】面板，如图 1-17 所示。该面板用于存储用户所创建的组件等内容，在导入外部素材时也可以导入到【库】面板中。用户能通过【库】面板管理资源。

图 1-16　【颜色】面板

图 1-17　【库】面板

3．【变形】面板

选择【窗口】|【对齐】命令，或按下 Ctrl+T 键，可以打开【变形】面板，如图 1-18 所示。在该面板中，可以对所选对象进行放大与缩小、设置对象的旋转角度和倾斜角度以及设置 3D 旋转度数和中心点位置。

4．【动作】面板

选择【窗口】|【动作】命令，或按下 F9 键，可以打开【动作】面板，如图 1-19 所示。在该面板中，左侧是以目录形式分类显示的动作工具箱，右侧是参数设置区域和脚本编写区域。在编写脚本时，可以从左侧选择需要的命令，也可以直接在右侧编写区域中直接编写。

图 1-18　【变形】面板

图 1-19　【动作】面板

5.【对齐】面板

选择【窗口】|【对齐】命令，或按快捷键 Ctrl+K 打开【对齐】面板，如图 1-20 所示。在【对齐】面板中，可以对所选对象进行左对齐、垂直居中对齐、水平居中对齐等对齐操作；也可以对所选对象进行顶部分布、水平居中分布、右侧分布等分布操作；还可以对所选对象执行匹配大小以及间隔命令。

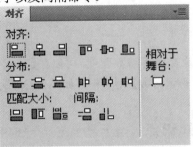

图 1-20　【对齐】面板

提示

在【对齐】面板中，分别有左对齐、上对齐、垂直居中对齐、水平对齐等，可以很方便地调整对象位置。

6.【组件】面板

选择【窗口】|【组件】命令，或按下 Ctrl+F7 键，可以打开【组件】面板，如图 1-21 所示。该面板用于控制选项卡导航的管理组件，直接拖动需要的组件到舞台中即可。

7.【行为】面板

选择【窗口】|【行为】命令，或按下 Shift+F3 键，可以打开【行为】面板，如图 1-22 所示。该面板主要应用于创建交互式动画，可以很方便地控制动画中任意元件的播放、停止、跳转到指定播放进度或指定的动画等。

图 1-21　【组件】面板

图 1-22　【行为】面板

提示

Action Script 3.0 文档不支持【行为】面板的使用的，只有在 Action Script 1.0 或 Action Script 2.0 文档中才能使用【行为】面板，可以根据实际创作的动画，来决定创建的文档类型，也可以在保存文档时，在 Action Script 3.0 或 Action Script 2.0 文档中之间进行切换。

1.2.3 设置个性化的工作界面

为了提高工作效率，使软件最大程度地符合个人操作习惯，可以在动画制作之前先对 Flash CS4 的首选参数和快捷键进行设置，此外，还可以自定义【工具】面板，屏蔽一些极少或从不使用的工具。

1. 设置首选参数

Flash CS4 中的常规应用程序操作、编辑操作和剪贴板操作等参数选项，可以在【首选参数】对话框中设置。选择【编辑】|【首选参数】命令，打开【首选参数】对话框，如图 1-23 所示，可以打开不同的选项卡来设置相应的参数选项。

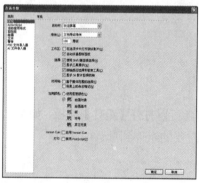

图 1-23 【首选参数】对话框

> **知识点**
>
> 在【首选参数】对话框的【类别】列表框中包含【常规】、【ActionScript】、【自动套用格式】等 9 个选项卡。这些选项卡中的内容基本包括了 Flash CS4 中所有工作环境参数的设置，只需根据每个选项旁的说明文字进行修改即可。

2. 设置快捷键

使用快捷键可以使制作 Flash 动画的过程更加流畅，工作效率更高。在默认情况下，Flash CS4 使用的是 Flash 应用程序专用的内置快捷键方案，涉及到菜单、命令、面板、窗口中的大量操作，用户也可以根据自己的需要和习惯自定义快捷键方案。

选择【编辑】|【快捷键】命令，打开【快捷键】对话框，如图 1-24 所示。可以在【当前设置】下拉列表框中选择 Adobe 标准、Fireworks 4、Flash 5、FreeHand 10、Illustrator 10 和 Photoshop 6 多套快捷键方案，并在【命令】选项区域中设置具体操作对应的快捷键。

图 1-24 【快捷键】对话框

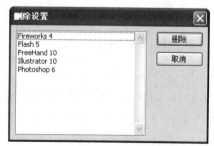

图 1-25 【删除设置】对话框

快捷键设置完毕后，可以单击【将设置导出为 HTML】按钮进行保存，导出的 HTML 文件可以用 Web 浏览器查看和打印，以便查阅。单击【删除设置】按钮，打开【删除设置】对话框，可在该对话框中删除快捷键方案，如图 1-25 所示。

提示

　　在 Adobe 标准下的快捷键方式不可以被修改，因为该快捷键方案是 Flash CS4 内置的标准配置，只能将其复制为副本后再做修改。

3. 自定义【工具】面板

自定义【工具】面板的优点是简化了【工具】面板，可以将很少使用的工具屏蔽起来，当要使用这些工具时，可以恢复【工具】面板中的工具或者将其重新添加到自定义的【工具】面板中。

选择【编辑】|【自定义工具面板】命令，打开【自定义工具面板】对话框，如图 1-26 所示。在该对话框中的左侧显示当前在【工具】面板中显示的工具，可以在【当前选择】列表框中选择要删除的工具，然后单击【删除】按钮即可。同理，要增加工具，可以在【可用工具】列表框中选中要增加的工具，然后单击【增加】按钮即可。

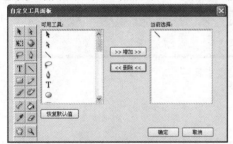

图 1-26　【自定义工具面板】对话框

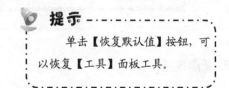

提示

　　单击【恢复默认值】按钮，可以恢复【工具】面板工具。

1.3　文档的基本操作

使用 Flash CS4 可以创建新文档以进行全新的动画制作，也可以打开以前保存的文档进行再次编辑。创建一个 Flash 动画文档包含新建空白的动画文件和新建模板文件两种方式。

1.3.1　新建文档

使用 Flash CS4 可以创建新的文档或打开以前保存的文档，也可以在工作时打开新的窗口并且设置新建文档或现有文档的属性。

1. 新建空白文档

选择【文件】|【新建】命令，打开【新建文档】对话框，如图 1-27 所示。默认打开的是

【常规】选项卡对话框，在【类型】列表框中可以选择需要新建文档类型，在右侧的【描述】列表框中会显示该类型的说明内容，单击【确定】按钮，即可创建一个名称为【未命名-1】的空白文档。

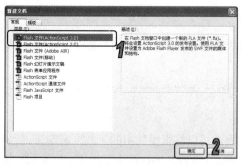

图 1-27 【新建文档】对话框

> **提示**
>
> 默认第一次创建的文档名称为【未命名-1】，最后的数字符号是文档的序号，它是根据创建的顺序依次命名的，例如再次创建文档时，默认的文档名称为【未命名-2】，依此类推。

除了使用菜单命令新建 Flash 文档外，也可以单击【主工具栏】上的【新建】按钮□新建一个空白 Flash 文档，选择【窗口】|【工具栏】|【主工具栏】命令，打开主工具栏，如图 1-28 所示。但要注意的是，使用此方法只能创建与上次创建文档的类型相同的空白文档。

图 1-28 主工具栏

2. 新建模板文档

选择【文件】|【新建】命令，打开【新建文档】对话框后，单击【模板】选项卡，打开【从模板新建】对话框，如图 1-29 所示，在【类别】列表框中选择创建的模板文档类别，在【模板】列表框中选择【模板】样式，单击【确定】按钮，即可新建一个模板文档。

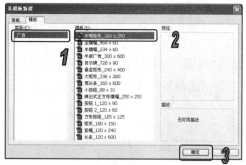

图 1-29 【从模板新建】对话框

> **提示**
>
> 如果要同时打开了多个文档，可以单击文档标签，轻松地在多个文档之间进行切换。默认情况下，各文档的标签是按创建先后顺序排列的，而且各文档的标签顺序无法通过拖动进行更改。

①.3.2 保存文档

在完成对 Flash 文档的编辑和修改后，需要对其进行保存操作。可选择【文件】|【保存】命

令，也可单击主工具栏上的【保存】按钮，打开【另存为】对话框，如图 1-30 所示，在该对话框中设置文件的保存路径、文件名和文件类型后，单击【保存】按钮即可。

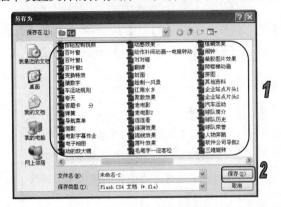

图 1-30　【另存为】对话框

知识点

Flash 中有两种文件格式，分别是 Fla 源文件格式和 swf 动画格式，其中只有 Fla 格式才可以被编辑。

未保存文档的文档标签中的文档名称后会显示一个*号，而当文档被保存后*号会消失。如图 1-31 所示，其中【未命名-1】和【未命名-2】文档都是未保存的文档，其余文档为已经保存的文档。

图 1-31　文档保存前后标题栏和选项卡的对比

此外，如果将当前文档以低于 Flash CS4 版本的格式保存，系统会打开一个【Flash 兼容性】对话框，如图 1-32 所示，单击【保存】按钮，执行保存操作；单击【取消】按钮，将退出保存。还可以将文档保存为模板进行使用。选择【文件】|【另存为模板】命令，打开【另存为模板】对话框，如图 1-33 所示。在【名称】文本框中可以输入模板的名称，在【类别】下拉列表框中可以选择类别或输入新建类别名称，在【描述】文本框中可以输入模板的说明，然后单击【保存】按钮，即可以模板模式保存文档。

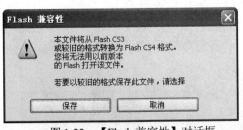

图 1-32　【Flash 兼容性】对话框

图 1-33　【另存为模板】对话框

知识点

在【描述】文本框中，最多可以输入 255 个字符的说明文字。

1.3.3 打开文档

选择【文件】|【打开】命令，或者单击【主工具栏】上的【打开】按钮，打开【打开】对话框，如图 1-34 所示，选择要打开的文件，单击【打开】按钮，即可打开选中的文件。

图 1-34 【打开】对话框

提示

在【打开】对话框中，显示了 fla 和 swf 两种格式的文件，如果打开的是 swf 文件，将自动打开 SWF 播放器播放文件。

计算机 基础与实训教材系列

1.4 上机练习

本章对 Flash 动画以及 Flash CS4 软件进行了概述，主要介绍了 Flash CS4 的工作界面的设置，以及文档的一些基本操作内容。本章中的其他内容，例如 Flash 动画的一些基础知识等内容，可以根据相应的章节进行练习。

1.4.1 文档的基本操作

打开一个 Flash 文档，在【文档属性】对话框中，设置文档的帧频为 15fps，最后将其保存为模板文档。新建模板文档，进行略微的改动，测试动画效果。

(1) 启动 Flash CS4，选择【文件】|【打开】命令，打开【打开】对话框，如图 1-35 所示。选择要打开的文档，单击【打开】按钮，打开文档，如图 1-36 所示。

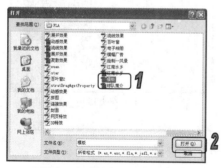

图 1-35 选择要打开的文档

图 1-36 打开文档

（2）选择【文件】|【另存为模板】命令，打开【另存为模板】对话框。在【名称】文本框中输入保存的模板名称为【幻灯片】，在【类别】文本框中输入保存的模板类别为【我的模板】，在【描述】列表框中输入关于保存模板的描述说明内容，如图 1-37 所示。

（3）单击【另存为模板】对话框中的【保存】按钮，保存模板。关闭文档。

（4）选择【文件】|【新建】命令，打开【新建文档】对话框，单击【模板】选项卡，打开【从模板新建】对话框。

（5）在【从模板新建】对话框中的【类别】列表框中显示了保存的模板类别，如图 1-38 所示。

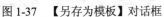
图 1-37　【另存为模板】对话框

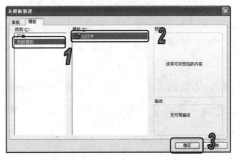
图 1-38　显示保存的模板类别

（6）在【从模板新建】对话框的【模板】列表框中选择保存的模板，单击【确定】按钮，从模板新建一个文档。

（7）拖动文档右侧的导航对象到左侧位置，如图 1-39 所示。

（8）选择【修改】|【文档】命令，打开【文档属性】对话框，在【帧频】文本框中输入数值15，设置帧频为 15fps，如图 1-40 所示，单击【确定】按钮。

图 1-39　修改文档

图 1-40　设置帧频

（9）按下 Ctrl+Enter 键，测试动画效果，如图 1-41 所示。

1.4.2　自定义工作区

新建一个工作区为【我的工作区】，打开常用的面板，调整面板位置，自定义【工具】面板，最后设置的工作区如图 1-42 所示。

图 1-41　测试动画效果

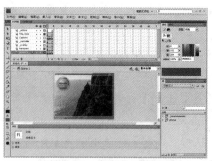

图 1-42　自定义工作区

(1) 选择【窗口】|【工作区】|【新建工作区】命令，打开【新建工作区】对话框，在【名称】文本框中输入工作区名称为【我的工作区】，如图 1-43 所示。

(2) 选中【属性】面板，拖动面板，该面板将以半透明的方式显示。拖动至文档底部位置，当显示蓝边的半透明条，如图 1-44 所示。释放鼠标，【属性】面板将停放在文档底部位置，如图 1-45 所示。

图 1-43　【新建工作区】对话框

图 1-44　拖动【属性】面板

(3) 关闭默认打开的【变形】、【对齐】和【信息】面板。参照步骤(2)，分别将【颜色】面板和【库】面板拖动到右侧位置，如图 1-46 所示。

图 1-45　停放【属性】面板

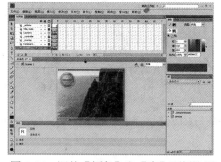

图 1-46　调整【颜色】和【库】面板位置

(4) 选择【编辑】|【自定义工具面板】命令，打开【自定义工具面板】对话框。在该对话框左侧显示的工具中选中【套索】工具，在【当前选择】列表框中显示该工具，单击【删除】按钮，删除该工具。重复操作，删除【钢笔】工具，最后设置的对话框如图 1-47 所示。

(5) 单击【确定】按钮，定义的【工具】面板如图 1-48 所示。

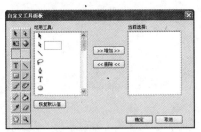

图 1-47　设置【自定义工具面板】对话框

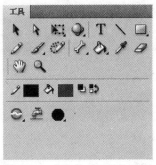

图 1-48　自定义【工具】面板

（6）最后自定义的工作如图 1-42 所示。

1.5　习题

1. 简述 Flash 动画的特点？

2. Flash CS4 包括哪几种面板集的布局方式？怎样切换这些布局方式？

3. 简述 Flash 动画的制作流程。

4. Flash CS4 的工作界面主要包括哪几个元素？

5. 如果创建的是 Action Script 3.0 文档，是否可以使用【行为】面板？

6. 第一次创建的文档名称为默认？

7. Flash 中有两种文件格式，分别是 Fla 源文件格式和 swf 动画格式，哪种格式的文件是可以编辑的？

8. 未保存文档的文档标签中的文档名称后会显示什么符号？

9. 根据实际需求，自定义 Flash CS4 的工作环境并设置首选参数。

10. 根据自己的按键习惯，设计一套实用的快捷键方案。

11. 根据实际需求，自定义【工具】面板。

12. 创建一个名为 text 的 Flash 文档，设置文档大小为 640×480 像素，帧频为 24fps，背景颜色为天蓝色，然后将文档进行保存并另存为模板。

绘制图形图像

学习目标

在 Flash 动画制作中，矢量图是不可缺少的。矢量图一般可以通过导入方式获得，还可以利用 Flash CS4 自带的绘图工具来绘制。在制作动画前一定要熟练掌握绘制图形以及填充图形的操作，了解在绘图过程中各工具的使用方法以及其扩展功能。Flash CS4 中提供了一些基本作图工具，例如【线条】工具、【钢笔】工具、【刷子】工具等。熟练运用这些工具就能绘制出更多样式的图形图像，使动画更加精彩。

本章重点

- ◉ Flash CS4 中得到图形类型
- ◉ 使用【工具】面板中的绘制工具
- ◉ 使用辅助工具
- ◉ 编辑图形

2.1 认识 Flash 中的图形

Flash 是一款专业的矢量图形编辑和动画创作软件，绘制图形是创作 FLash 动画的基础。在学习绘制和编辑图形的操作之前，首先要对 Flash 中的图形有所认识，了解位图和矢量图的概念和区别，以及图形色彩的相关知识。

2.1.1 Flash 中的图形类型

计算机中的数字图像，通常分为位图图像和矢量图形两种类型。

1. 矢量图

矢量图，也称为向量图。在数学上定义为一系列由直线或者曲线连接的点，而计算机是根据矢量数据计算生成的，例如花的矢量图形实际上是由线段形成外框轮廓，由外框的颜色以及外框所封闭的颜色决定花显示出的颜色。由于矢量图形可通过公式计算获得，因此矢量图形文件体积一般较小，计算机在显示和存储矢量图的时候只是记录图形的边线位置和边线之间的颜色，而图形的复杂程度将直接影响矢量图文件的大小，与图形的尺寸无关，简单来说也就是矢量图是可以任意放大或缩小的，在放大和缩小后图形的清晰度都不会受到影响，如图 2-1 所示，为同一图形放大的效果，矢量图经常用于图形设计、文字设计和一些标志设计、版式设计等。

矢量图原图　　　　　　　　　　　　　放大后的矢量图

图 2-1　矢量图效果

矢量图文件中的图形元素称为对象。每个对象都是一个自成一体的实体，它具有颜色、形状、轮廓、大小和屏幕位置等属性。多次移动和改变它的属性，都不会影响图例中的其他对象。这些特征使得基于矢量图特别适用于图例和三维建模，因为它们通常要求能创建和操作单个对象。Flash CS4 就是常用的矢量图形绘制软件之一。

2. 位图

位图，也叫做点阵图或删格图像,是由称作像素(图片元素)的单个点组成的。这些点可以进行不同的排列和染色以构成图样。当放大位图时，可以看见构成整个图像的无数单个方块。扩大位图尺寸的效果是增加单个像素，从而使线条和形状显得参差不齐。简单地说，就是最小单位是由像素构成的图，缩放后会失真，如图 2-2 所示。

位图原图　　　　　　　　　　　　　位图放大后会出现锯齿

图 2-2　位图放大效果

计算机是根据图像中每一点的信息生成的，点即前面提到的像素，例如平时所说的宽 400 像素、高 300 像素(400×300 像素)，也就是有 12 万个像素点。位图就是由像素阵列的排列来实现其显示效果的，每个像素有自己的颜色信息。因此，要实现的图像效果越复杂，需要的像素数就越多，图像文件的存储大小就越大。在对位图图像进行编辑操作的时候，操作的对象是像素，我们可以改变图像的色相、饱和度、明度，从而改变图像显示效果，所以位图的色彩是非常艳丽的，一般用于色彩丰富度或真实感比较高的图形制作。常用位图的格式有 JPG、TIF、BMP、GIF 等。

 提示

综上所述，矢量图与位图最大区别在于，矢量图的轮廓形状更容易修改和控制，且线条工整，可以重复使用，但是对于单独的对象，色彩上变化的实现不如位图方便直接；位图色彩变化丰富，编辑位图时可以改变任何形状的区域的色彩显示效果，但对轮廓的修改不是很方便。

②.1.2 图像的色彩模式

丰富的色彩可以使动画的表现能力大大增强，因此，在 Flash CS4 中对图形进行色彩填充是一项很重要的工作。由于不同的颜色在色彩的表现上存在某些差异，根据这些差异，色彩被分为若干种色彩模式，如 RGB 模式、灰度模式、索引颜色模式等。在 Flash CS4 中，程序提供了两种色彩模式，分别为 RGB 和 HSB 色彩模式。

1. RGB 色彩模式

RGB 色彩模式是一种最为常见、使用最广泛的颜色模式，它是由色光的三原色理论为基础的。在 RGB 色彩模式中，任何色彩都被分解为不同强度的红、绿、蓝 3 种色光，其中 R 代表红色，G 代表绿色，B 代表蓝色，在这 3 种颜色的重叠位置分别产生了青色、洋红、黄色和白色。在 RGB 色彩模式中有 3 种基本色彩——红色、绿色和蓝色，其中每一种都有 256(0~255) 种不同的亮度值。当亮度值越小时，产生的颜色就越深；而亮度值越大时，产生的颜色就越浅。由此可以推断，当 RGB 值均为 0 时，将产生黑色；而当 RGB 值均为 255 时，将产生白色。

计算机的显示器就是通过 RGB 色彩模式来显示颜色的，在显示器屏幕栅格中排列的像素阵列中每个像素都有一个地址，例如位于从顶端数第 18 行、左端数第 65 列的像素的地址可以标记为(65，18)，计算机通过这样的地址给每个像素附加特定的颜色值。每个像素都由单一的红色、绿色和蓝色的点构成，通过调节单个的红色、绿色和蓝色点的亮度，在每个像素上混合就可以得到不同的颜色。亮度都可以在 0~256 的范围内调节，因此，如果红色半开(值为 127)，绿色关(值为 0)，蓝色开(值为 255)，像素将显示为微红的蓝色。

任何一种 RGB 颜色都可以使用十六进制数值代码表示，十六进制数值和 HTML 代码及一些脚本语言一起用于指定平面颜色。使用十六进制数值代码是因为它是以一种 HTML 和脚本语言能够理解的有效方式来定义颜色的。十六进制的颜色数值有 6 位，每两位分配给 RGB 颜色通道中的一个。例如，十六进制的颜色数值 00FFCC 中，00 代表红色通道，FF 代表绿色通道，

CC 代表蓝色通道。

2. HSB 色彩模式

HSB 色彩模式是以人体对色彩的感觉为依据的，它描述了色彩的 3 种特性，其中 H 代表色相，S 代表纯度，B 代表明度。HSB 色彩模式比 RGB 色彩模式更为直观，因为人眼在分辨颜色时，不会将色光分解为单色，而是按其色相、纯度和明度进行判断，由此可以看出 HSB 色彩模式更接近人的视觉原理。

②.1.3 Flash CS4 常用图像格式

使用 Flash CS4 可以导入多种图像文件格式，这些图像文件类型和相应的扩展名如表 2-1 所示。

表 2-1 导入的图像文件格式

文 件 类 型	扩 展 名
Adobe Illustrator	.eps、ai
AutoCAD DXF	.dxf
位图	.bmp
增强的 Windows 源文件	.emf
FreeHand	.fh7、.fh8、.fh9、.fh10、fh11
FutureSplash 播放文件	.spl
GIF 和 GIF 动画	.gif
JPEG	.jpg
PICT	.pct、.pic
PNG	.png
Flash Player 6	.swf
MacPaint	.pntg
Photoshop	.psd
PICT	.pct、.pic
QuickTime 图像	.qtif
Silicon 图形图像	.sgi
TGA	.tga
TIFF	.tif

②.2 使用【工具】面板中的绘制工具

Flash CS4 的【工具】面板中提供了一些基本图形绘制工具，包括【线条】工具 ╲、【矩形】

工具 □ 、【铅笔】工具 ✎ 等。【工具】面板中的所有绘制工具根据功能的不同，可以分为线条绘图工具、图形绘制工具、填充工具和擦除工具。

②.2.1 设置绘图首选参数

设置绘图首选参数包括指定对齐、平滑和伸直行为，从而可以更改每个选项的容差设置，也可以打开或关闭单个选项。容差设置取决于计算机屏幕的分辨率和场景当前的缩放比率。默认情况下，每个选项都是打开的，并且设置为【正常】容差。

1. 设置绘画参数

选择【编辑】|【首选参数】命令，打开【首选参数】对话框，单击【类别】列表框中【绘图】选项，打开该选项对话框，如图 2-3 所示，该对话框中主要参数选项的具体作用如下。

- ⦿ 【连接线】：设置绘制的线条的终点与连接线条连接点的距离，可以选择【必须接近】、【一般】和【可以远离】3 个选项。
- ⦿ 【平滑曲线】：设置【铅笔】工具在【直线化】和【平滑】模式下的平滑量。
- ⦿ 【确认线】：设置使用【铅笔】工具绘制直线的精确度，达到设置的精确度系统才会确认绘制的是一条直线，可以选择【严谨】、【一般】和【宽松】。如果关闭此选项，可以选择一条或多条线段，然后选择【修改】|【形状】|【伸直】命令伸直线条。
- ⦿ 【确认形状】：设置绘制的几何图形 90° 和 180° 弧的精确度，达到设置的精确度系统才会确认绘制的是几何图形，可以选择【严谨】、【一般】和【宽松】。
- ⦿ 【点击精确度】：设置光标与所选对象距离的精确度，达到设置的精确度系统才会确认该对象，可以选择【严谨】、【一般】和【宽松】。

2. 设置选择和部分选取的接触选项

选择【编辑】|【首选参数】命令，打开【首选参数】对话框，单击【类别】列表框中【常规】选项，打开该选项对话框，如图 2-4 所示。在该选项对话框中，取消选中【接触感应选取】复选框，可以选中在选取框中的所有对象和点；取消选中【接触感应选取】复选框，可以选中仅部分包含在选取框中的对象或组。

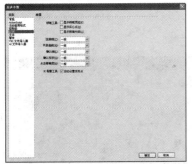

图 2-3 绘图首选参数　　　　图 2-4 常规首选参数

②.2.2 线条绘图工具

线条是构成图形最基础的元素，在 Flash CS4 中，线条绘图工具主要包括【线条】工具、【铅笔】工具和【钢笔】工具。

1.【线条】工具

在 Flash CS4 中，【线条】工具主要用于绘制不同角度的矢量直线。在【工具】面板中选择【线条】工具，将光标移动到舞台上，会显示为十字形状，按住左键向任意方向拖动，即可绘制出一条直线。要绘制垂直或水平直线，按住 Shift 键，然后按住左键拖动即可，并且还可以绘制以 45°为角度增量倍数的直线。

如果绘制的是一条垂直或水平直线，光标中会显示一个较大的圆圈，如图 2-5 所示，则表示正在绘制的是垂直或水平线条；如果绘制的是一条斜线，光标中会显示一个较小的圆圈，如图 2-6 所示，表示正在绘制的是斜线，通过这种方式可以很方便地确定所绘制的是水平、垂直或倾斜直线。

图 2-5　绘制水平直线时的光标显示的圆圈较大　　图 2-6　绘制倾斜直线时的光标显示的圆圈较小

选择【线条】工具，打开【属性】面板，如图 2-7 所示。在【属性】面板中可以设置线条的位置和大小以及线条的笔触大小等参数选项。在该对话框中的主要参数选项的具体作用如下。

- ◉ 【位置和大小】：在该选项卡面板中可以设置线条在 x 和 y 轴上的位置以及线条相对于 x 和 y 轴的宽度和高度。
- ◉ 【笔触颜色】：可以设置线条的笔触颜色，也就是线条颜色。
- ◉ 【笔触】：可以设置线条的笔触大小，也就是线条的宽度。
- ◉ 【样式】：可以设置线条的样式，例如虚线、点状线、锯齿线等。单击右侧的【编辑笔触样式】按钮，打开【笔触样式】对话框，如图 2-8 所示，在该对话框中可以自定义笔触样式。

 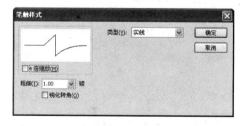

图 2-7　【属性】面板　　　　图 2-8　【笔触样式】对话框

- ◉ 【端点】：可以设置线条的端点样式，可以选择【无】、【圆角】或【方型】端点样式。
- ◉ 【接合】：可以设置两条线段相接处的拐角端点样式，可以选择【尖角】、【圆角】或【斜角】样式。

2. 【铅笔】工具

在 Flash CS4 中，使用【铅笔】工具可以绘制任意线条。在工具箱中选择【铅笔】工具 ✐ 后，在所需位置按下左键拖动即可。在使用【铅笔】工具绘制线条时，按住 Shift 键，可以绘制出水平或垂直方向的线条。

选择【铅笔】工具 ✐ 后，在【工具】面板中会显示【铅笔模式】按钮 ↳。单击该按钮，打开模式选择菜单。在该菜单中，可以选择【铅笔】工具的绘图模式，如图 2-9 所示。

图 2-9　【铅笔模式】选择菜单

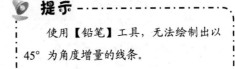

> **提示**
>
> 使用【铅笔】工具，无法绘制出以 45° 为角度增量的线条。

在【铅笔模式】选择菜单中的 3 个选项具体作用如下。

- ◉ 【伸直】：可以使绘制的线条尽可能地规整为几何图形。如图 2-10 所示为使用该模式绘制图形的效果。

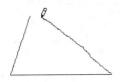
【伸直】模式绘制过程

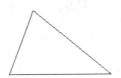
绘制效果

图 2-10　【伸直】模式绘制效果

- ◉ 【平滑】：可以使绘制的线条尽可能地消除线条边缘的棱角，使绘制的线条更加光滑。如图 2-11 所示为使用该模式绘制图形的效果。

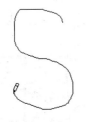
【平滑】模式绘制过程

绘制效果

图 2-11　使用【平滑】模式绘制效果

⊙ 【墨水】：可以使绘制的线条更接近手写的感觉，在舞台上可以任意勾画。如图 2-12 所示为使用该模式绘制图形的效果。

　　【墨水】模式绘制过程　　　　　　　　　　　　　　绘制效果

图 2-12　使用【墨水】模式绘制效果

在使用【铅笔】工具绘制线条时，在【属性】面板(如图 2-13 所示)中可以对所绘制的矢量线条的宽度、线型和颜色等进行设置。

图 2-13　【铅笔】工具属性面板

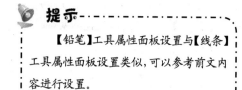

提示

　　【铅笔】工具属性面板设置与【线条】工具属性面板设置类似，可以参考前文内容进行设置。

3. 【钢笔】工具

【钢笔】工具常用于绘制比较复杂、精确的曲线。在 Flash CS4 中的【钢笔】工具组分为【钢笔】、【添加锚点】、【删除锚点】和【转换锚点】工具，如图 2-14 所示。

选择工具箱中的【钢笔】工具 ，当光标变为 形状时，在设计区中单击确定起始锚点，再选择合适的位置单击确定第 2 个锚点，这时系统会在起点和第 2 个锚点之间自动连接一条直线。如果在创建第 2 个锚点时按下鼠标左键并拖动，会改变连接两锚点直线的曲率，使直线变为曲线，如图 2-15 所示。重复上述步骤，即可创建带有多个锚点的连续曲线。

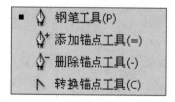

图 2-14　钢笔工具组的菜单

图 2-15　使用【钢笔】工具绘制曲线

在使用【钢笔】工具绘制曲线后，还可以对其进行简单编辑，如增加或删除曲线上的锚点。要在曲线上添加锚点，可以在工具箱中选择【添加锚点】工具 ，直接在曲线上单击即可，如图 2-16 所示。

图 2-16　增加曲线锚点

要删除曲线上多余的锚点，可以在工具箱中选择【删除锚点】工具 ，直接在需要删除的锚点上单击即可。如果曲线只有两个锚点，在使用【删除锚点】工具删除了其中一个锚点以后，整条曲线都将被删除。

使用【锚点转换】工具 ，可以将曲线上的锚点类型进行转换。在工具箱中选择【转换锚点】工具 后，当光标变为 形状时，移动光标至曲线上需操作的锚点位置单击，会将该锚点两边的曲线转换为直线，如图 2-17 所示。

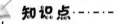

图 2-17　转换锚点

【练习 2-1】使用线条绘图工具，绘制人物的轮廓。

(1) 新建一个文档，选择【工具】面板中的【钢笔】工具 ，在设计区中绘制连续的曲线，绘制人物的一个大致脸颊，如图 2-18 所示。

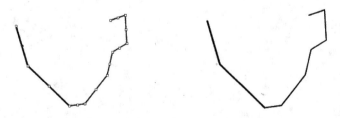

图 2-18　使用【钢笔】工具绘制人物脸颊

(2) 运用【删除锚点工具】，删除部分锚点，然后使用【转换锚点工具】调整曲线，效果如图 2-19 所示。

(3) 使用【铅笔】工具，选择【平滑】模式，绘制人物的眼睛，如图 2-20 所示。如果刚开始接触 Flash 绘图工具，难免不能达到预期的绘制效果，经常进行练习就可以达到理想的绘制效果。

图 2-19　人物脸颊效果

图 2-20　绘制眼睛

 提示

　　在绘制图形时要注意笔触的大小，例如绘制眼睛时，眼眶部分的上眼皮要相对下眼皮笔触要大一些，注意这些细节上的处理，可以提高绘制效果。

(4) 参照步骤(3)，使用【铅笔】工具，绘制人物的耳朵部分，如图 2-21 所示。

(5) 继续使用【铅笔】工具，绘制人物的眉毛部分，在绘制时，可以在【属性】面板中调整笔触大小，绘制的效果如图 2-22 所示。

图 2-21　绘制耳朵

图 2-22　绘制眉毛

(6) 使用【钢笔】工具绘制头发曲线锚点，如图 2-23 所示。使用【删除锚点】工具删除一些不需要的锚点，调整曲线，绘制的头发图形如图 2-24 所示。

图 2-23　绘制曲线

图 2-24　绘制头发

(7) 使用【铅笔】工具，绘制简单的线条，勾勒人物的鼻子和嘴巴，如图 2-25 所示。

(8) 在【工具】面板中选择【刷子】工具，绘制人物的眼睛，如图 2-26 所示。

图 2-25　绘制鼻子和嘴巴　　　　　　图 2-26　绘制眼睛

 提示

有关【刷子】工具的使用方法，会在本章后面详细介绍。

(9) 结合【线条】工具和【铅笔】工具，绘制人物的颈脖部分。按下 Ctrl+Enter 键，查看最后绘制的效果如图 2-27 所示。

(10) 选择【文件】|【保存】命令，打开【另存为】对话框，如图 2-28 所示，保存文件为【绘制人物】。

图 2-27　绘制效果　　　　　　　图 2-28　【另存为】对话框

2.2.3　图形绘制工具

了解线条绘制工具的操作方法后，对于一些几何图形，可以使用 Flash CS4 的图形绘制工具来绘制，这些图形绘制工具主要包括了【椭圆】、【矩形】以及【多角星形】工具等。

1. 【椭圆】工具

选择【工具】面板中的【椭圆】工具，在设计区中按住左键拖动，即可绘制出椭圆。按住 Shift 键，可以绘制一个正圆图形。如图 2-29 所示，是使用【椭圆】工具绘制的椭圆和正圆图形。

选择【椭圆】工具，打开【属性】面板，如图 2-30 所示。

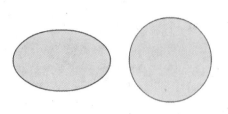

图 2-29　绘制椭圆和正圆图形　　　　　图 2-30　【椭圆】工具属性面板

在【椭圆】工具属性面板中，一些参数选项的作用与【线条】工具属性面板中类似，可以参考前文内容设置，以下是关于【椭圆】工具属性面板中一些主要参数选项的具体作用。

- ◉　【笔触颜色】：设置椭圆的笔触颜色，也就是椭圆的外框颜色。
- ◉　【填充颜色】：设置椭圆的内部填充颜色。
- ◉　【笔触】：设置椭圆的笔触大小，也就是椭圆的外框大小。
- ◉　【开始角度】：设置椭圆的绘制的起始角度，默认情况下，绘制椭圆是从 0 度开始绘制的。
- ◉　【结束角度】：设置椭圆绘制的结束角度，默认情况下，绘制椭圆的结束角度为 0 度，默认绘制的是一个封闭的椭圆。
- ◉　【内径】：设置内侧椭圆的大小，内径大小范围为 0~99。
- ◉　【闭合路径】：设置椭圆的路径是否闭合。默认情况下选中该选项，取消选中该选项，要绘制一个未闭合的形状，只能绘制该形状的笔触，如图 2-31 所示。

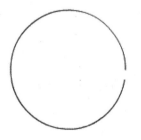

取消选中【闭合路径】选项绘制效果　　　　　选中【闭合路径】绘制效果

图 2-31　设置【闭合路径】选项

- ◉　【重置】：恢复【属性】面板中所有选项设置，并将在舞台上绘制的基本椭圆形状恢复为原始大小和形状。

2.【基本椭圆】工具

在 Flash CS4 中，单击【椭圆】工具 ◯ 后，会显示其他图形绘制工具，如图 2-32 所示。其中的【基本椭圆】工具在【椭圆】工具的基础上增加了两个椭圆节点。

与【基本矩形】工具的属性类似，使用【基本椭圆】工具 可以绘制出更加易于控制和修改的椭圆形状。在工具箱中选择【基本椭圆】工具后，按下鼠标左键并拖动，即可绘制出基本椭圆。绘制完成后，选择【工具】面板中的【部分选取】工具 ，拖动基本椭圆圆周上的控制点，可以调整完整性；拖动圆心处的控制点可以将椭圆调整为圆环，如图 2-33 所示。

图 2-32 显示绘图工具

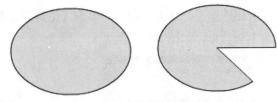

图 2-33 调整基本椭圆

3. 【矩形】工具

选择【工具】面板中的【矩形】工具 ，在设计区中按住鼠标左键拖动，即可开始绘制矩形。如果按住 Shift 键，可以绘制正方形图形。

选择【矩形】工具 后，打开【属性】面板，如图 2-34 所示。在该面板中的主要参数选项的具体作用与【椭圆】工具属性面板相同，其中的【矩形选项】选项卡中的参数可以用来设置矩形的 4 个直角半径，正值为正半径，负值为反半径，如图 2-35 所示。

图 2-34 【矩形】工具属性面板

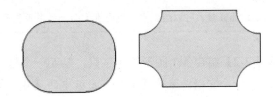

图 2-35 绘制正半径和反半径矩形

单击【属性】面板中的【将边角半径控件锁定为一个控件】按钮 ，可以为矩形的 4 个角设置不同的角度值。单击【重置】按钮将重置所有数值，即角度值还原为默认值 0。

4. 【基本矩形】工具

与【基本椭圆】工具相似，使用【基本矩形】工具 ，可以绘制出更加易于控制和修改的矩形形状。在工具箱中选择【基本工具】 工具后，在设计区中按下鼠标左键并拖动，即可绘制出基本矩形图形。绘制完成后，选择【工具】面板中的【部分选取】工具 ，可以调节矩形图形的角半径。

5. 【多角星形】工具

绘制几何图形时，【多角星形】工具也是常用工具。使用【多角星形】工具可以绘制多边形图形和多角星形图形，在实际动画制作过程中，这些图形是应用频率较高的。

选择【多角星形】工具后，打开【属性】面板，如图 2-36 所示。在该面板中的大部分参数选项与之前介绍的图形绘制工具相同，单击【工具设置】选项卡中的【选项】按钮，可以打开【工具设置】对话框，如图 2-37 所示。

图 2-36 【多角星形】工具属性面板

图 2-37 【工具设置】对话框

在【工具设置】对话框中的主要参数选项的具体作用如下。

⊙ 【样式】：设置绘制的多角星形样式，可以选择【多边形】和【星形】选项。

⊙ 【边数】：设置绘制的图形边数，范围为 3~32。

⊙ 【星形顶点大小】：设置绘制的图形顶点大小。

提示 ⁃⁃⁃

按住 Shift 键，可以绘制水平或垂直方向上的多角星形。

【练习 2-2】结合各个图形绘制工具，绘制一个足球阵容示意图。

(1) 新建一个文档，选择【工具】面板中的【矩形】工具□后，在属性面板中设置【笔触颜色】为红色、【笔触高度】为 5、【填充颜色】为草绿色，如图 2-38 所示。在设计区中绘制一个矩形图形，如图 2-39 所示。

图 2-38 设置【属性】面板

图 2-39 绘制矩形图形

(2) 选择【线条】工具＼，在【属性】面板中设置【笔触颜色】为黑色、【笔触高度】为 2，在矩形图形中绘制球场的大小禁区图形，如图 2-40 所示。

(3) 选择【椭圆】工具，按住 Shift 键，在球场中央绘制一个正圆图形，然后选择【线条】工具，绘制中线，如图 2-41 所示。

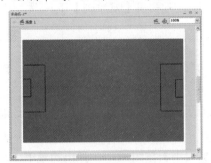

图 2-40　绘制禁区　　　　　　　　　　图 2-41　绘制中圈和中线

(4) 选择【椭圆】工具，在【属性】面板中设置【起始角度】为 270、【结束角度】为 90，绘制左侧的大禁区弧顶。重复操作，设置【起始角度】为 90、【结束角度】为 270 后，绘制右侧的大禁区弧顶，效果如图 2-42 所示。

(5) 选择【铅笔】工具绘制角球区，一个简易的足球场就绘制完成了，如图 2-43 所示。

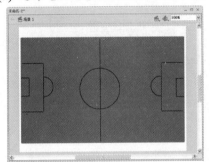

图 2-42　绘制禁区弧顶　　　　　　　　图 2-43　绘制角球区

(6) 可以根据喜好来安排阵容，如图 2-44 所示，一个简单的足球阵容示意图就在 Flash 中实现了。

(7) 保存文件为【足球阵容示意图】，按下 Ctrl+Enter 键，测试效果，如图 2-45 所示。

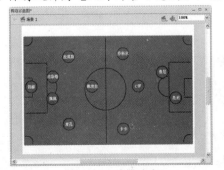
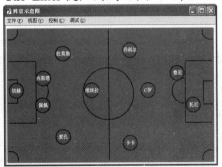

图 2-44　编排阵容　　　　　　　　　　图 2-45　测试效果

计算机 基础与实训教材系列

②.2.4　填充工具

绘制图形之后，就可以进行颜色的填充操作，Flash CS4 中的填充工具主要包括【颜料桶】工具 、【墨水瓶】工具 、【滴管】工具 、【刷子】工具 和【喷涂刷】工具 。

1. 【颜料桶】工具

在 Flash CS4 中，【颜料桶】工具是用来填充图形内部的颜色，并且可以使用纯色、渐变色以及位图进行填充。

选择【工具】面板中的【颜料桶】工具 ，打开【属性】面板，如图 2-46 所示，在该面板中可以选择【填充颜色】。

选择【颜料桶】工具，单击【工具】面板中的【空隙大小】按钮 ，在弹出的菜单中可以选择【不封闭空隙】、【封闭小空隙】、【封闭中等空隙】和【封闭大空隙】4 个选项，如图 2-47 所示。

图 2-46　【颜料桶】工具属性面板

图 2-47　空隙模式菜单

关于空隙模式菜单的 4 个选项具体说明如下。

◉　【不封闭空隙】：只能填充完全闭合的区域。

◉　【封闭小空隙】：可以填充存在较小空隙的区域。

◉　【封闭中等空隙】：可以填充存在中等空隙的区域。

◉　【封闭大空隙】：可以填充存在较大空隙的区域。

4 种填充模式的效果如图 2-48 所示。

原始图形　　　　【不封闭空隙】　　　【封闭小空隙】　　　【封闭中等空隙】　　　【封闭大空隙】

图 2-48　4 种填充模式效果

2.【墨水瓶】工具

在 Flash CS4 中，【墨水瓶】工具 用于更改矢量线条或图形的边框颜色、更改封闭区域的填充颜色、吸取颜色等。

选择【工具】面板中的【墨水瓶】工具 ，打开【属性】面板，如图 2-49 所示，可以设置【笔触颜色】、【笔触高度】和【笔触样式】等选项，这些选项的具体设置可以参考前文内容。

选择【墨水瓶】工具，将光标移至没有笔触的图形上，单击鼠标左键，可以给图形添加笔触；将光标移至已经设置好笔触颜色的图形上，单击鼠标左键，图形的笔触会改为【墨水瓶】工具使用的笔触颜色，如图 2-50 所示。

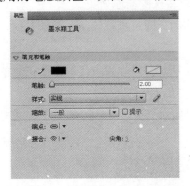

图 2-49　【墨水瓶】工具属性面板

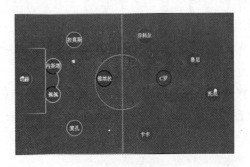

图 2-50　填充笔触颜色

3.【滴管】工具

使用【滴管】工具 ，可以吸取现有图形的线条或填充上的颜色及风格等信息，并可以将该信息应用到其他图形上。简单来说，【滴管】工具可以复制粘贴舞台区域中已经存在的颜色或填充样式。

选择【工具】面板上的【滴管】工具 ，将移至设计区中时，光标会显示滴管形状 ，当光标移至线条上时，【滴管】工具的光标下方会显示出一个铅笔形状 ，这时单击即可拾取该线条的颜色作为填充样式；当【滴管】工具移至填充区域内时，【滴管】工具的光标下方会显示出一个刷子形状 ，这时单击即可拾取该区域作为填充样式，如图 2-51 所示。

图 2-51　【滴管】工具移至不同对象时的光标样式

使用【滴管】工具拾取线条颜色时，会自动切换【墨水瓶】工具为当前操作工具，并且工具的填充颜色正是【滴管】工具所拾取的颜色。使用【滴管】工具拾取区域颜色和样式时，会自动切换【颜色桶】工具为当前操作工具，并打开【锁定填充】功能🖐，而且工具的填充颜色和样式正是【滴管】工具所拾取的填充颜色和样式。

如果【滴管】工具位于直线、填充或者画笔描边上方，按住 Shift 键则光标会变为🖋形状，这时单击仅为拾取当前对象的填充属性，可以通过【混合器】面板改变吸取的当前填充颜色和样式。

4. 使用【刷子】工具

【刷子】工具🖌用于绘制形态各异的矢量色块或创建特殊的绘制效果。

选择【工具】面板中的【刷子】工具🖌，按住左键拖动，即可进行绘制。在绘制时，按住 Shift 键，可以绘制出垂直或水平方向的色块。

选择【刷子】工具🖌，打开【属性】面板，如图 2-52 所示，可以设置【刷子】工具的绘制平滑度属性以及颜色。

选择【刷子】工具🖌，在【工具】面板中会显示【锁定填充】、【刷子模式】、【刷子大小】和【刷子形状】等选项按钮，如图 2-53 所示。

图 2-52 【刷子】工具属性面板

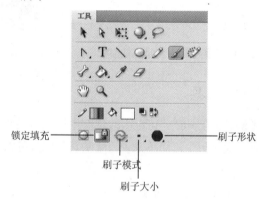

图 2-53 显示选项按钮

分别单击【刷子模式】按钮🖉、【刷子大小】按钮🔅和【刷子形状】按钮●，可以打开如图 2-54 所示的菜单。在这些菜单中可以设置【刷子】工具的模式和大小、形状。

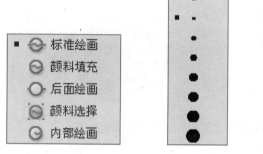

图 2-54 【刷子】工具相关菜单

在使用【刷子】工具时，首先要了解【刷子模式】菜单中的 5 种刷子模式，这 5 种刷子模式的具体作用如下。

- 　【标准绘画】模式：绘制的图形会覆盖下面的图形。
- 　【颜料填充】模式：可以对图形的填充区域或者空白区域进行涂色，但不会影响线条。
- 　【后面绘画】模式：可以在图形的后面进行涂色，而不影响原有的线条和填充。
- 　【颜料选择】模式：可以对已选择的区域进行涂绘，而未被选择的区域则不受影响。在该模式下，不论选择区域中是否包含线条，都不会对线条产生影响。
- 　【内部绘画】模式：涂绘区域取决于绘制图形时落笔的位置。如果落笔在图形内，则只对图形的内部进行涂绘；如果落笔在图形外，则只对图形的外部进行涂绘；如果在图形内部的空白区域开始涂色，则只对空白区域进行涂色，而不会影响任何现有的填充区域。该模式同样不会对线条进行涂色。

如图 2-55 所示，是 5 种刷子模式的绘图效果。

【标准绘画】模式　　【颜料填充】模式　　【后面绘画】模式　　【颜料选择】模式　　【内部绘画】模式

图 2-55　5 种刷子模式效果

单击【工具】面板中的【锁定填充】按钮，自动将上一次绘图时的笔触颜色变化规律锁定，并将该规律扩展到整个设计区。在非锁定填充模式下，任何一次笔触都将包含一个完整的渐变过程，即使只有一个点，如图 2-56 所示。

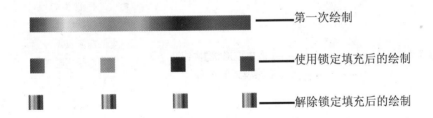

第一次绘制

使用锁定填充后的绘制

解除锁定填充后的绘制

图 2-56　锁定填充的效果对比

5. 【喷涂刷】工具

【喷涂刷】工具的效果类似于生活中的喷漆效果。选择【工具】面板中的【喷涂刷】工具，打开【属性】面板，如图 2-57 所示，在该面板中可以设置喷涂的形状，可以使用元件或默认的形状，还可以设置喷涂的颜色、喷涂大小和喷涂面积的大小等参数。如图 2-58 所示，是使用【喷涂刷】工具的绘制效果。

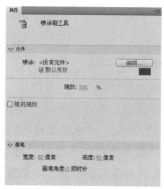

图 2-57 【喷涂刷】工具属性面板 图 2-58 绘制效果

 提示

有关元件的内容，将会在之后章节中介绍。

2.2.5 擦除工具

Flash CS4 中的擦除工具其实就是在许多图形设计软件中都有的【橡皮擦】工具 ＿。使用【橡皮擦】工具可以快速擦除舞台中的任何矢量对象，包括笔触和填充区域。在使用该工具时，可以在工具箱中自定义擦除模式，以便只擦除笔触、多个填充区域或单个填充区域；还可以在工具箱中选择不同的橡皮擦形状。

选择【工具】面板中的【橡皮擦】工具 ＿，在【工具】面板中会显示【橡皮擦】模式按钮 ＿、【水龙头】按钮 ＿和【橡皮擦形状】按钮 ＿，如图 2-59 所示。单击【橡皮擦模式】按钮 ＿，可以在打开的【模式选择】菜单中选择橡皮擦模式，如图 2-60 所示。

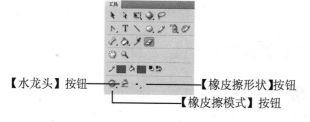

【水龙头】按钮 ————————————【橡皮擦形状】按钮
—————————————【橡皮擦模式】按钮

图 2-59 显示按钮 图 2-60 【橡皮擦】工具的模式菜单

关于【橡皮擦模式】选择菜单中 5 种模式的功能如下。

- 【标准擦除】模式：可以擦除同一图层中擦除操作经过区域的笔触及填充。
- 【擦除填色】模式：只擦除对象的填充，而对笔触没有任何影响。
- 【擦除线条】模式：只擦除对象的笔触，而不会影响到其填充部分。
- 【擦除所选填充】模式：只擦除当前对象中选定的填充部分，对未选中的填充及笔触没有影响。
- 【内部擦除】模式：则只擦除【橡皮擦】工具开始处的填充，如果从空白点处开始擦除，则不会擦除任何内容。选择该种擦除模式，同样不会对笔触产生影响。

如图 2-61 所示，是 5 种擦除模式的效果。

标准擦除　　　　擦除填色　　　　擦除线条　　　擦除所选填充　　　内部擦除

图 2-61　橡皮擦的 5 种擦除效果

 提示

　　【橡皮擦】工具只能对矢量图形进行擦除，对文字和位图无效。如果要擦除文字或位图，应先将文字或位图按 Ctrl+B 键打散，然后才能使用【橡皮擦】工具对其进行擦除。

2.3　使用辅助工具

　　在 Flash CS4 中的辅助工具主要是用来辅助设计的，主要分为选择工具和视图工具两大块。其中选择工具包括【选择】工具 、【部分选取】工具 和【套索】工具；视图工具包括【手形】工具 、【缩放】工具 以及标尺和网格。

2.3.1　选择工具

　　Flash CS4 中的选择工具可以分为【选择】工具 、【部分选取】工具 和【套索】工具 ，分别用来抓取、选择、移动和调整曲线；调整和修改路径和自由选定要选择的区域。

1．【选择】工具

　　选择【工具】面板中的【选择】工具 ，在【工具】面板中显示了【贴紧至对象】按钮 、【平滑】按钮 和【伸直】按钮 。这 3 个按钮的具体作用如下。

- ◉　【贴紧至对象】按钮：选择该按钮，在进行绘图、移动、旋转和调整操作时的对象将自动对齐。
- ◉　【平滑】按钮：旋转该按钮，可以对直线和开头进行平滑处理。
- ◉　【伸直】按钮：选择该按钮，可以对直线和开头进行平直处理。

 提示

　　平滑和伸直操作只适用于形状对象，对组合、文本、实例和位图都不起作用。

【选择】工具还有个很好的用处就是可以调整对象曲线和顶点。选择【选择】工具后，将光标移至对象的曲线位置，光标会显示一个半弧形状 ，可以拖动调整曲线。要调整顶点，将光标移至对象的顶点位置，光标会显示一个直角形状 ，可以拖动调整顶点。将光标移至对象轮廓的任意转角上，光标会显示一个直角形状 ，可以延长或缩短组成转角的线端并保持伸直，如图 2-62 所示，分别是调整对象的曲线、顶点和转角。

调整曲线　　　　　　　　　　　调整顶点　　　　　　　　　　　调整转角

图 2-62　调整对象的曲线和顶点

使用【选择】工具选择对象时，有以下几种方法。

- 单击要选中的对象即可选中。
- 按住鼠标左键拖动选取，可以选中区域中的所有对象。
- 有时单击某线条时，只能选中其中的一部分，可以双击选中线条。
- 按住 Shift 键，单击所需选中的对象，可以同时选中多个对象。

2.【部分选取】工具

【部分选取】工具 主要用于选择线条、移动线条和编辑节点以及节点方向等。它的使用方法和作用与【选择】工具 类似，区别在于，使用【部分选取】工具选中一个对象后，对象的轮廓线上将出现多个控制点，如图 2-63 所示，表示该对象已经被选中。

在使用【部分选取】工具选中路径之后，可对其中的控制点进行拉伸或修改曲线，具体操作如下。

- 移动控制点：选择的图形对象周围将显示出由一些控制点围成的边框，用户可以选择其中的一个控制点，此时光标右下角会出现一个空白方块 ，拖动该控制点，可以改变图形轮廓，如图 2-64 所示。

图 2-63　显示控制点　　　　　　　图 2-64　移动控制点

● 修改控制点曲度：可以选择其中一个控制点来设置图形在该点的曲度。选择某个控制点之后，该点附近将出现两个在此点调节曲形曲度的控制柄，此时空心的控制点将变为实心，可以拖动这两个控制柄，改变长度或者位置以实现对该控制点的曲度控制。如图 2-65 所示。

● 移动对象：使用【部分选取】工具靠近对象，当光标显示黑色实心方块 ▶▪ 的时候，按下鼠标左键即可将对象拖动到所需位置，如图 2-66 所示。

图 2-65　修改控制点曲度　　　　图 2-66　移动对象

3.【套索】工具

　　【套索】工具 ♀ 也是在编辑对象的过程中比较常用的一个工具，主要用于选择图形中的不规则区域和相连的相同颜色的区域。

　　选择【工具】面板中的【套索】工具 ♀，在【工具】中显示了【魔术棒】按钮 ↘、【魔术棒设置】按钮 ↖ 和【多边形模式】按钮 ♀ 3 个按钮，如图 2-67 所示。

图 2-67　【工具】面板

提示

　　使用【套索】工具选择对象时，如果一次要选择的对象并不是连续的，则可以按下 Shift 键来增加选择区域。

计算机基础与实训教材系列

有关【套索】工具的使用方法和具体作用如下。

● 选择图形对象中的不规则区域：按住鼠标左键在图形对象上拖动，并在开始位置附近结束拖动，形成一个封闭的选择区域；或在任意位置释放鼠标左键，系统会自动用直线来闭合选择区域，如图 2-68 所示。

● 选择图形对象中的所边形区域：选择【工具】面板中的【多边形模式】按钮 ♀，然后在图形对象上单击设置起始点，并依次在其他位置上单击鼠标左键，最后在结束处双击鼠标左键即可，如图 2-69 所示。

图 2-68　选择不规则区域图　　　　　图 2-69　选择所边形区域

- 使用【套索】工具勾画选取范围的过程中，按下 Alt 键，可以在勾画直线和勾画不规则线段这两种模式之间进行自由切换。要勾画不规则区域时直接在图形对象上拖动；要勾画直线时，按住 Alt 键单击设置起始和结束点即可。在闭合选择区域时，如果正在勾画的是不规则线段，直接释放鼠标即可；如果正在勾画的是直线，双击即可，如图 2-70 所示。
- 单击【工具】面板中的【魔术棒】按钮，然后在图形对象上单击，可以选中图形对象中相同颜色的区域，如图 2-71 所示。

图 2-70　勾画由直线和不规则线段构成的选区　　　图 2-71　选中相同颜色的区域

单击【工具】面板中的【魔术棒设置】按钮，打开【魔术棒设置】对话框，如图 2-72 所示。

图 2-72　【魔术棒设置】对话框

在【魔术棒设置】对话框中，主要参数选项的具体作用如下。

- 【阈值】：可以在文本框中输入【魔术棒】工具选取颜色的容差值。容差值越小，所选择的色彩的精度就越高，选择的范围就越小。

⊙ 【平滑】：可以选择【魔术棒】工具选取颜色的方式，可以在下拉列表中选择【像素】、
【粗略】、【正常】和【平滑】4 个选项。

②.3.2 视图工具

Flash CS4 中的视图工具可以分为【手形】工具 🖐、【缩放】工具 🔍 以及标尺和网格，分别
用来平移设计区中的内容、放大或缩小设计区显示比例和在设计区中显示标尺和网格。

1. 【手形】工具

当视图被放大或者舞台面积很大，整个场景无法在视图窗口中完整显示时，要查看场景中
的某个局部，就可以使用【手形】工具 🖐。

选择【工具】面板中的【手形】工具 🖐，将光标移动到设计区中，当光标实现为 🖐 形状时，
按住鼠标左键拖动，可以调整舞台在视图窗口中的位置，如图 2-73 所示。

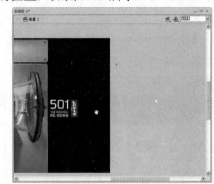

图 2-73 使用【手形】工具调整视图

 提示 -

使用【手形】工具时，只会移动舞台，而对舞台中对象的位置没有任何影响。

2. 【缩放】工具

【缩放】工具 🔍 是最基本的视图查看工具，用于缩放视图的局部和全部。

选择【工具】面板中的【缩放】工具 🔍，在【工具】面板中显示了【放大】按钮 🔍 和【缩
小】按钮 🔍。单击【放大】按钮后，光标在设计区中显示 🔍 形状，在舞台中单击可以以当前视
图比例的 2 倍进行放大，最大可以放大到 20 倍；单击【缩小】按钮，光标在设计区中显示 🔍 形
状，在舞台中单击可以按当前视图比例的 1/2 倍进行缩小，最小可以缩小到原图的 8%大小。当
视图无法再进行放大和缩小时，此时的光标呈 🔍 形状。

此外，在选择【缩放】工具后，在设计区中以拖动矩形框的方式来放大指定区域，放大的
比例可以通过舞台右上角的【视图比例】下拉列表框查看，如图 2-74 所示。在 Flash CS4 中，
支持的最大放大比例为 2000%。

计算机 基础与实训教材系列

图 2-74 查看视图比例

知识点

在使用【放大镜】工具框选对象时只能将对象放大，该操作和选择【放大】按钮⊕和【缩小】按钮⊖无关。

3. 标尺和网格

标尺和网格功能主要是用于辅助设计区中的对象对齐。

选择【视图】|【标尺】命令，即可在设计区中显示标尺，如图 2-75 所示。默认情况下，标尺是以像素为单位的，在前文中已经提到，在【文档属性】对话框中可以设置标尺单位，选择【修改】|【文档】命令，打开【文档属性】对话框，在【标尺单位】下拉列表中可以选择标尺单位，如图 2-76 所示。

图 2-75 显示标尺

图 2-76 设置标尺单位

选择【视图】|【网格】|【显示网格】命令，即可在设计区中显示网格，如图 2-77 所示。选择【视图】|【网格】|【编辑网格】命令，打开【网格】对话框，如图 2-78 所示，在该对话框中可以设置网格的颜色、长度和宽度大小和贴紧精确度等参数。

图 2-77 显示网格

图 2-78 【网格】对话框

2.4 上机练习

本章上机练习主要介绍了使用绘图工具绘制图形的操作和使用选择工具进行调整图形。关于本章中的其他内容,例如色彩模式、设置绘制首选参数等内容,可以根据相应的章节进行练习。

2.4.1 绘制图形

新建一个文档,使用【工具】面板中的工具,绘制一个矢量图形。

(1) 新建一个文档。选择【工具】面板中的【线条】工具 \,勾勒一个汽车图形线条,如图 2-79。

(2) 选择【选择】工具 ,调整线条曲线和顶点,绘制出汽车图形的大致框架,如图 2-80 所示。在使用【选择】工具调整图形时,如果遇到需要增加锚点的地方,可以使用【钢笔】工具 中的【添加锚点】工具 。

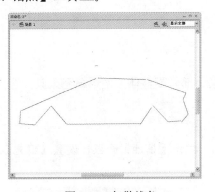

图 2-79 勾勒线条

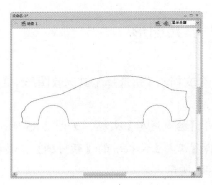

图 2-80 绘制框架

(3) 参照步骤(1)和步骤(2),绘制汽车图形的大致结构,如图 2-81 所示。

(4) 选择【椭圆】工具,按住 Shift 键,绘制两个同一圆心不同半径的正圆图形作为车胎图形。重复操作,绘制另一个车胎,如图 2-82 所示。

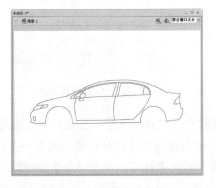

图 2-81 绘制大致结构

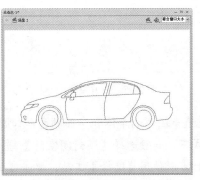

图 2-82 绘制车胎

计算机 基础与实训教材系列

(5) 结合【椭圆】工具和【基本椭圆】工具，绘制两个车胎的钢圈，如图 2-83 所示。

(6) 一个汽车的大致图形已经绘制完成了，下面在一些细节上在进行适当的处理，例如修饰车灯，调整车架曲线等操作，最后绘制的汽车如图 2-84 所示。

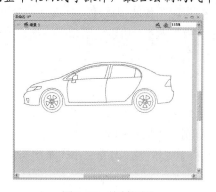

图 2-83 绘制钢圈

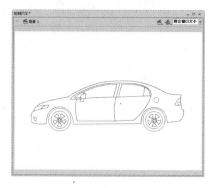

图 2-84 绘制的汽车

(7) 保存文件为【绘制汽车】。

②.4.2 填充图形

打开一个文档，使用选择工具选取图形中的某一部分或整体，使用填充工具，选择适当的颜色填充图形。

(1) 打开【绘制汽车】文档，如图 2-85 所示。

(2) 选择【工具】面板中的【颜料桶】工具，打开【属性】面板，设置【填充颜色】为黑色，如图 2-86 所示。

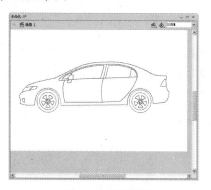

图 2-85 打开文档

图 2-86 选择填充颜色

(3) 填充汽车图形的车体和车胎颜色，如图 2-87 所示。在填充车体颜色时要注意选择的【空隙大小】模式下，一般选择【不封闭空隙】模式，使用该模式填充的对象必需是一个封闭对象，所以在填充时可以使用【选择】工具，单击【工具】面板中的【贴紧至对象】按钮，选中填充对象中一些未封闭的线条，拖动连接成一个封闭对象。

（4）填充车体颜色后，接下来开始填充车窗等颜色。选择【缩放】工具 🔍，单击【工具】面板中的【放大】按钮 🔍，单击设计区，放大至合适大小。

（5）选择【手形】工具 ✋，按住鼠标左键拖动至要填充的车窗对象，如图 2-88 所示。

图 2-787　填充车体和车胎颜色

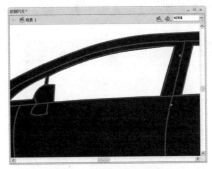

图 2-88　拖动设计区

（6）选择【套索】工具 🔗，单击【工具】面板中的【多边形模式】按钮 📐。选择要填充的车窗对象，然后使用【颜料桶】工具，选择填充颜色为银色，填充对象，如图 2-89 所示。

（7）参照步骤(4)~步骤(6)，填充其他的车窗颜色，如图 2-90 所示。

图 2-89　填充选中对象

图 2-90　填充车窗颜色

（8）重复操作，使用【套索】工具选取要填充的对象，选择【颜料桶】工具，选择适当颜色填充，如图 2-91 所示。

（9）选择【选择】工具，双击线条，选中笔触，如图 2-92 所示。

图 2-91　填充其他对象颜色

图 2-92　选中笔触

计算机 基础与实训教材系列

(10) 选择【颜料桶】工具，设置填充颜色为深灰色，填充笔触。重复操作，填充所有笔触颜色，如图 2-93 所示。在选中笔触时，可以按下 Shift 键，然后双击或单击笔触，可以连续选中多个笔触。

(11) 保存文件为【填充图形】，按下 Ctrl+Enter 键，测试效果，如图 2-94 所示。

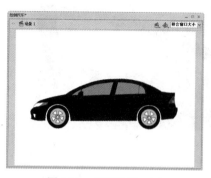
图 2-93　填充笔触

图 2-94　测试效果

②.5　习题

1. 矢量图和位图的区别是什么？

2. Flash CS4 的【工具】面板中提供了一些基本图形绘制工具，根据功能的不同，可以分为哪 4 类工具？

3. 使用【铅笔】工具，无法绘制出以多少度为角度增量的线条？

4. 使用【套索】工具选择对象时，如果一次要选择的对象并不是连续的，则可以按下哪个键来增加选择区域？

5. 绘制如图 2-95 所示的咖啡杯。

6. 绘制如图 2-96 所示的房屋。

7. 绘制一副风景画，可以参考图 2-97 所示。

图 2-95　咖啡杯

图 2-96　房屋图形

图 2-97　风景图

第3章

编辑图形和文本

学习目标

Flash 中的对象是指在舞台上所有可以被选取和编辑的内容。每个对象都具有特定的属性和动作。创建各种对象后，就可以进行编辑修改操作，如对对象进行选择、移动、复制、删除等；对图形对象进行渐变填充；调整位图对象的填充；创建图形的特殊效果及同时编辑多个对象等。另外，还可以将多个对象组合起来，作为一个组合对象进行操作。文本是 Flash 动画中重要的组成元素之一，它不仅可以帮助影片表述内容，也可以对影片起到一定的美化作用。Flash CS4 提供了多种文本处理方法，例如将文本水平或垂直放置；设置字体、大小、样式、颜色和行距等属性；对文本进行旋转、倾斜或翻转等变形；链接文本；使文本具有动画效果等。

本章重点

- ◉ 图形的基本操作
- ◉ 排列、组合和分离对象
- ◉ 对象的变形
- ◉ 填充变形对象
- ◉ 使用【文本】工具
- ◉ 编辑文本
- ◉ 添加文本效果

3.1 编辑图形

编辑图形操作主要包括一些图形的基本操作，例如复制和粘贴操作；使用【工具】面板中相应的工具来编辑图形；排列、组合和分离对象；变形对象等。下面将详细介绍编辑图形的操作方法。

③.1.1 图形的基本操作

在第 2 章中已经介绍了使用【选择】工具 、【部分选取】工具 和【套索】工具 来选取图形对象，选中图形对象后，可以进行一些常规的基本操作，例如移动、复制、粘贴等。

1. 移动对象

在 Flash CS4 中，【选择】工具除了用来选择对象，还可以拖动对象来进行移动操作。而且使用键盘上的方向键可以进行对象的细微移动操作，此外，使用【信息】面板或对象的【属性】面板使对象进行精确地移动。以下是移动对象的具体操作方法。

- 使用【选择】工具：选中要移动的对象，按住鼠标左键拖动到目标位置即可。在移动过程中，被移动的对象以框线方式显示；如果在移动过程中靠近其他对象时，会自动显示与其他对象对齐的虚线，如图 3-1 所示。

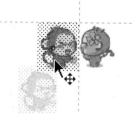

图 3-1　移动对象

> **知识点**
>
> 　　为了便于对齐对象，用户可以在使用【选择】工具移动对象时，按住 Shift 键使对象按照 45°角的增量进行平移。

- 使用键盘上的方向键：在选中对象后，按下键盘上的↑、↓、←、→方向键即可移动对象，每按一次键可以使对象在该方向上移动 1 个像素。如果在按住 Shift 键的同时按方向键，每按一次键可以使对象在该方向上移动 10 个像素。

- 打开【信息】面板或【属性】面板：在选中了对象以后，选择【窗口】|【信息】命令打开【信息】面板，在【信息】面板或【属性】面板的 X 和 Y 文本框中输入精确坐标后，如图 3-2 所示，按下 Enter 键即可将对象移动到指定坐标位置，移动的精度可以达到 0.1 像素。

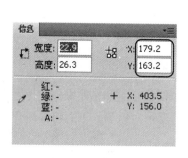

图 3-2　【信息】和【属性】面板

2. 复制和粘贴对象

复制对象可以使用菜单命令或键盘组合键，在【变形】面板中，还可以在复制对象的同时对对象应用变形操作。以下是关于复制和粘贴对象的操作方法。

- 使用菜单命令：选中要复制的对象，选择【编辑】|【复制】命令，选择【编辑】|【粘贴】命令可以粘贴对象；选择【编辑】|【粘贴到当前位置】命令，可以在保证对象的坐标没有变化的情况下，粘贴对象。

> **提示**
>
> 在 Flash CS4 中打开【编辑】列表，可以看到常用的菜单命令后面都标有快捷键，要快速执行所需菜单命令，可以直接单击左键使用这些快捷键。

- 使用【变形】面板：选择对象，选择【窗口】|【变形】命令，打开【变形】面板，如图 3-3 所示。在该面板中设置了旋转或倾斜的角度，单击【复制并应用变形】按钮  就可以复制对象了。图 3-4 所示为一个矩形以 30°角进行旋转，单击【复制并应用变形】按钮后所创建的图形。

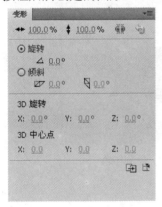

图 3-3 【变形】面板

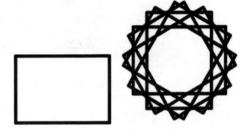

图 3-4 复制并应用变形

- 使用组合键：在移动对象的过程中，按住 Ctrl 键(或 Alt 键)拖动，此时光标变为 形状，可以拖动并复制该对象。

【练习 3-1】打开一个文档，绘制椭圆图形，然后使用【变形】面板，复制并变形椭圆图形，绘制树桩的年轮图形。

(1) 打开一个文档，如图 3-5 所示。

(2) 选择【椭圆】工具，设置笔触颜色为褐色，绘制一个椭圆图形，删除椭圆图形的内部填充色。

(3) 选择【选择】工具，将椭圆图形移至如图 3-6 所示的位置。

图 3-5　打开文档　　　　　图 3-6　移动椭圆图形

(4) 选中椭圆图形，按下 Ctrl+C 键复制图形，按下 Ctrl+Shift+V 键粘贴到当前位置。

(5) 选中任意一个椭圆图形，选择【窗口】|【变形】命令，打开【变形】面板，在该面板中的设置如图 3-7 所示。

(6) 连续单击【变形】面板中的【复制并应用变形】按钮，即可绘制年轮图形，如图 3-8 所示。

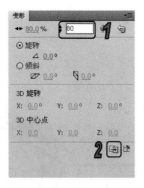

图 3-7　设置【变形】面板　　　　图 3-8　绘制年轮

(7) 保存文件为【绘制年轮】。

3. 删除对象

要删除选中的对象，可以通过下列方法实现。

- 选中要删除的对象，按下 Delete 或 Backspace 键。
- 选中要删除的对象，选择【编辑】|【清除】命令。
- 选中要删除的对象，选择【编辑】|【剪切】命令。
- 右击要删除对象，在弹出的快捷菜单中选择【剪切】命令。

提示

如果希望恢复已经删除的对象，可以选择【编辑】|【撤销】命令，或按下 Ctrl+Z 键，恢复删除对象操作。

3.1.2　排列、组合和分离对象

打开【对齐】面板，在该面板中可以进行排列对象操作。组合对象可以将舞台中的多个对象组合在一起以便于整体操作；分离对象操作可以将组合对象拆散为单个对象，还可以将对象打散成像素点进行编辑。

1. 排列对象

要对多个对象进行对齐与分布操作，选择【修改】|【对齐】命令，在子菜单中选择对齐命令，或者选择【窗口】|【对齐】命令，打开【对齐】面板，如图 3-9 所示。

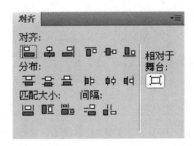

图 3-9　【对齐】子菜单和【对齐】面板

选中对象进行对齐与分布操作，通过以下方式完成操作。

- ⊙ 单击【对齐】面板中【对齐】选项区域中的【左对齐】、【水平中齐】、【右对齐】、【上对齐】，【垂直中齐】和【底对齐】按钮 ，可设置对象在不同方向的对齐方式。
- ⊙ 单击【对齐】面板中【分布】选项区域中的【顶部分布】、【垂直居中分布】、【底部分布】、【左侧分布】，【水平居中分布】和【右侧分布】按钮 ，可设置对象不同方向的分布方式。
- ⊙ 单击【对齐】面板中【匹配大小】区域中的【匹配宽度】按钮 ，可使所有选中的对象与其中最宽的对象宽度相匹配；单击【匹配高度】按钮 ，可使所有选中的对象与其中最高的对象高度相匹配；单击【匹配宽和高】按钮 ，将使所有选中的对象与其中最宽对象的宽度和最高对象的高度相匹配。如图 3-10 所示是将对象进行匹配宽度和匹配高度操作。

图 3-10　匹配宽度和匹配高度操作

- 单击【对齐】面板中【间隔】区域中的【垂直平均间隔】 和【水平平均间隔】 按钮，可使对象在垂直方向或水平方向上等间距分布。
- 单击【对齐】面板中【相对于舞台】区域中的【对齐/相对舞台分布】按钮 ，可以使对象以设计区为标准，进行对象的对齐与分布设置；如果取消该按钮的选中状态，则以选择的对象为标准进行对象的对齐与分布设置。

2. 组合对象

在进行移动编辑矢量图形操作时，经常会遇到填充色块和轮廓线分离的情况，可以将它们组合成一个对象组合，作为一个对象来进行整体操作处理。

组合对象的方法是：先从舞台中选择需要组合的多个对象，可以是形状、组、元件或文本等各种对象的类型，然后选择【修改】|【组合】命令或按 Ctrl+G 快捷键，即可组合对象，如图 3-11 所示。

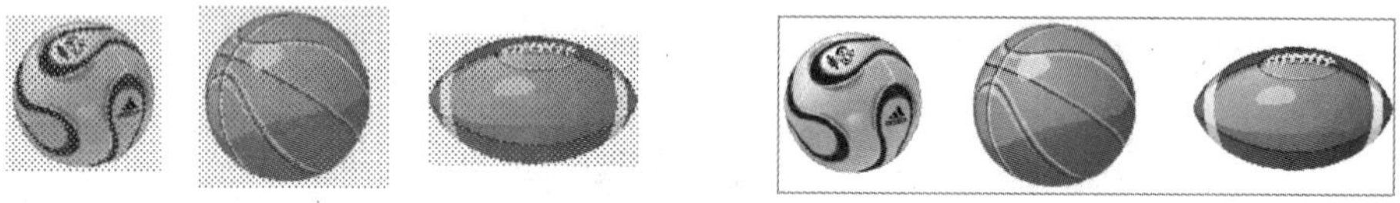

图 3-11　组合对象

如果需要对组中的单个对象进行编辑，则应选择【修改】|【取消组合】命令或按 Ctrl+Shift+G 快捷键取消对象的组合，或者在组合后的对象上双击，即可进入单个对象的编辑状态。

3. 分离对象

对于组合对象，可以使用分离命令拆散为单个对象，也可以将文本、实例、位图及矢量图等元素打散成一个个的像素点，以便进行编辑。

选中所需分离的对象，选择【修改】|【分离】命令或按下 Ctrl+B 快捷键即可。

 提示

在对多个文字组成的文本框进行分离时，第一次按下 Ctrl+B 快捷键只是将其分离为单个文字，第二次按下 Ctrl+B 快捷键才可以将其完全分离为像素点。

③.1.3　对象的变形

对对象进行变形操作，可以调整形状在设计区中的显示比例，或者协调形状与其他设计区中的元素关系。对象的变形主要包括翻转对象、缩放对象、任意变形对象、扭曲对象和封套对象等操作。

1. 翻转对象

选择了对象以后，选择【修改】|【变形】|命令，在子菜单中可以选中【垂直翻转】或【水

平翻转】命令，可以使所选定的对象进行垂直或水平翻转，而不改变该对象在舞台上的相对位置，如图 3-12 所示。

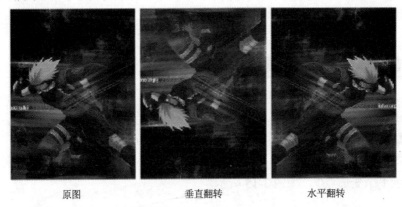

原图　　　　　　　　　　垂直翻转　　　　　　　　　水平翻转

图 3-12　翻转对象

知识点

对对象进行了垂直翻转或水平翻转，不会改变其在舞台上的相对位置，但有时对象的绝对坐标值会发生改变，这种改变缘于对象的注册点位置。如果将对象的注册点设置在图形的中心位置，那么不论怎样翻转对象，其在舞台上的相对位置或绝对坐标值都不会改变。

2. 还原对象

在 Flash CS4 中，可以使用菜单命令和【历史记录】面板对已经变形的对象进行还原操作。还原操作的具体方法如下。

- ◉ 选择【编辑】|【撤消】命令，可以撤消整个文档最近一次所做的操作，要撤消多步操作就必须多次执行该命令。
- ◉ 在选中了某一个或几个进行了变形操作的对象以后，选择【修改】|【变形】|【取消变形】命令，可以将对这些对象所作的所有变形操作一次性全部撤消。
- ◉ 选择【窗口】|【其他面板】|【历史记录】命令，打开【历史记录】面板，如图 3-13 所示。该面板中的滑块默认指向当前文档最后一次执行的步骤，拖动该滑块，即可对文档中已进行的操作进行撤消。

图 3-13　【历史记录】面板

提示

在【历史记录】面板中，可以按步骤的执行顺序来记录步骤；可以一次撤消或重新进行个别步骤或多个步骤；可以将【历史记录】面板中的步骤应用于文档中的同一对象或不同对象。但是，不能重新排列【历史记录】面板中的步骤顺序。

⊙ 选择【编辑】|【撤消】命令,可以撤消在【变形】面板中执行的最后一次变形。如果在取消对对象的选择之前,单击【变形】面板中的【取消变形】按钮⊞可以删除在该面板中执行的所有变形。

③.1.4 【任意变形】工具

【任意变形】工具⊠可以用来对对象进行旋转、扭曲、封套等操作。选择【工具】面板中的【任意变形】工具⊠,在【工具】面板中会显示【贴紧至对象】、【旋转和倾斜】、【缩放】、【扭曲】和【封套】按钮,如图 3-14 所示。选中对象,在对象的四周会显示 8 个控制点■,在中心位置会显示 1 个变形点◇,如图 3-15 所示。

图 3-14 【工具】面板　　图 3-15 使用【任意变形】工具选择对象

选中对象后,可以执行以下的变形操作。

⊙ 将光标移至 4 个角上的控制点处,当鼠标指针变为↖时,按住鼠标左键进行拖动,可同时改变对象的宽度和高度。

⊙ 将光标移至 4 个边上的控制点处,当鼠标指针变为↔时,按住鼠标左键进行拖动,可改变对象的宽度;当鼠标指针变为↕时,按住鼠标左键进行拖动,可改变对象的高度。

⊙ 将光标移至 4 个角上控制点的外侧,当鼠标指针变为↻时,按住鼠标左键进行拖动,可对对象进行旋转。

⊙ 将光标移至 4 个边上,当鼠标指针变为⇌时,按住鼠标左键进行拖动,可对对象进行倾斜。

⊙ 将光标移至对象上,当鼠标指针变为✛时,按住鼠标左键进行拖动,可对对象进行移动。

⊙ 将光标移至中心点的旁边,当鼠标指针变为▸○时,按住鼠标左键进行拖动,可改变中心点的位置。

1. 旋转与倾斜对象

旋转与倾斜对象可以在垂直或水平方向上缩放,还可以在垂直和水平方向上同时缩放。选择【工具】面板中的【任意变形】工具⊠,然后单击【旋转与倾斜】按钮⟳,选中对象,当光标显示为↻形状时,可以旋转对象;当光标显示为⇌形状时,可以水平方向倾斜对象;当光

标显示 ⫾ 形状时，可以垂直方向倾斜对象，如图 3-16 所示。

原图　　　　　　　旋转　　　　　　水平倾斜　　　　　垂直倾斜

图 3-16　扭曲和锥化处理

 提示

　　【旋转与倾斜】和【缩放】按钮可应用于舞台中的所有对象，【扭曲】和【封套】按钮都只适用于图形对象或者分离后的图像。

2. 缩放对象

　　缩放对象可以在垂直或水平方向上缩放，还可以在垂直和水平方向上同时缩放。选择【工具】面板中的【任意变形】工具 ，然后单击【缩放】按钮 ，选中要缩放的对象，对象四周会显示框选标志，拖动对象某条边上的中点可将对象进行垂直或水平的缩放，拖动某个顶点，则可以使对象在垂直和水平方向上同时进行缩放，如图 3-17 所示。

原图　　　　　　水平缩放　　　　　垂直缩放　　　水平和垂直缩放

图 3-17　缩放对象

 提示

　　在进行垂直和水平方向缩放对象操作时，按住 Shift 键，可以等比例缩放对象。

3. 扭曲对象

　　扭曲对象可以对对象进行锥化处理。选择【工具】面板中的【任意变形】工具 ，然后单击【扭曲】按钮 ，对选定对象进行扭曲变形，可以在光标变为 ▷ 形状时，拖动边框上的角控制点或边控制点来移动该角或边；在拖动角手柄时，按住 Shift 键，当光标变为 ▷ 形状时，可对对象进行锥化处理，如图 3-18 所示。

原图 扭曲处理 锥化处理

图 3-18 扭曲和锥化处理

4. 封套对象

封套对象可以对对象进行任意形状的修改。选择【工具】面板中的【任意变形】工具，
然后单击【封套】按钮，选中对象，在对象的四周会显示若干控制点和切线手柄，拖动这些
控制点及切线手柄，即可对对象进行任意形状的修改，如图 3-19 所示。

显示控制点和切线手柄 封套对象操作

图 3-19 封套处理对象

③.1.5 【渐变变形】工具

【渐变变形】工具与【任意变形】工具在同一个工具组中。使用【渐变变形】工具，
可以通过调整填充的大小、方向或者中心位置，对渐变填充或位图填充进行变形操作。

1. 调整线性渐变填充

使用线性渐变填充图形后，可以使用【渐变变形】工具调整渐变填充。选择【工具】面
板中的【渐变变形】工具，将光标指向图形的线性渐变填充，当光标显示为形状时，单击
线性渐变填充即可显示线性渐变填充的调节手柄，如图 3-20 所示。可以调整线性渐变填充，具
体操作方法如下。

⦿ 将光标指向中间的圆形控制柄○时光标变为↔形状，此时拖动该控制柄可以调整线性渐
变填充的位置，如图 3-21 所示。

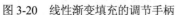

图 3-20　线性渐变填充的调节手柄　　　　图 3-21　调整线性渐变填充的位置

- ⊙ 将光标指向右边中间的方形控制柄⊡时，光标变为↔形状，拖动该控制柄可以调整线性渐变填充的缩放，如图 3-22 所示。
- ⊙ 将光标指向右上角的环形控制柄⊙时，光标变为↻形状，拖动该控制柄可以调整线性渐变填充的方向，如图 3-23 所示。

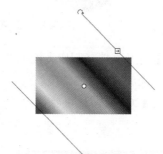

图 3-22　调整线性渐变填充的缩放　　　　图 3-23　调整线性渐变填充的方向

2. 调整放射状渐变填充

调整放射状渐变填充的方法与调整线性渐变填充方法类似，选择【工具】面板中的【渐变变形】工具🗔，单击放射状渐变填充图形，即可显示放射状渐变填充的调节柄，如图 3-24 所示。可以调整放射状渐变填充，具体操作方法如下。

- ⊙ 将光标指向中心的控制柄▽时，光标变为✛形状，拖动该控制柄可以调整放射状渐变填充的位置，如图 3-25 所示。

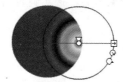

图 3-24　显示放射状渐变的调整柄　　图 3-25　调整放射状渐变填充的位置

- ⊙ 将光标指向圆周上的方形控制柄⊡时，光标变为↔形状，拖动该控制柄，可以调整放射状渐变填充的宽度，如图 3-26 所示。
- ⊙ 将光标指向圆周上中间的环形控制柄⊙时，光标变为⊙形状，拖动该控制柄，可以调整放射状渐变填充的半径，如图 3-27 所示。

图 3-26　调整放射状渐变填充的宽度

图 3-27　调整放射状渐变填充的半径

- 将光标指向圆周上最下面的环形控制柄 ↻ 时，光标变为 ↻ 形状，拖动该控制柄可以调整放射状渐变填充的方向，如图 3-28 所示。

图 3-28　调整放射状渐变填充的方向

【练习 3-2】打开文档，制作飞机掠过海面的影子效果。

(1) 打开一个文档，如图 3-29 所示。

(2) 结合使用【工具】面板中的各个工具，绘制一个飞机图形，并填充图形，如图 3-30 所示。

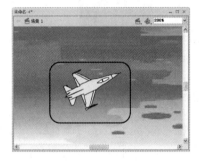

图 3-29　打开文档　　　　　　　　　图 3-30　绘制飞机图形

(3) 选中绘制的飞机图形，按下 Ctrl+C 键，然后按下 Ctrl+V 键复制并粘贴图形。选中【颜料桶】工具和【墨水瓶】工具，将复制的飞机图形和笔触颜色填充为深灰色，将该图形移至如图 3-31 所示的位置。

(4) 选中复制的飞机图形，选择【任意变形工具】，进行水平方向倾斜图形操作，然后按住 Shift 键，等比例缩小图形，如图 3-32 所示。

图 3-31　移动复制的图形　　　　　　　图 3-32　变形图形

（5）选择【任意变形】工具，单击【封套】按钮，适当的调整图形的调整点和切线手柄，形成一个在海面掠过的浮动效果，如图 3-33 所示。

（6）选中绘制的飞机图形，按下 Ctrl+G 键，组合图形，这样该图形就能显示在最顶层位置，最后将组合的飞机图形移至如图 3-34 所示的位置，完成绘制飞机掠过海面的影子效果。

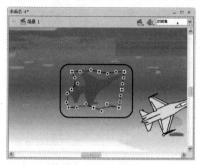

图 3-33　封套对象　　　　　　　图 3-34　最终效果

（7）保存文件为【变形图形】。

3.2　使用文本

使用【文本】工具 **T** 可以创建多种类型的文本。在创建文本之前，首先要了解可以创建的文本类型以及不同类型文本框的作用。

3.2.1　Flash 中的文本类型

在 Flash CS4 中，文本类型可分为静态文本、动态文本、输入文本，这 3 种文本类型的具体作用如下。

- ⊙ 静态文本：默认情况下创建的文本对象均为静态文本，它在影片的播放过程中不会进行动态改变，一般用于文本说明。
- ⊙ 动态文本：该文本对象中的内容可以动态改变，甚至可以随着影片的播放自动更新，一般用于比分显示或者计时器等方面的文字。
- ⊙ 输入文本：该文本对象在影片的播放过程中可以输入表单或调查表的文本等信息，一般在交互动画中使用。

3.2.2　使用【文本】工具创建文本

在 Flash CS4 中，可以使用【文本】工具 **T** 创建文本，可以根据需要使用其创建各种类型的文本。

1. 创建静态文本

创建静态水平文本，选择【工具】面板中的【文本】工具 **T**，当光标变为╬形状时，单击创建一个可扩展的静态水平文本框，该文本框的右上角具有圆形手柄标识，输入文本区域可随需要自动横向延长，如图 3-35 所示。

选择【文本】工具 **T**，可以拖动创建一个具有固定宽度的静态水平文本框，该文本框的右上角具有方型手柄标识，输入文本区域宽度是固定的，当输入文本超出文本框宽度时将自动换行，如图 3-36 所示。

计算机 基础与实训教材系列

图 3-35　可扩展的静态水平文本框　　图 3-36　具有固定宽度的静态水平文本框

使用【文本】工具还可以创建静态垂直文本，选择【文本】工具，打开【属性】面板，单击该面板的【段落】选项卡中的【方向】按钮，在弹出的快捷菜单中可以选择【水平】、【垂直，从左向右】和【垂直，从右向左】3 个选项，如图 3-37 所示。

2. 创建动态文本

要创建动态文本，选择【文本】工具 **T**，打开【属性】面板，单击【静态文本】按钮，在弹出的菜单中可以选择文本类型，如图 3-38 所示。

图 3-37　选择文本输入方向　　图 3-38　选择文本类型

选择动态文本类型后，单击设计区，可以创建一个默认宽度为 104 像素、高度为 27.4 像素的具有固定宽度和高度的动态水平文本框；拖动可以创建一个自定义固定宽度的动态水平文本框；在文本框中输入文字，即可创建动态文本。

3. 创建输入文本

输入文本可以在动画中创建一个允许用户填充的文本区域，因此它主要运用在一些交互性比较强的动画中，譬如有些动画需要用到内容填写、用户名或者密码输入等操作，就都需要添加输入文本。

选择【文本】工具 **T**，在【属性】面板中选择输入文本类型后，单击设计区，可以创建一个具有固定宽度和高度的动态水平文本框；拖动可以创建一个自定义固定宽度的动态水平文本框。

4. 创建滚动文本

动态滚动文本框的特点是：可以在指定大小的文本框内显示超过该范围的文本内容。在Flash CS4 中，创建动态可滚动文本可以使用以下几种方法：

- 按住 Shift 键的同时双击动态文本框的圆形或方形手柄。
- 使用【选择】工具选中动态文本框，然后选择【文本】|【可滚动】命令。
- 使用【选择】工具选中动态文本框，右击该动态文本框，在打开的快捷菜单中选择【可滚动】命令。

创建滚动文本后，其文本框的右下方会显示一个黑色的实心矩形手柄，如图 3-39 所示。按下 Ctrl+Enter 键可测试效果。

图 3-39　动态可滚动文本框

提示
使用动态可滚动文本框，可以在指定大小的文本框内显示超过该范围的文本内容。

计算机基础与实训教材系列

3.3　编辑文本

创建文本后，可以对文本进行一些编辑操作，主要包括对文本进行分离、变形、剪切、复制和粘贴等编辑，还可以将文本链接到指定 URL 地址。此外，可以创建文本的特殊效果。

3.3.1　文本的基本操作

在 Flash CS4 中，通过对文本框进行编辑操作可以创建不同的文本效果，譬如对文本进行分离、变形、剪切、复制和粘贴等操作。

1. 选择文本

编辑文本前，首先要选择需要更改的文本。选择【文本】工具，可进行如下操作，选择所需的文本对象。

- 在需要选择的文本上按下鼠标左键并向左或向右拖动，可以选择文本框中的部分或全部文本。
- 在文本框中双击，可以选择一个英文单词或连续输入的中文。
- 在文本框中单击确定要选择的文本的开始位置，然后按住 Shift 键单击要选择的文本的结束位置，可以选择开始位置和结束位置之间的所有文本。

◉ 在文本框中单击，然后按 Ctrl + A 快捷键，可以选择文本框中的所有文本对象。

◉ 如果要选择文本框，可以在工具箱中选择【选择】工具，然后单击文本框。如果要选择多个文本框，可以在按下 Shift 键的同时，逐一单击各个需要选择的文本框。

2. 转换文本类型

在默认情况下，使用【文本】工具创建的文本类型是静态文本。如果要改变已创建文本的类型，可以先选中文本，单击【属性】面板中的【文本类型】按钮，在弹出的菜单中选择要更改的选项命令即可。

3. 分离文本

文本的分离方法和分离原理与本章前文介绍的组合和分离图形对象类似。选中文本后，选择【修改】|【分离】命令，可以将文本分离 1 次，使其中的文字成为单个的字符。重复操作，可以分离为填充图形，如图 3-40 所示。

  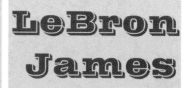

文本框　　　　　　　　　第 1 次分离　　　　　　　　　第 2 次分离

图 3-40　将文本分离为填充图形的过程

要注意的是，文本一旦被分离为填充图形后就不再具有文本的属性，而拥有了填充图形的属性。也就是说，对于分离为填充图形的文本，不能再更改其文本属性，但可以应用图形属性。

 提示

　　　【分离】命令只适用于轮廓字体，如 TrueType 字体，当分离位图字体时，它们会从屏幕上消失。只有在 Macintosh 系统上才能分离 PostScript 字体。

4. 文本变形

在将文本分离为填充图形后，可以非常方便地改变文字的形状。要改变分离后文本的形状，可以使用工具箱中的【选择】工具或【部分选取】工具等，进行各种变形操作。

◉ 使用【选择】工具编辑分离文本的形状时，可以在未选中分离文本的情况下将光标靠近分离文本的边界，当光标变为或形状时按住鼠标左键进行拖动，即可改变分离文本的形状，如图 3-41 所示。

◉ 使用【部分选取】工具对分离文本进行编辑操作时，可以先使用【部分选取】工具选中要修改的分离文本，使其显示出节点，然后选中节点进行拖动或编辑其曲线调整柄，如图 3-42 所示。

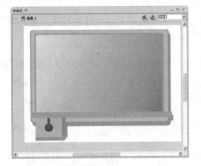

图 3-41　使用【选择】工具变形文本　　　图 3-42　使用【部分选取】工具变形文本

【练习3-3】打开文档，创建 Q 版文字。

(1) 打开一个文档，如图 3-43 所示。

(2) 选择【文本】工具，输入静态文本内容，将文本内容移至合适位置，如图 3-44 所示。

图 3-43　打开文档　　　　　　　图 3-44　输入静态文本内容

(3) 继续使用【文本】工具，输入文本内容CUTE。选择文本内容，连续两次按下 Ctrl+B 键，将文本分离为图形对象。

(4) 使用【选择】工具，调整 CUTE 图形对象轮廓，如图 3-45 所示。

(5) 使用【刷子】工具，选择填充颜色为白色，按照图 3-46 所示，点缀 CUTE 图形对象。完成 Q 版文字的创建。

图 3-45　调整图形轮廓　　　　　　图 3-46　点缀文字

(6) 保存文件为【Q 版文字】。

5. 添加文字链接

在 Flash CS4 中，可以将静态和动态的水平文本链接到 URL，从而在单击该文本的时候，可以很方便地跳转到其他文件、网页或电子邮件。

选择要添加链接的文本，打开【属性】面板，在【选项】选项卡中的【链接】文本框中输入将文本块链接到的 URL 链接地址即可，如图 3-47 所示。

③.3.2 设置文本属性

选择【文本】工具，在【属性】面板中可以对文本的字体和段落属性进行设置。文本的字体属性包括字体、字体大小、样式、颜色、字符间距、自动调整字距和字符位置等；段落属性包括对齐方式、边距、缩进和行距等。

1. 消除文本锯齿

在设计动画过程中，有时输入的文字会有模糊显示状况，这是由于创建的文本较小从而无法清楚显示的缘故，通过消除锯齿功能，可以很好地解决这一问题。

选中文本内容，单击【属性】面板的【字符】选项卡中【消除锯齿】按钮，在弹出的菜单中选择消除锯齿选项，如图 3-48 所示，即可消除文本锯齿。

图 3-47 输入链接

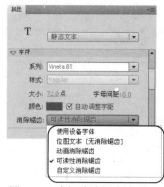

图 3-48 选择消除锯齿选项

2. 设置字符属性

在【属性】面板的【字符】选项卡中，可以设置选定文本字符的字体、字体大小和颜色等参数，如图 3-49 所示。设置文本颜色时，只能使用纯色，而不能使用渐变。要向文本应用渐变，必须将文本转换为线条和填充图形。

在【属性】面板的【字符】选项卡中的主要参数选项具体作用如下。

- ⦿ 【系列】：可以在下拉列表中选择文本字体。
- ⦿ 【样式】：可以在下拉列表中选择文本字体样式，例如加粗、倾斜等。
- ⦿ 【大小】：设置文本字体大小。
- ⦿ 【字母间距】：设置文本文字间距大小。
- ⦿ 【颜色】：设置文本字体颜色。
- ⦿ 【自动调整字距】：选中该复选框，系统会自动调整文本内容合适间距。

3. 设置对齐、边距和行距

在【属性】面板的【段落】选项卡中，如图 3-50 所示，可以设置选定文本的对齐方式、边距等属性。

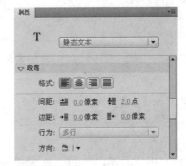

图 3-49　【字符】选项卡　　　　　　　图 3-50　【段落】选项卡

在【属性】面板的【段落】选项卡中的主要参数选项具体作用如下。

- ⊙ 【格式】：设置文本的对齐方式。
- ⊙ 【间距】：设置段落边界和首行开头之间的距离以及段落中相邻行之间的距离。
- ⊙ 【边距】：设置文本框的边框和文本段落之间的间隔。

4．设置文本其他属性

在【属性】面板中，还可以对动态文本或输入文本设置特殊参数选项，从而控制这两种文本在影片中出现的方式。

选择动态文本或输入文本，打开【属性】面板，如图 3-51 所示。

图 3-51　动态文本【属性】面板

在该【属性】面板中，可以执行以下操作。

- ⊙ 【实例名称】：可以输入该文本框的实例名称，方便以后在脚本中调用。
- ⊙ 【行为】：可以设置文本在文本框中显示的模式。选择【单行】选项，可在一行中显示文本；选择【多行】选项，可在多行中显示文本；选择【多行不换行】选项，则以多行显示文本，但只在最后一个字符是换行字符时才换行(按 Enter 键时)。选择【密码】选项(仅输入文本可选)，则输入的文字会被*符号遮盖而不显示。
- ⊙ 【可选】按钮 ：单击该按钮后能够选择该动态文本框中的文本。反之，无法选择该动态文本。
- ⊙ 【将文本呈现为 HTML】按钮 ：单击该按钮，可以保留丰富的文本格式，如字体和超级链接，并带有相应的 HTML 标记。

- ⊙ 【在文本周围显示边框】按钮■：单击该按钮，可以设置在文本框四周显示黑色边框和白色背景。
- ⊙ 【变量】文本框：用于输入该文本框的变量名称。

③.4 滤镜效果

滤镜是一种应用到对象上的图形效果。Flash CS4 允许对文本、影片剪辑或按钮添加滤镜效果，本节主要对文本添加滤镜效果的操作方法进行讲解。

③.4.1 添加文本滤镜

选中文本后，打开【属性】面板，单击【滤镜】选项卡，打开该选项卡面板，如图 3-52 所示。单击【添加滤镜】按钮■，在弹出的下拉列表中可以选择要添加的滤镜选项，也可以执行删除、启用和禁止滤镜效果，如图 3-53 所示。

图 3-52　【滤镜】选项卡面板　　　　图 3-53　显示添加的滤镜

添加滤镜后，在【滤镜】选项卡中会显示该滤镜的属性，在【滤镜】面板窗口中会显示该滤镜名称，重复添加操作可以为文字创建多种不同的滤镜效果。如果单击【删除滤镜】按钮■，可以删除选中的滤镜效果。

③.4.2 设置滤镜效果

添加滤镜效果后，可以设置滤镜的相关属性，每种滤镜效果的属性设置都有所不同，下面将介绍这些滤镜的属性设置。

1. 【投影】滤镜

添加【投影】滤镜，该滤镜的属性如图 3-54 所示，主要选项参数的具体作用如下。

- ⊙ 【模糊 X】和【模糊 Y】：设置投影的宽度和高度。

- ◎　【强度】：设置投影的阴影暗度，暗度与该文本框中的数值成正比。
- ◎　【品质】：用于设置投影的质量。
- ◎　【角度】：设置阴影的角度。
- ◎　【距离】：设置阴影与对象之间的距离。
- ◎　【挖空】：选中该复选框可将对象实体隐藏，而只显示投影。
- ◎　【内测阴影】：选中该复选框可在对象边界内应用阴影。
- ◎　【隐藏对象】：选中该复选框可隐藏对象，并只显示其投影。
- ◎　【颜色】：设置阴影颜色。

2．【模糊】滤镜

添加【模糊】滤镜，该滤镜的属性如图 3-55 所示，主要选项参数的具体作用如下。

- ◎　【模糊 X】和【模糊 Y】文本框：设置模糊的宽度和高度。
- ◎　【品质】：设置模糊的质量级别。

图 3-54　【投影】滤镜属性　　　　　　图 3-55　【模糊】滤镜属性

3．【发光】滤镜

添加【发光】滤镜，该滤镜的属性如图 3-56 所示，主要选项参数的具体作用如下。

- ◎　【模糊 X】和【模糊 Y】：用于设置发光的宽度和高度。
- ◎　【强度】：用于设置对象的透明度。
- ◎　【品质】：用于设置发光的质量级别。
- ◎　【颜色】：设置发光颜色。
- ◎　【挖空】：选中该复选框可将对象实体隐藏，而只显示发光。
- ◎　【内侧发光】：选中该复选框可使对象只在边界内应用发光。

4．【斜角】滤镜

添加【斜角】滤镜，该滤镜的属性如图 3-57 所示。

计算机 基础与实训教材系列

图 3-56　【发光】滤镜属性　　　　　　　图 3-57　【斜角】滤镜属性

　　【斜角】滤镜的大部分属性设置与【投影】、【模糊】或【发光】滤镜属性相似。单击【类型】按钮，在弹出的菜单中可以选择【内侧】、【外侧】、【全部】3 个选项，可以分别对对象进行内斜角、外斜角或完全斜角的效果处理，效果如图 3-58 所示。

　　　内侧斜角效果　　　　　　　外侧斜角效果　　　　　　全部斜角效果

图 3-58　【斜角】滤镜的斜角应用效果

5. 【渐变发光】滤镜

　　添加【渐变放光】滤镜，可以使发光表面具有渐变效果，该滤镜的属性如图 3-59 所示。

　　将光标移动至该面板的渐变栏上，则会变为 形状，此时单击鼠标左键可以添加一个颜色指针。单击该颜色指针，可以在弹出的颜色列表中设置渐变颜色；移动颜色指针的位置，则可以设置渐变色差。

图 3-59　【渐变放光】滤镜属性

 提示

　　渐变栏中最多可以添加 15 个颜色指针，即最多可以创建 15 种颜色渐变。

6. 【渐变斜角】滤镜

添加【渐变斜角】滤镜，可以使对象产生凸起效果，并且使斜角表面具有渐变颜色，该滤镜的属性如图 3-60 所示。设置【渐变斜角】滤镜的属性可以参考前文中介绍的滤镜属性设置。

7. 【调整颜色】滤镜

添加【调整颜色】滤镜，可以调整对象的亮度、对比度、色相和饱和度，该滤镜的属性如图 3-61 所示。以通过拖动滑块或者在文本框中输入数值的方式，对对象的颜色进行调整。

图 3-60 【渐变斜角】滤镜属性   图 3-61 【调整颜色】滤镜属性

3.5 上机练习

本章上机练习主要通过对 Flash 中的图形进行编辑和文本的使用概括，介绍了创建霓虹灯效果文字和制作贺卡并添加适当的滤镜效果的方法。对于本章中的其他内容，例如文本的类型、图形的变形操作方法等，可以通过相应章节内容进行练习。

3.5.1 制作霓虹灯效果

打开一个文档，输入文本内容，执行一些常用的图形编辑操作，制作霓虹灯效果。

(1) 打开一个文档，如图 3-62 所示。

(2) 选择【文本】工具，输入文本内容 Merry Christmas，将文本移至如图 3-63 所示的位置。

图 3-62 打开文档   图 3-63 输入文本

(3) 选中文本，连续两次按下 Ctrl+B 键，将文本分离成图形对象。

(4) 选择【墨水瓶】工具，设置笔触颜色为红色，填充图形对象的笔触颜色，如图 3-64 所示。

(5) 选择【选择】工具，删除图形对象中的填充内容，剩下图形外框，也就是删除字母的内部填充色，保留字母的笔触，如图 3-65 所示。

图 3-64　填充笔触颜色

图 3-65　删除填充内容

(6) 选中图形的外框，选择【颜料桶】工具，单击【笔触颜色】按钮，在打开的面板中选择如图 3-66 所示的颜色。

(7) 选中图形外框，按下 Ctrl+G 键，组合对象。

(8) 选中组合的对象，按下 Ctrl+C 键复制对象，然后按下 Ctrl+Shift+V 键，将复制对象粘贴到原始位置。

(9) 选中复制的对象，选择【任意变形】工具，缩放对象大小，然后选择【修改】|【变形】|【垂直翻转】命令，垂直翻转对象，将对象移至合适位置。效果如图 3-67 所示。

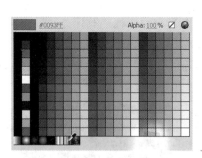

图 3-66　选择颜色

图 3-67　绘制效果

(10) 保存文件为【绘制霓虹灯】。

3.5.2 制作邮票

打开一个文档，利用图形或分离对象重叠时，剪切轮廓线所需的形状，制作邮票。

(1) 打开一个文档，如图 3-68 所示。

(2) 选择【椭圆】工具，按下 Shift 键，绘制一个正圆图形，删除正圆图形填充色。

(3) 选择【任意变形】工具，调整正圆图形合适大小并移至如图 3-69 所示位置。

图 3-68 打开文档　　　　图 3-69 调整正圆图形大小和位置

(4) 选中正圆图形，按下 Ctrl 键，拖动复制正圆图形。重复操作，继续拖动复制 4 个正圆图形。

(5) 选择【窗口】|【对齐】命令，打开【对齐】面板，水平分布 6 个正圆图形，如图 3-70 所示。

(6) 参照以上方法，将正圆图形复制到文档中矩形图形的其他 3 条边框上。在复制时，可以选择【修改】|【变形】|【顺时针旋转 90 度】命令，旋转图形对象，最后形成如图 3-71 所示的效果。

图 3-70 水平分布正圆图形　　　　图 3-71 复制图形效果

(7) 选择【选择】工具，删除一些图形的一些边框和填充，形成如图 3-72 所示的邮票图形。

(8) 选择【颜料桶】工具，选择填充颜色为褐色，填充图形内部填充色，如图 3-73 所示。

计算机 基础与实训教材系列

图 3-72　邮票图形　　　　　　　　图 3-73　填充内部填充色

(9) 保存文件为【绘制邮票图形】。

③.6 习题

1. 为了便于对齐对象，用户可以在使用【选择】工具移动对象时，按住哪个键使对象按照 45°角的增量进行平移？

2. 在对于已经删除的对象，可以选择什么命令，或按下什么键，可以恢复删除对象操作？

3. 在对多个文字组成的文本框进行分离时，第一次按下 Ctrl+B 快捷键只是将其分离为？第二次按下 Ctrl+B 快捷键才可以将其完全分离为什么？

4. 在哪个面板中，可以按步骤的执行顺序来记录步骤；可以一次撤消或重做个别步骤或多个步骤？

5. 【旋转与倾斜】和【缩放】按钮可应用于舞台中的所有对象，【扭曲】和【封套】按钮都只适用于哪些对象？

6. 在进行垂直和水平方向缩放对象操作时，按住哪个键，可以等比例缩放对象？

7. 使用【文本】工具创建如图 3-74 所示的波纹文字效果。

8. 使用【文本】工具创建文本，并使用【滤镜】面板创建如图 3-75 所示的浮雕文字效果。

图 3-74　波纹文字　　　　　　　　图 3-75　浮雕文字

导入外部文件

学习目标

　　Flash CS4 虽然是一个矢量动画处理程序，但是可以导入外部位图和视频文件作为特殊的元素使用，并且导入的外部位图还可以被转化成矢量图形。音效是动画不可缺少的重要元素，也是制作动画时的重要环节之一，在动画中恰到好处地加入声音，可以使动画更加精彩生动。在Flash CS4 中，可以使用多种方法在动画中添加声音，创建有声动画。导入外部文件到 Flash 文档中，更加丰富了 Flash 动画的表现效果。

本章重点

- ◉　导入位图
- ◉　导入其他格式图像文件
- ◉　导入视频文件
- ◉　导入声音文件
- ◉　编辑声音

4.1　导入位图

　　位图是制作影片时最常用到的图形元素之一，在 Flash CS4 中默认支持的位图格式包括BMP、JPEG、GIF 等，如果系统安装了 QuickTime 软件，还可以支持 Photoshop 软件中的 PSD、TIFF 等其他图形格式。

4.1.1　导入位图图像

　　要导入位图图像，可以选择【文件】|【导入】|【导入到舞台】命令，打开【导入】对话框，

如图 4-1 所示，选择所需导入的图形文件，单击【打开】按钮即可导入到当前的 Flash 文档中，如图 4-2 所示。

图 4-1　【导入】对话框

图 4-2　导入图像到文档中

在使用【导入到舞台】命令导入图像时，如果导入文件的名称是以数字序号结尾的，并且在该文件夹中还包含有其他多个这种类型的文件名的文件时，会打开一个信息提示框。提示该文件可能是序列图像文件中的一部分，并询问是否导入该序列中的所有图像，如图 4-3 所示。如果单击【是】按钮，则导入所有的序列图像；如果单击【否】按钮，则只导入选定的图像文件。

图 4-3　提示信息对话框

📖 **知识点**

导入到 Flash 中的图形文件的大小不能小于 2×2 像素。

在 Flash CS4 中，除了可以导入位图图像到文档中直接使用，还可以先将需要的位图图像导入到该文档的【库】面板中，可以从【库】面板中将图像拖至文档中使用。选择【文件】|【导入】|【导入到库】命令，打开【导入到库】对话框，如图 4-4 所示，在该对话框中，选择要导入到【库】面板中的一个或多个图像，单击【打开】按钮，即可将选中的图像导入到【库】面板中。选择【窗口】|【库】命令，在打开的【库】面板中会显示导入的位图图像的缩略图，如图 4-5 所示。

图 4-4　【导入到库】对话框

图 4-5　【库】面板

④.1.2 编辑导入的位图图像

在向 Flash 中导入了位图文件后，可以进行各种编辑操作，例如修改位图属性，将位图分离或者将位图转换为矢量图等。

1. 设置位图属性

对于导入的位图图像，可以应用消除锯齿功能来平滑图像的边缘，或选择压缩选项减小位图文件的大小以及改变文件的格式等，使图像更适合在 Web 上显示。

要设置位图图像的属性，可在导入位图图像后，在【库】面板中位图图像的名称处右击，在弹出的快捷菜单中选择【属性】命令，打开【位图属性】对话框，如图 4-6 所示。在该对话框中用户可设置以下选项功能。

图 4-6 【位图属性】对话框

提示

可以在【库】面部中选中位图图像，然后单击【属性】按钮 ，打开【位图属性】对话框。

在【位图属性】对话框中，主要参数选项的具体作用如下。

- ◉ 在【位图属性】对话框第一行的文本框中显示的是位图图像的名称，可以在该文本框中更改位图图像在 Flash 中显示的名称。
- ◉ 【允许平滑】：选中该复选框，可以使用消除锯齿功能平滑位图的边缘。
- ◉ 【压缩】：在该选项下拉列表中可以选择【照片(JPEG)】选项，可以以 JPEG 格式压缩图像，对于具有复杂颜色或色调变化的图像，如具有渐变填充的照片或图像，常使用【照片(JPEG)】压缩格式；选择【无损(PNG/GIF)】选项，可以使用无损压缩格式压缩图像，这样不会丢失该图像中的任何数据，具有简单形状和相对较少颜色的图像，则常使用【无损(PNG/GIF)】压缩格式。
- ◉ 【使用导入的 JPEG 数据】：取消选中状态，该复选框的下方将出现一个【品质】文本框，在该文本框中的数值用于调节压缩品质。可以在该文本框中输入 1~100 之间的任意值，值越大图像越完整，同时产生的文件也就越大。
- ◉ 【更新】按钮：单击该按钮，可以按照设置对位图图像进行更新操作。
- ◉ 【导入】按钮：单击该按钮，打开【导入位图】对话框，选择导入新的位图图像，以替换原有的位图图像。

⊙ 【测试】按钮：单击该按钮，可以对设置效果进行测试，在【位图属性】对话框的下方
将显示设置后图像的大小及压缩比例等信息，可以将原来的文件大小与压缩后的文件大
小进行比较，从而确定选定的压缩设置是否可以接受。

2. 分离位图

在前面章节中已经介绍了分离对象操作方法，分离位图可将位图图像中的像素点分散到离
散的区域中，这样可以分别选取这些区域并进行编辑修改。在分离位图时可先选中舞台中的位
图图像，然后选择【修改】|【分离】命令，或者按下 Ctrl+B 键即可对位图图像进行分离操作。

在使用【箭头】工具选择分离后的位图图像时，会发现该位图图像上被均匀地蒙上了一层
细小的白点，这表明该位图图像已完成了分离操作，此时可以使用工具箱中图形编辑工具对其
进行修改。

3. 将位图转换为矢量图

对于导入的位图图像，还可以进行一些编辑修改操作，但这些编辑修改操作是非常有限的。
若需要对导入的位图图像进行更多的编辑修改，可以将位图转换为矢量图形后进行编辑修改。

在 Flash CS4 中将位图转换为矢量图，选中要转换的位图图像，选择【修改】|【位图】|【转
换位图为矢量图】命令，打开【转换位图为矢量图】对话框，如图 4-7 所示。该对话框中各选
项功能如下。

图 4-7　【转换位图为矢量图】对话框

 提示

值得注意的是，如果对位图进行了较
高精细度的转换，则生成的矢量图形可能
会比原来的位图要大很多。

⊙ 【颜色阈值】：可以在文本框中输入 1~500 之间的值。当两个像素进行比较时，如果它
们在 RGB 颜色值上的差异低于设置的颜色阈值，则这两个像素就被认为是相同颜色；
反之，则认为这两个像素的颜色不同。由此可见，当该阈值越大时转换后的颜色信息也
就丢失得越多，但是转换的速度会比较快。

⊙ 【最小区域】：可以在文本框中输入 1~1000 之间的值，用于设置在指定像素颜色时要
考虑的周围像素的数量。该文本框中的值越小转换的精度就越高，但相应的转换速度会
较慢。

⊙ 【曲线拟合】：可以选择用于确定绘制轮廓的平滑程度，在下拉列表中包括【像素】、
【非常紧密】、【紧密】、【正常】、【平滑】及【非常平滑】6 个选项。

⊙ 【角阈值】：可以选择是否保留锐边还是进行平滑处理，在下拉列表中选择【较多转角】
选项，可使转换后的矢量图中的尖角保留较多的边缘细节；选择【较少转角】选项，则
转换后矢量图中的尖角边缘细节会较少。

【例 4-1】新建一个文档，导入位图图像，将位图转换为矢量图，对矢量图进行适当的编辑操作。

(1) 新建一个文档文档，选择【文件】|【导入】|【导入到舞台】命令，打开【导入】对话框，选择所需导入的图像，单击【打开】按钮，导入图像到设计区中，如图 4-8 所示。

(2) 选中导入的位图图像，选择【修改】|【位图】|【转换位图为矢量图】命令，打开【转换位图为矢量图】对话框，在该对话框中的设置如图 4-7 所示。对于一般的位图图像而言，设置【颜色阈值】为 10~20，可以保证图像不会明显失真。

(3) 选择【刷子】工具，单击【填充颜色】按钮，将光标移至球衣图像，吸取图像颜色，然后使用【刷子】工具填充球衣图像数字，如图 4-9 所示。

图 4-8　导入位图图像

图 4-9　填充图像数字

(4) 选择【文本】工具，输入文本内容 34，设置文本内容合适字体颜色，将文本移至如图 4-10 所示的位置。

(5) 参照步骤(2)~(4)，使用【刷子】工具，填充球衣图像上的球员名称，使用【文本】工具，输入文本内容 PIERCE，如图 4-11 所示。

图 4-10　输入数字

图 4-11　输入球员名

(6) 保存文件为【转换位图为矢量图】。

4.2 导入其他格式文件

在 Flash CS4 中，还可以导入 PSD、AI 格式的图像文件，导入这些格式的图像文件的好处是可以保证图像的质量和保留图像的可编辑性。

4.2.1 导入 PSD 文件

PSD 格式是默认的 Photoshop 文件格式。在 Flash CS4 中可以直接导入 PSD 文件并保留许多 Photoshop 功能，而且可以在 Flash CS4 中保持 PSD 文件的图像质量和可编辑性。

要导入 Photoshop 的 PSD 文件，可以选择【文件】|【导入】|【导入到舞台】命令，在打开的【导入】对话框中选中要导入的 PSD 文件，然后单击【打开】按钮，打开【将*.psd 导入到舞台】对话框，如图 4-12 所示。

> **提示**
>
> 在【将*.psd 导入到舞台】对话框中，选中不同的图层，可以设置各图层的导入选项。

图 4-12 【将*.psd 导入到舞台】对话框

在【将*.psd 导入到舞台】对话框中，在【将图层转换为】下拉列表框，可以选择将 PSD文件的图层转换为 Flash 文件中的图层或关键帧选项，这两个选项的具体作用如下。

- ⦿ 【Flash 图层】：选择该选项后，在【检查要导入的 Photoshop 图层】列表框中选中的图层，在导入 Flash CS4 后将会放置在各自的图层上，并且拥有与原来 Photoshop 图层相同的图层名称。

- ⦿ 【关键帧】选项：选择该选项后，在【检查要导入的 Photoshop 图层】列表框中选中的图层，在导入 Flash CS4 后将会按照 Photoshop 图层从下到上的顺序，将它们分别放置在一个新图层的从第 1 帧开始的各关键帧中，并且以 PSD 文件的文件名来命名该新图层。

在【将*.psd 导入到库】对话框中其他主要参数选项的具体作用如下。

- ⦿ 【将图层置于原始位置】：选中该复选框，导入的 PSD 文件内容将保持在 Photoshop中的准确位置。例如，如果某对象在 Photoshop 中位于 X=100 Y=50 的位置，那么在 Flash舞台上将具有相同的坐标。如果没有选中该复选框，那么导入的 Photoshop 图层将位于舞台的中间位置。PSD 文件中的项目在导入时将保持彼此的相对位置；所有对象在当前视图中将作为一个块位于舞台的中间位置。这个功能适用于放大舞台的某一区域，并为舞台的该区域导入特定对象。如果此时使用原始坐标导入对象，则可能无法看到导入的对象，因为它可能被置于当前舞台视图之外。

- 【将舞台大小设置为与 Photoshop 画布大小相同】：选中该复选框，导入 PSD 文件时，文档的大小会调整为与创建 PSD 文件所用的 Photoshop 文档相同的大小。

4.2.2　导入 AI 文件

AI 文件是 Illustrator 软件的默认保存格式，由于该格式不需要针对打印机，因此精简了很多不必要的打印定义代码语言，从而使文件的体积减小很多。

要导入 AI 文件，选择【文件】|【导入】|【导入到舞台】命令，在打开的【导入】对话框中选中要导入的 AI 文件，然后单击【确定】按钮，打开【将*.ai 导入到舞台】对话框，如图4-13 所示。

图 4-13　　【将*.ai 导入到舞台】对话框

提示

如果选择了【文件】|【导入】|【导入到库】命令，那么【将图层置于原始位置】复选框和【将舞台大小设置为与 Illustrator 画布大小相同】复选框这两个选项将不可用。

在【将*.ai 导入到舞台】对话框中，在【将图层转换为】下拉列表框，可以选择将 AI 文件的图层转换为 Flash 图层、关键帧或单一 Flash 图层。

在【将图层转换为】下拉列表框中选项的具体作用如下。

- 【Flash 图层】选项：选择该选项后，在【检查要导入的 Illustrator 图层】列表框中选中的图层，在导入 Flash CS4 后将会放置在各自的图层上，并且拥有与原来 Illustrator 图层相同的图层名称。

- 【关键帧】选项：选择该选项后，在【检查要导入的 Illustrator 图层】列表框中选中的图层，在导入 Flash CS4 后将会按照 Illustrator 图层从下到上的顺序，依次放置在一个新图层的从第 1 帧开始的各关键帧中，并且以 AI 文件的文件名来命名该新图层。

- 【单个 Flash 图层】选项：选择该选项后，可以将导入文档中的所有图层转换为 Flash 文档中的单个平面化图层。

在【将*.ai 导入到舞台】对话框中，其他主要参数选项的具体作用如下。

- ◉ 【将对象置于原始位置】：选中该复选框，导入 AI 图像文件的内容将保持在 Illustrator 中的准确位置。

- ◉ 【将舞台大小设置为与 Illustrator 画板大小相同】：选中该复选框，导入 AI 图像文件，设计区的大小将调整为与 AI 文件的画板(或活动裁剪区域)相同的大小。默认情况下，该选项是未选中状态。

- ◉ 【导入未使用的元件】：选中该复选框，在 Illustrator 画板上没有实例的所有 AI 图像文件的库元件都将导入到 Flash 库中。如果没有选中该选项，那么没有使用的元件就不会被导入到 Flash 中。

- ◉ 【导入为单个位图图像】：选中该复选框，可以将 AI 图像文件整个导入为单个的位图图像，并禁用【将*.ai 导入到舞台】对话框中的图层列表和导入选项。

4.3 导入外部媒体文件

计算机 基础与实训教材系列

所谓媒体，是指传播信息的介质，通俗地说就是宣传的载体或平台，为信息的传播提供平台。在 Flash CS4 中的媒体文件主要包括视频文件和声音文件，下面将介绍导入这两种文件的操作方法。

4.3.1 导入视频文件

在 Flash CS4 中，可以将视频剪辑导入到 Flash 文档中。根据视频格式和所选导入方法的不同，可以将具有视频的影片发布为 Flash 影片(SWF 文件)或 QuickTime 影片(MOV 文件)。在导入视频剪辑时，可以将其设置为嵌入文件或链接文件。

1. Flash 中的视频格式

对于 Windows 平台而言，如果系统中安装了 QuickTime 6 或 DirectX 8(或更高版本)，就可以将包括 MOV、AVI 和 MPG/MPEG 等多种文件格式的视频剪辑导入到 Flash CS4 中。

在 Flash CS4 中可以导入的视频文件格式如表 4-1 所示。如果导入的视频文件格式是 Flash 不支持的文件格式，那么 Flash 会打开系统提示信息对话框，表明无法完成该操作。

表 4-1 Flash CS4 中可以导入的视频文件格式

文 件 类 型	扩 展 名	Windows 系统
音频视频交叉	.avi	√
数字视频	.dv	√
运动图像专家组	.mpg、.mpeg	√
Windows 媒体文件	.wmv、.asf	√

2. FLV 视频

Flash CS4 拥有 Video Encoder 视频编码应用程序，它可以将支持的视频格式转换为 Flash4 特有的视频格式，即 FLV 格式。FLV 格式全称为 Flash Video，它的出现有效地解决了视频文件导入 Flash 后发生冲突的问题，已经成为现今主流的视频格式之一。

FLV 视频格式之所以能广泛流行于网络，它主要具有以下几个特点。

- FLV 视频文件体积小巧，需要占用的 CPU 资源较低。一般情况下，1 分钟清晰的 FLV 视频的大小在 1MB 左右，一部电影的大小通常在 100MB 左右，仅为普通视频文件体积的 1/3。
- FLV 是一种流媒体格式文件，用户可以使用边下载边观看的方式欣赏视频，尤其对于网络连接速度较快的用户而言，在线观看几乎不需要等待时间。
- FLV 视频文件利用了网页上广泛使用的 Flash Player 平台，这意味着网站的访问者只要能看 Flash 动画，自然也就可以看 FLV 格式视频，用户无需通过本地的播放器播放视频。
- FLV 视频文件可以很方便的导入到 Flash 中进行再编辑，包括对其进行品质设置、裁剪视频大小、音频编码设置等操作，从而使其更符合用户的需要。

3. 导入视频

导入视频文件时，该视频文件将成为影片的一部分，就如同导入位图或矢量图文件一样，而导入的视频文件将会被转换为 FLV 格式以供 Flash 播放。

如果要将视频文件直接导入到 Flash 文档的舞台中，可以选择【文件】|【导入】|【导入视频】命令。打开【导入视频-选择视频】对话框，如图 4-14 所示，单击【浏览】按钮，打开【打开】对话框，选择要导入的视频文件，单击【打开】按钮，打开【导入视频】对话框。单击【下一步】按钮，打开【导入视频-外观】对话框，如图 4-15 所示。

图 4-14　【导入视频-选择视频】对话框

图 4-15　【导入视频-外观】对话框

在【导入视频-外观】对话框中，可以在【外观】下拉列表中选择播放条样式，单击【颜色】按钮，可以选择播放条样式颜色，然后单击【下一步】按钮，打开【导入视频-完成视频导入】对话框，如图 4-16 所示。在该对话框中显示了导入视频的一些信息，单击【完成】按钮，即可将视频文件导入到设计区中，如图 4-17 所示。

计算机 基础与实训教材系列

图 4-16 【导入视频-完成视频导入】对话框

图 4-17 导入视频

4.3.2 编辑视频文件

在 Flash 文档中选择嵌入的视频剪辑后，可以进行一些编辑操作。选中导入的视频文件，打开【属性】面板，如图 4-18 所示。

在【属性】面板中的【实例名称】文本框中，可以为该视频剪辑指定一个实例名称；在【宽度】、【高度】、X 和 Y 文本框中可以设置影片剪辑在舞台中的位置及大小；单击【组件检查器面板】按钮，可以打开【组件检查器】面板，如图 4-19 所示，可以在该对话框中设置视频组件播放器的相关属性。

图 4-18 视频文件【属性】面板

图 4-19 【组件检查器】面板

4.3.3 导入声音文件

Flash 在导入声音时，可以给按钮添加音效，也可以将声音导入到时间轴上，作为整个动画的背景音乐。在 Flash CS4 中，既可以导入外部的声音文件到动画中，也可以使用共享库中的声音文件。

1. 声音类型

在 Flash 动画中插入声音文件，首先要选择插入声音的类型。Flash CS4 中声音分为事件声音和音频流两种。

- 事件声音：事件声音必须在动画全部下载完后才可以播放，如果没有明确的停止命令，它将连续播放。在 Flash 动画中，事件声音常用于设置单击按钮时的音效，或者用来表现动画中某些短暂动画时的音效。由于事件声音在播放前必须全部下载才能播放，因此此类声音文件不能过大，以减少下载动画时间。在运用事件声音时要注意无论什么情况下，事件声音都是从头开始播放的，且无论声音的长短都只能插入到一个帧中。

- 音频流：音频流在前几帧下载了足够的数据后就开始播放，通过和时间轴同步可以边看边下载，使其更好地在网站上播放，此类声音较多应用于动画的背景音乐。

在实际制作动画过程中，绝大多数是结合事件声音和音频流两种类型声音的方法来插入音频的。

2. 导入声音

在 Flash CS4 中，可以导入 WAV、MP3 等文件格式的声音文件，但不能直接导入 MIDI 文件。如果系统上已经安装了 QuickTime4 或更高版本的播放器，还可以导入 AIFF、Sun AU 等格式的声音文件。导入文档的声音文件一般会保存在【库】面板中，因此与元件一样，只需要创建声音文件的实例就可以以各种方式在动画中使用该声音文件。

声音在存储和使用时需要使用大量的磁盘空间和内存，最好使用 16 位 22kHz 单声(立体声的数据量是单声的两倍)。这是因为 Flash 只能导入采样比率为 11kHz，22kHz 或 44kHz 的 8 位和 16 位声音。当将声音导入到 Flash 时，如果声音的记录格式不是 11kHz 的倍数(如 8、16 或 32kHz 等)，会重新进行采样。如果要向 Flash 中添加声音效果，最好导入 16 位声音。如果内存有限，可以使用剪辑短的声音或使用 8 位声音。

要将声音文件导入 Flash 文档的【库】面板中，可以选择【文件】|【导入】|【导入到库】命令，打开【导入到库】对话框，如图 4-20 所示。选择需要导入的声音文件，单击【打开】按钮，即可添加声音文件至【库】面板中，如图 4-21 所示。

图 4-20 【导入到库】对话框

图 4-21 添加声音文件至【库】面板

3. 添加文档声音

导入声音文件后，可以将声音文件添加到文档中。

要在文档中添加声音，从【库】面板中拖动声音文件到设计区中，即可将其添加至当前文档中。选择【窗口】|【时间轴】命令，打开【时间轴】面板，在该面板中显示了声音文件的波形，如图 4-22 所示。

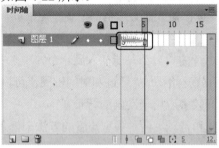

图 4-22 【时间轴】面板

> **知识点**
>
> 有关【时间轴】面板的内容会在之后章节中详细介绍。此外，可以把多个声音放在同一图层上，或放在包含其他对象的图层上。不过，尽可能将每个声音放在独立的图层上。这样每个图层可以作为一个独立的声音通道。当回放 swf 文件时，所有图层上的声音就可以混合在一起。

要测试添加到文档中的声音，可以使用与预览帧或测试 SWF 文件相同的方法，在包含声音的帧上面拖动播放头，或使用在面板或【控制】菜单中的命令。

选择时间轴中包含声音波形的帧，打开【属性】面板，如图 4-23 所示。

图 4-23 帧【属性】面板

> **知识点**
>
> 帧是 Flash 中最为关键的元素之一，有关帧的内容会在之后章节中介绍。

在帧【属性】面板中，主要参数选项的具体作用如下。

- ⊙ 【名称】：选择导入的一个或多个声音文件名称。
- ⊙ 【效果】：设置声音的播放效果。
- ⊙ 【同步】：设置声音的同步方式。
- ⊙ 【重复】：单击该按钮，在下拉列表中可以选择【重复】和【循环】两个选项，选择【重复】选项，可以在右侧的【循环次数】文本框中输入声音外部循环播放次数；选择【循环】选项，声音文件将循环播放。

> **知识点**
>
> 文档中不能循环播放音频流。如果将音频流设为循环播放，帧就会添加到文件中，文件的大小就会根据声音循环播放的次数而倍增。

【练习 4-2】打开一个文档，导入声音文件到【库】面板中并添加到舞台中，设置声音为循环播放 3 次，播放效果为淡入。

(1) 打开一个 Flash 文档，如图 4-24 所示。

(2) 选择【文件】|【导入】|【导入到库】命令，打开【导入到库】对话框，选择要导入的声音文件，单击【打开】按钮，将声音文件导入到【库】面板中。

(3) 选择【窗口】|【库】命令，打开【库】面板，选择导入的声音文件，在预览窗口中会显示该段声音的波形，如果有两条波形，则表示当前选中的声音文件为双声道，如果只有一条波形，则表示选中的声音文件为单声道，如图 4-25 所示。单击预览窗口中的【播放】按钮 ▶，试听声音文件。

图 4-24　打开文档

图 4-25　【库】面板

(4) 选中导入的声音文件，拖动到舞台中。打开【属性】面板，设置【效果】为【淡入】，设置播放方式为【重复】，重复次数为 3 次，如图 4-26 所示。

(5) 按下 Ctrl+Enter 键，测试动画效果，如图 4-27 所示。可以收听到导入的声音文件。

图 4-26　设置【属性】面板

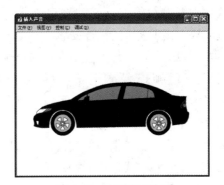

图 4-27　测试动画效果

④.3.4　编辑声音文件

在 Flash CS4 中，可以执行改变声音开始播放、停止播放的位置和控制播放的音量等编辑操作。

1. 编辑封套

选择一个包含声音文件的帧，打开【属性】面板，单击【编辑声音封套】按钮 ，打开【编辑封套】对话框，如图 4-28 所示。该对话框中的上下两个显示框分别代表左声道和右声道。

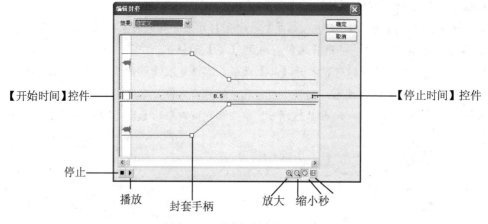

图 4-28 　【编辑封套】对话框

在【编辑封套】对话框中，主要参数选项的具体作用如下。

◉ 　【效果】：设置声音的播放效果，在该下拉列表框中可以选择【无】，【左声道】，【右声道】，【从左到右淡出】，【从右到左淡出】，【淡入】，【淡出】和【自定义】8个选项。选择任意效果，即可在下面的显示框中显示该声音效果的封套线。

◉ 　【封套手柄】：在显示框中拖动封套手柄，可以改变声音不同点处的播放音量。在封套线上单击，即可创建新的封套手柄。最多可创建 8 个封套手柄。选中任意封套手柄，拖动至对话框外面，即可删除该封套手柄。

◉ 　【放大】和【缩小】：改变窗口中声音波形的显示。单击【放大】按钮 ，可以以水平方向放大显示窗口的声音波形，一般用于进行细致查看声音波形操作；单击【缩小】按钮 ，以水平方向缩小显示窗口的声音波形，一般用于查看波形较长的声音文件。

◉ 　【秒】和【帧】：设置声音是以秒为单位显示还是以帧为单位显示。单击【秒】按钮 ，以显示窗口中的水平轴为时间轴，刻度以秒为单位，是 Flash CS4 默认的显示状态；单击【帧】按钮 ，以窗口中的水平轴为时间轴，刻度以帧为单位。

◉ 　【播放】：单击【播放】按钮 ，可以测试编辑后的声音效果。

◉ 　【停止】：单击【停止】按钮 ，可以停止声音的播放。

◉ 　【开始时间】和【停止时间】：改变声音的起始点和结束点位置。

2. 设置声音文件属性

与其他元素一样，添加的声音文件也可以设置属性。导入声音文件到【库】面板中，右击声音文件，在弹出的快捷菜单中选择【属性】命令，打开【声音属性】对话框，如图 4-29 所示。

图 4-29 【声音属性】对话框

提示
单击【声音属性】对话框右下角的【高级】按钮，可以展开对话框，在展开对话框中的参数与【链接属性】对话框中的参数相同。

在【声音属性】对话框中，主要参数选项的具体作用如下。

◎ 　【名称】：显示当前选择的声音文件名称，可以在文本框中重新输入名称。

◎ 　【压缩】：设置声音文件在 Flash 中的压缩方式，在该下拉列表框中可以选择【默认】、ADPCM、MP3、【原始】和【语音】5 种压缩方式。

◎ 　【更新】：单击该按钮，可以更新设置好的声音文件属性。

◎ 　【导入】：单击该按钮，可以导入新的声音文件并且替换原有的声音文件，但在【名称】文本框显示的仍是原有声音文件的名称。

◎ 　【测试】：单击该按钮，按照当前设置的声音属性测试声音文件。

◎ 　【停止】：单击该按钮，可以停止正在播放的声音。

④.4 压缩和导出声音文件

在前面内容中已经介绍了动画声音效果的好坏、文件容量的大小等都与声音的采样频率及压缩率有关。声音文件的压缩比例越高、采样频率越低时，生成的 Flash 文件越小，但音质较差；反之，压缩比例越低、采样频率越高时，生成的 Flash 文件越大，音质越好。但在 Flash CS4 中，不能设置声音文件的采样频率高于导入时的采样频率。

右击【库】面板中的声音文件，在弹出的快捷菜单中选择【属性】命令，打开【声音属性】对话框，在【压缩】下拉列表框中可以选择 ADPCM、MP3、【原始】和【语音】4 种压缩声音方式。

1. 使用 ADPCM 压缩方式

ADPCM 压缩方式用于 8 位或 16 位声音数据压缩声音文件，一般用于导出短事件声音，例如单击按钮事件。打开【声音属性】对话框，在【压缩】下拉列表框中选择 ADPCM 选项，打开该选项对话框，如图 4-30 所示。在该对话框中，主要参数选项具体作用如下。

◎ 　【预处理】：选中【将立体声转换为单声道】复选框，可以转换混合立体声为单声道(非立体声)，并且不会影响单声道声音。

- ◉ 【采样率】：控制声音的保真度及文件大小，设置的采样比率较低，可以减小文件大小，但同时会降低声音的品质。对于语音，5kHz 是最低的可接受标准；对于音乐短片断，11kHz 是最低的建议声音品质；标准 CD 音频的采样率为 44kHz；Web 回放的采样率常用 22kHz。

- ◉ 【ADPCM 位】：设置在 ADPCM 编码中使用的位数，压缩比越高，声音文件越小，音效也越差。

2. 使用 MP3 压缩方式

使用 MP3 压缩方式，能够以 MP3 压缩格式导出声音。一般用于导出一段较长的音频流(如一段完整的乐曲)。打开【声音属性】对话框中，在【压缩】下拉列表框中选择 MP3 选项，打开该选项对话框，如图 4-31 所示，主要参数选项具体作用如下。

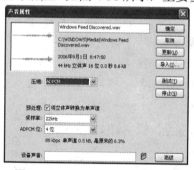
图 4-30 ADPCM 压缩方式对话框

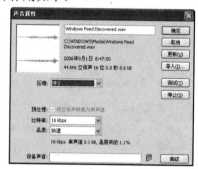
图 4-31 MP3 压缩方式对话框

- ◉ 【预处理】：选中【将立体声转换为单声道】复选框，可以转换混合立体声为单声道(非立体声)。

 提示

> 【预处理】选项只有在选择的比特率高于 16Kb/s 或更高时才可用。

- ◉ 【比特率】：决定由 MP3 编码器生成声音的最大比特率，从而可以设置导出声音文件中每秒播放的位数。Flash CS4 支持 8Kb/s 到 160Kb/s CBR(恒定比特率)，设置比特率为 16Kb/s 或更高数值，可以获得较好的声音效果。

- ◉ 【品质】：设置压缩速度和声音的品质。在下拉列表框中选择【快速】选项，压缩速度较快，声音品质较低；选择【中】选项，压缩速度较慢，声音品质较高；选择【最佳】选项，压缩速度最慢，声音品质最高。一般情况下，在本地磁盘或 CD 上运行，选择【中】或【最佳】选项即可。

3. 使用【原始】压缩方式

使用【原始】压缩方式，在导出声音时不进行任何压缩。打开【声音属性】对话框，在【压缩】下拉列表框中选择【原始】选项，打开该选项对话框，如图 4-32 所示。在该对话框中，主要可以设置声音文件的【预处理】和【采样率】。

4. 使用【语音】压缩方式

使用【语音】压缩方式，能够以适合于语音的压缩方式导出声音。打开【声音属性】对话框中，在【压缩】下拉列表框中选择【语音】选项，打开该选项对话框，如图 4-33 所示，可以设置声音文件的【预处理】和【采样率】。

图 4-32　【原始】压缩方式对话框

图 4-33　【语音】压缩方式对话框

【练习 4-3】新建一个文档，导入一个声音文件到【库】面板中，使用 MP3 压缩方式压缩声音。

(1) 新建一个文档。选择【文件】|【导入】|【导入到库】命令，打开【导入到库】对话框，选择声音文件，单击【打开】按钮，导入声音文件到【库】面板。

(2) 选择【窗口】|【库】命令，打开【库】面板，右击导入的声音文件，在弹出的快捷菜单中选择【属性】命令，打开【声音属性】对话框。

(3) 在【压缩】下拉列表框中选择 MP3 选项，选中【将立体声转换为单声道】复选框；在【比特率】下拉列表框中选择 128Kb/s；在【品质】下拉列表框中选择【最佳】选项，如图 4-34 所示，单击【确定】按钮，完成操作。

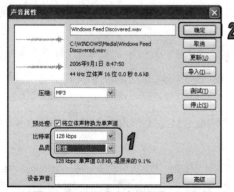

图 4-34　设置【声音属性】对话框

> 🎯 **提示**
>
> 可以设置不同的【比特率】和【品质】参数，体会不同的音效，在以后动画制作中能更快速准确地设置声音参数。

5. 发布声音

在制作动画过程中，如果没有对声音属性进行设置，也可以发布声音时设置。选择【文件】|【发布设置】命令，打开【发布设置】对话框，单击 Flash 选项卡，打开该选项卡对话框，如

计算机 基础与实训教材系列

图 4-35 所示。

在 Flash 选项卡对话框中选中【覆盖声音设置】复选框，覆盖【声音属性】对话框中的设置。可以单击【设置】按钮，打开【声音设置】对话框，如图 4-36 所示，该对话框中的参数选项设置方法与【声音属性】对话框中设置相同。

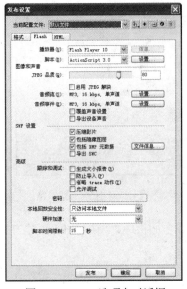

图 4-35　Flash 选项卡对话框

图 4-36　【声音设置】对话框

6. 导出 Flash 文档声音的标准

使用 Flash CS4 导出声音文件，除了通过采样比率和压缩控制声音的大小，还可以采用其他操作有效地减小声音文件的大小。

导出 Flash 文档声音标准的具体操作方法如下。

⦿ 打开【编辑封套】对话框，设置开始时间切入点和停止时间切出点，以避免静音区域保存在 Flash 文件中，减小声音文件的大小。

⦿ 在不同关键帧上应用同一声音文件的不同声音效果，如循环播放、淡入、淡出等等。这样只使用一个声音文件而得到更多的声音效果，同时达到减小文件大小的目的。

⦿ 使用短声音作为背景音乐循环播放。

⦿ 从嵌入的视频剪辑中导出音频时，该音频是通过【发布设置】对话框中选择的全局流设置导出的。

⦿ 在编辑器中预览动画时，使用流同步可以使动画和音轨保持同步。不过，如果计算机运算速度不够快，绘制动画帧的速度将会跟不上音轨，那么 Flash 就会跳过某些帧。

④.5　上机练习

本章主要介绍了在 Flash CS4 中导入各种图像格式的文件，以及导入视频文件的方法。在实际制作 Flash 动画的过程中。关于本章中的其他内容，例如声音文件类型，压缩声音和发布声音的操作方法，可以参考相应章节进行练习。

新建文档，导入视频和图像文件到设计区和【库】面板中，添加图像和视频到设计区中。

(1) 新建文档，选择【文件】|【导入】|【导入到舞台】命令，打开【导入】对话框，选择所需导入的图像，单击【打开】按钮，导入图像到设计区中。

(2) 选择【任意变形】工具，调整导入图像的合适大小，如图 4-37 所示。

(3) 选择【文件】|【导入】|【导入视频】命令，打开【导入视频-选择视频】对话框，如图 4-38 所示。

图 4-37　调整图像大小　　　　图 4-38　【导入视频-选择视频】对话框

(4) 单击【导入视频-选择视频】对话框中的【浏览】按钮，打开【打开】对话框，选择要导入的视频文件，单击【打开】按钮，打开【导入视频】对话框。单击【下一步】按钮，打开【导入视频-外观】对话框，如图 4-39 所示。

(5) 在【导入视频-外观】对话框中的【外观】下拉列表中选择播放条样式，单击【颜色】按钮，可以选择播放条样式颜色，然后单击【下一步】按钮，打开【导入视频-完成视频导入】对话框，如图 4-40 所示。在该对话框中显示了导入视频的一些信息，单击【完成】按钮，即可将视频文件导入到设计区中。

图 4-39　【导入视频-外观】对话框　　　图 4-40　【导入视频-完成视频导入】对话框

(6) 选中导入的视频文件，打开【属性】面板，设置视频文件至合适大小，如图 4-41 所示。

(7) 按下 Ctrl+Enter 键，测试动画效果，如图 4-42 所示。

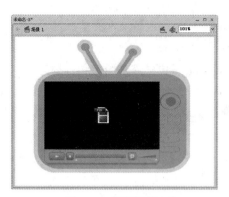 

图 4-41　调整视频文件　　　　　　　　图 4-42　测试效果

(8) 保存文件为【电视播放视频】。

④.6　习题

1. 导入到 Flash 中的图形文件的大小不能小于多少像素？

2. 在使用 MP3 方式压缩声音时，【预处理】选项只有在选择的比特率高于多少 Kb/s 时才可用。

3. 新建一个 Flash 文档，然后将一幅 PSD 文件导入到该文档中。

4. 新建一个 Flash 文档，在该文档中导入任意一个视频文件到舞台中，并给该视频文件添加背景音乐，背景音乐用 MP3 压缩方式进行压缩。

时间轴和帧

学习目标

在 Flash 动画中，时间轴是用于组织和控制动画内容在一定时间内播放的图层数与帧数。动画播放的长度不是以时间为单位的，而是以帧为单位，创建 Flash 动画，实际上就是创建连续帧上的内容。在选择任意帧后，在设计区中可以对该帧的所有对象进行编辑操作，例如增加或减小对象大小、旋转、更改颜色、淡入或淡出以及更改对象的形状等。这些操作可以独立使用，也可以相互结合，来创建复杂的动画。Flash 动画主要分为逐帧动画和补间动画两种，这两种动画效果有着各自的优势和不足。

本章重点

- ⊙ 时间轴和帧的基础知识
- ⊙ 时间轴的组成
- ⊙ 编辑帧
- ⊙ 制作基本动画
- ⊙ 制作逐帧动画
- ⊙ 制作补间动画
- ⊙ 使用【动画编辑器】工具
- ⊙ 使用【动画预设】面板
- ⊙ 使用【骨骼】工具

⑤.1 帧的基础知识

帧是 Flash 动画的最基本组成部分，Flash 动画是由不同的帧组合而成的。时间轴是摆放和控制帧的地方，帧在时间轴上的排列顺序将决定动画的播放顺序，至于每一帧中的具体内容，则需在相应的帧的工作区域内进行制作，比如在第一帧绘制了一幅图，那么这幅图只能作为第一帧的内容，第二帧还是空的。

除了帧的排列顺序，动画播放的内容即帧的内容，也是至关重要不可或缺的。帧的播放顺序，不一定会严格按照时间轴的横轴方向进行播放，比如自动播放到某一帧时停止下来接受用户的输入或回到起点重新播放，直到某个事件被激活后才能继续播放下去等，对于这种互动式Flash 将涉及到 Flash 的动作脚本语言。

⑤.1.1　帧的概念

在 Flash CS4 中用来控制动画播放的帧具有不同的类型，选择【插入】|【时间轴】命令，在弹出的子菜单中显示了普通帧、关键帧和空白关键帧 3 种类型帧。不同类型的帧在动画中发挥的作用也不同，这 3 种类型的帧的具体作用如下。

- 普通帧：Flash CS4 中连续的普通帧在时间轴上用灰色显示，并且在连续普通帧的最后一帧中有一个空心矩形块，如图 5-1 所示。连续普通帧的内容都相同，在修改其中的某一帧时其他帧的内容也同时被更新。由于普通帧的这个特性，通常用它来放置动画中静止不变的对象(如背景和静态文字)。

- 关键帧：关键帧在时间轴中是含有黑色实心圆点的帧，如图 5-2 所示。关键帧是用来定义动画变化的帧，在动画制作过程中是最重要的帧类型。关键帧不能太频繁使用，过多的关键帧会增加文件的大小。补间动画的制作就是通过关键帧内插的方法实现的。

　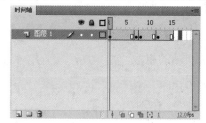

图 5-1　时间轴中的连续普通帧　　　　图 5-2　时间轴中的关键帧

- 空白关键帧：在时间轴中插入关键帧后，左侧相邻帧的内容就会自动复制到该关键帧中，如果不想让新关键帧继承相邻左侧帧的内容，可以采用插入空白关键帧的方法。在每一个新建的 Flash 文档中都有一个空白关键帧。空白关键帧在时间轴中是含有空心小圆圈的帧，如图 5-3 所示。

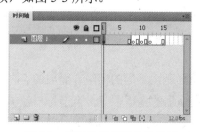

图 5-3　时间轴中的空白关键帧

提示

由于Flash 文档会保存每一个关键帧中的形状，因此制作动画时只需在插图中有变化的点处创建关键帧。

⑤.1.2 帧的基本操作

在制作动画时，可以根据需要对帧进行一些基本操作，例如插入、选择、删除、清除、复制、移动和翻转帧等。

1．插入帧

要在时间轴上插入帧，可以通过以下几种方法实现。

- ⦿ 在时间轴上选中要创建关键帧的帧位置，按下 F5 键，可以插入帧，按下 F6 键，可以插入关键帧，按下 F7 键，可以插入空白关键帧。
- ⦿ 右击时间轴上要创建关键帧的帧位置，在弹出的快捷菜单中选择【插入帧】、【插入关键帧】或【插入空白关键帧】命令，可以插入帧、关键帧或空白关键帧。
- ⦿ 在时间轴上选中要创建关键帧的帧位置，选择【插入】|【时间轴】命令，在弹出的子菜单中选择相应命令，可插入帧、关键帧和空白关键帧。

 提示

> 在插入了关键帧或空白关键帧之后，可以直接按下 F5 键，进行扩展，每按一次将使关键帧或空白关键帧长度扩展 1 帧。

2．选择帧

帧的选择是对帧以及帧中内容进行操作的前提条件。要对帧进行操作，首先必须选择【窗口】|【时间轴】命令，打开【时间轴】面板，选择帧可以通过以下几种方法实现。

- ⦿ 选择单个帧：把光标移到需要的帧上，单击即可。
- ⦿ 选择多个不连续的帧：按住 Ctrl 键，然后逐个单击需要选择的帧，如图 5-4 所示。
- ⦿ 选择多个连续的帧：按住 Shift 键，单击需要选中的该范围内的开始帧和结束帧，如图 5-5 所示。

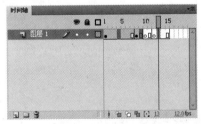　　　　　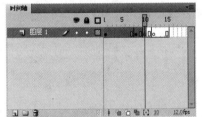

图 5-4　选择多个不连续的帧　　　　　图 5-5　选择多个连续的帧

- ⦿ 选择所有的帧：在任意一个帧上右击，从弹出的快捷菜单中选择【选择所有帧】命令，或者选择【编辑】|【时间轴】|【选择所有帧】命令，同样可以选择所有的帧。

计算机 基础与实训教材系列

3. 删除帧

删除帧操作不仅可以把帧中的内容清除，还可以把被选中的帧进行删除，还原为初始状态，如图 5-6 所示。

 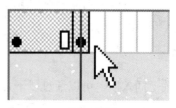

删除前的帧   删除后的帧

图 5-6 删除帧

要进行删除帧的操作，可以按照选择帧的几种方法，先将要删除的帧选中，然后在选中的帧中的任意一帧上右击，从弹出的快捷菜单中选择【删除帧】命令；或者在选中帧以后选择【编辑】|【时间轴】|【删除帧】命令即可。

4. 清除帧

清除帧与删除帧的区别在于，清除帧仅把被选中的帧上的内容清除，并将这些帧自动转换为空白关键帧状态，如图 5-7 所示。

清除前的帧   清除后的帧

图 5-7 清除前后的帧

要进行清除帧的操作，可以按照选择帧的几种方法，先将要清除的帧选中，然后在被选中帧中的任意一帧上右击，从弹出的快捷菜单中选择【清除帧】命令；或者在选中帧以后选择【编辑】|【时间轴】|【清除帧】命令。

5. 复制帧

复制帧操作可以将同一个文档中的某些帧复制到该文档的其他帧位置，也可以将一个文档中的某些帧复制到另外一个文档的特定帧位置。

要进行复制帧的操作，可以按照选择帧的几种方法，先将要复制的帧选中，然后在被选中帧中的任意一帧上右击，从弹出的快捷菜单中选择【复制帧】命令；或者在选中帧以后选择【编辑】|【时间轴】|【复制帧】命令。最后把光标移动到需要粘贴的帧上右击，从弹出的快捷菜单中选择【粘贴帧】命令；或者在选中帧以后选择【编辑】|【时间轴】|【粘贴帧】命令即可。

6. 移动帧

在 Flash CS4 中经常需要移动帧的位置，进行帧的移动操作主要有下面两种方法。

- 选中要移动的帧，然后拖动选中的帧，移动到目标帧位置以后释放鼠标。此时的时间轴如图 5-8 所示。
- 选中需要移动的帧并右击，从打开的快捷菜单中选择【剪切帧】命令，然后用鼠标选中帧移动的目的地并右击，从打开的快捷菜单中选择【粘贴帧】命令，此时时间轴如图 5-9 所示。

图 5-8 直接移动帧　　　　　　　　图 5-9 粘贴帧

7. 翻转帧

翻转帧功能可以使选定的一组帧按照顺序翻转过来，使原来的最后一帧变为第 1 帧，原来的第 1 帧变为最后一帧。

要进行翻转帧操作，首先在时间轴上将所有需要翻转的帧选中，然后右击被选中的帧，从弹出的快捷菜单中选择【翻转帧】命令，最后选择【控制】|【测试影片】命令，会发现帧播放顺序与翻转前相反。

⑤.1.3 帧的显示状态

帧在时间轴上具有多种表现形式，根据创建动画的不同，帧会呈现出不同的状态甚至是不同的颜色，如表 5-1 所示。

表 5-1 时间轴中帧的显示

帧的显示方式	说　　明
	当起始关键帧和结束关键帧用一个黑色圆点表示，中间补间帧为浅蓝色背景并被一个黑色箭头贯穿时，表示该动画是设置成功的补间动作动画
	当起始关键帧和结束关键帧用一个黑色圆点表示，中间补间帧为绿色背景并被一个黑色箭头贯穿时，表示该动画是设置成功的补间形状动画

（续表）

帧的显示方式	说　明
	当补间动作动画被一条虚线贯穿时，表明该动画是设置不成功的补间动作动画
	当补间形状动画被一条虚线贯穿时，表明该动画是设置不成功的补间形状动画
	如果在单个关键帧后面包含有浅灰色的帧，则表示这些帧包含与其前面第一个关键帧相同的内容
	当关键帧上有一个小 a 标记时，表明该关键帧中包含帧动作
	当关键帧上有一个小红旗标记时，表明该关键帧包含一个标签或注释
	当关键帧上有一个金色的锚记标记时，表明该帧是一个命名锚记

⑤.1.4　【绘图纸外观】工具

在一般情况下，在舞台中只能显示动画序列的某一帧上内容，为了便于定位和编辑动画，可以使用【绘图纸外观】工具，一次在舞台上查看两个或更多帧的内容。

1. 使用【绘图纸外观】工具

单击【时间轴】面板上【绘图纸外观】按钮，在【时间轴】面板播放头两侧会显示【绘图纸外观】标记，即【开始绘图纸外观】和【结束绘图纸外观】标记，如图5-10所示。在这两个标记之间的所有帧的对象都会显示出来，但这些内容是不可以编辑的。

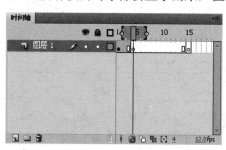

图 5-10　使用【绘图纸外观】工具

> **提示**
>
> 使用【绘图纸外观】工具时，不会显示锁定的图层(带有挂锁图标的图层)的内容。为便于清晰地查看对象，避免大量混乱的图像，可以锁定或隐藏不希望对其使用绘图纸外观的图层。

2. 控制【绘图纸外观】工具外观显示

使用【绘图纸外观】工具可以设置它的显示方式和显示范围，并且可以编辑【绘图纸外观】标记内的所有帧，相关的操作如下。

● 设置显示方式：如果舞台中的对象太多，为了方便查看其他帧上的内容，可以将具有【绘图纸外观】的帧显示为轮廓，单击【绘图纸外观轮廓】按钮即可显示对象轮廓，如图5-11 所示。

显示外观　　　　　　　　　　显示轮廓

图 5-11　显示绘图纸外观轮廓

● 移动【绘图纸外观】标记位置：选中【开始绘图纸外观】】标记，可以向动画起始帧位置移动；选中【结束绘图纸外观】标记，可以向动画结束帧位置移动。(一般情况下，【绘图纸外观】标记和当前帧指针一起移动)。
● 编辑标记内所有帧：【绘图纸外观】只允许编辑当前帧，单击【编辑多个帧】按钮，可以显示【绘图纸外观】标记内每个帧的内容。

3. 更改【绘图纸外观】标记的显示

使用【绘图纸外观】工具，还可以设置【绘图纸外观】标记的显示方式，单击【修改绘图纸标记】按钮，在弹出的下拉菜单中可以选择【总是显示标记】、【锚定绘图纸】、【绘图纸2】、【绘图纸5】和【绘制全部】5 个选项命令，这 5 个选项命令的具体作用如下。

● 【总是显示标记】：不管【绘图纸外观】是否打开，都会在时间轴标题中显示绘图纸外观标记。
● 【锚定绘图纸】：将【绘图纸外观】标记锁定在时间轴上当前位置。(一般情况下，【绘图纸外观】范围和当前帧指针以及【绘图纸外观标记】相关，锚定【绘图纸外观】标记，可以防止它们随当前帧指针移动)。
● 【绘图纸2】：显示当前帧左右两边的 2 个帧内容。
● 【绘图纸5】：显示当前帧左右两边的 5 个帧内容。
● 【绘制全部】：显示当前帧左右两边所有帧内容。

⑤.2　制作基本动画

Flash 作为一款使用广泛的二维动画制作软件，最主要的功能也就是制作动画。在 Flash CS4 中，基本动画类型主要有逐帧动画、形状补间动画和动作补间动画 3 种。在逐帧动画中，需要为每个帧创建图像；在补间动画中，只需创建起始帧和结束帧，中间的帧由 Flash 通过计算，会自动创建。通过编辑可以更改起始帧和结束帧之间对象的大小、旋转、颜色及其他属性达到动画的效果；在路径动画中，可以设置对象沿路径运动。

⑤.2.1 逐帧动画

逐帧动画，也叫【帧帧动画】，是最常见的动画形式，最适合于图像在每一帧中都在变化而不是在舞台上移动的复杂动画。它的原理是在【连续的关键帧】中分解动画动作，也就是要创建每一帧的内容，才能连续播放而形成动画。逐帧动画的帧序列内容不一样，不仅增加制作负担，而且最终输出的文件量也很大。但它的优势也很明显，因为它与电影播放模式相似，适合于表演很细腻的动画，通常在网络上看到的行走、头发的飘动等动画，很多都是使用逐帧动画实现的。

逐帧动画在时间轴上表现为连续出现的关键帧。要创建逐帧动画，就要将每一个帧都定义为关键帧，给每个帧创建不同的对象。通常创建逐帧动画有以下几种方法。

- ⊙ 用导入的静态图片建立逐帧动画。
- ⊙ 将 jpg、png 等格式的静态图片连续导入到 Flash 中，就会建立一段逐帧动画。
- ⊙ 绘制矢量逐帧动画，用鼠标或压感笔在场景中一帧帧地画出帧内容。
- ⊙ 文字逐帧动画，用文字作帧中的元件，实现文字跳跃、旋转等特效。
- ⊙ 指令逐帧动画，在时间帧面板上，逐帧写入动作脚本语句来完成元件的变化。
- ⊙ 导入序列图像，可以导入 gif 序列图像、swf 动画文件或者利用第 3 方软件(如 swish、swift 3D 等)产生的动画序列。

在导入图像序列时，Flash 可以根据图像序列的顺序，依次将其放置在连续的帧中，如果这些图像是一系列连贯性画面，例如影片胶片等，那么将播放的是连续的逐帧动画。通常情况下，需要自己在连续关键帧中创建动画序列。

逐帧完成所需的所有动画图像。选择【控制】|【测试影片】命令，或者按下 Ctrl+Enter 键，即可测试动画效果。

【练习 5-1】新建一个文档，制作逐帧动画。

(1) 新建一个文档，选择【修改】|【文档】命令，打开【文档属性】对话框，设置背景颜色为黑色。

(2) 使用【工具】面板中的【选择】工具、【文本】工具、【矩形】工具和【线条】工具，绘制如图 5-12 所示的图像。

(3) 选中文本内容，连续两次按下 Ctrl+B 键，分离文本。

(4) 选择【窗口】|【时间轴】命令，打开【时间轴】面板，在第 5 帧和第 10 帧帧位置插入关键帧，如图 5-13 所示。

图 5-12　绘制图形

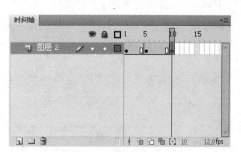

图 5-13　添加关键帧

(5) 选中第 5 帧，使用【墨水瓶】工具，填充笔触颜色，如图 5-14 所示。

(6) 在时间轴的第 15 帧处插入帧，如图 5-15 所示。

图 5-14　填充笔触颜色

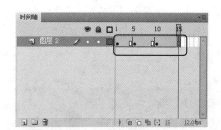

图 5-15　插入帧

(7) 按下 Ctrl+Enter 键，测试动画效果，如图 5-16 所示。

图 5-16　动画效果

(8) 保存文件为【逐帧动画-闪动的霓虹灯】。

⑤.2.2　制作形状补间动画

形状补间是一种在制作对象形状变化时经常被使用到的动画形式，它的制作原理是通过在两个具有不同形状的关键帧之间指定形状补间，以表现中间变化过程的方法形成动画。

形状补间动画是通过在时间轴的某个帧中绘制一个对象，在另一个帧中修改该对象或重新绘制其他对象，然后由 Flash 计算出两帧之间的差距并自动插入过渡帧，从而创建出动画的效果。

最简单的完整形状补间动画至少应该包括两个关键帧，一个起始帧和一个结束帧，在起始帧和结束帧上至少各有一个不同的形状，系统根据两形状之间的差别生成形状补间动画，下面通过一个实例介绍形状补间动画的制作过程。

 提示

要在不同的形状之间形成形状补间动画，对象不可以是元件实例，因此对于图形元件和文字等，必须先将其分离而后才能创建形状补间动画。

【例 5-2】新建一个文档，制作形状补间动画。

(1) 新建一个文档，选择【文件】|【导入】|【导入到库】命令，导入 3 个位图图像到【库】面板中。

(2) 拖动一个位图图像到设计区中，使用【任意变形】工具，调整图像至合适大小，如图 5-17 所示。

(3) 新建一个【图层 2】图层，拖动一个位图图像到该图层中。

图 5-17　调整图像

 知识点

有关图层的内容和使用方法，会在之后章节中介绍。

(4) 复制 3 个【图层 2】图层中的图像，选择【任意变形】工具，调整各个图像大小，移至如图 5-18 所示的位置。

(5) 在【图层 1】图层的第 15 帧处插入空白关键帧，在【图层 2】图层的第 15 帧处插入帧。

(6) 选中【图层 2】图层的第 15 帧，拖动【库】面板中的另一个图像到设计区中。

(7) 参照步骤(4)，复制 3 个【图层 2】图层第 15 帧处图像，调整图像至合适大小。

(8) 使用文本工具，输入文本内容"新年快乐"。

(9) 选中输入的文本内容，将文本分离成图形，分别将新、年、快、乐 4 个字移至如图 5-19 所示的位置。

图 5-18　移动复制对象　　　　　　　　图 5-19　移动对象

(10) 使用【绘图纸外观】工具，分别将【新】、【年】、【快】和【乐】4 个图形移至与第 1 帧 4 个爆竹图形相对应的位置，如图 5-20 所示。

(11) 右击【图层 1】图层，在弹出的快捷菜单中选择【创建补间形状】命令，创建补间形状动画。

(12) 按下 Ctrl+Enter 键，测试动画效果，如图 5-21 所示。

图 5-20　移动对象　　　　　　　　图 5-21　测试效果

(13) 保存文件为【形状补间-新年快乐】。

5.2.3　编辑形状补间动画

当建立了一个形状补间动画后，可以进行适当的编辑操作。选中创建补间动画中的某一帧，打开【属性】面板，如图 5-22 所示。在该面板中，主要参数选项的具体作用如下。

- 【缓动】：设置补间形状动画会随之发生相应的变化。数值范围为 1～100，动画运动的速度从慢到快，朝运动结束的方向加速度补间；在 1～100 间，动画运动的速度从慢到快，朝运动结束的方向减速度补间。默认情况下，补间帧之间的变化速率不变。

- 【混合】：单击该按钮，在下拉列表中选择【角形】选项，在创建的动画中间形状会保留有明显的角和直线，适合于具有锐化转角和直线的混合形状；选择【分布式】选项，创建的动画中间形状比较平滑和不规则。

此外，在创建补间形状动画时，如果要控制较为复杂的形状变化，可使用形状提示。形状提示会标识起始形状和结束形状中相对应的点，以控制形状的变化，从而达到更加精确的动画效果。形状提示包含 26 个字母(从 a 到 z)，用于识别起始形状和结束形状中相对应的点。其中，起始关键帧的形状提示是黄色的，结束关键帧的形状提示是绿色的，而当形状提示不在一条曲线上时则为红色。在显示形状提示时，只有包含形状提示的层和关键帧处于当前状态下时，【显示形状提示】命令才可使用。

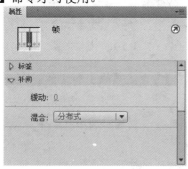

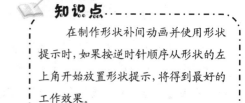

知识点

在制作形状补间动画并使用形状提示时，如果按逆时针顺序从形状的左上角开始放置形状提示，将得到最好的工作效果。

图 5-22　【属性】面板

在补间形状动画中遵循以下原则，可获得最佳的变形效果。

◉　在复杂的补间形状中，最好先创建中间形状然后再进行补间，而不要只定义起始帧和结束帧的形状。

◉　使用形状提示时要确保形状提示是符合逻辑的。例如，如果在一个三角形中使用 3 个形状提示，则在原始三角形和要补间的三角形中它们的顺序必须是一致的，而不能在第一个关键帧中是 abc，而在第二个关键帧中是 acb。

⑤.2.4　动作补间动画

当需要在动画中展示移动位置、改变大小、旋转、改变色彩等效果时，就可以使用动作补间动画了。在制作动作补间动画时，用户只需对最后一个关键帧的对象进行改变，其中间的变化过程即可自动形成，因此大大减小了工作量。

动作补间动画也称动画补间动画，它可以用于补间实例、组和类型的位置、大小、旋转和倾斜，以及表现颜色、渐变颜色切换或淡入淡出效果。在动作补间动画中要改变组或文字的颜色，必须将其变换为元件；而要使文本块中的每个字符分别动起来，则必须将其分离为单个字符。下面通过一个简单实例说明动作补间动画的创建方法。

【例 5-3】新建一个文档，创建动作补间动画。

(1) 新建一个文档，选择【文件】|【导入】|【导入到舞台】命令，导入一个图像到设计区中，调整图像至合适大小，如图 5-23 所示。

(2) 新建一个【图层 2】图层，使用【工具】面板中的绘图工具，绘制一个箭头标记，如图 5-24 所示。

图 5-23　导入图像

图 5-24　绘制箭头

(3) 在【图层 1】图层的第 40 帧处插入帧。

(4) 选中箭头图形，按下 Ctrl+G 键组合对象。在【图层 2】图层的第 25 帧处插入帧，移动第 20 帧处的箭头图像到如图 5-25 所示的位置。

(5) 在【图层 2】图层的第 26 帧处插入关键帧，选择【任意变形】工具，旋转图形。

(6) 在【图层 2】图层的第 40 帧处插入关键帧，移动该帧处的箭头图像到如图 5-26 所示的位置。

图 5-25　移动第 25 帧处图像

图 5-26　移动第 40 帧处图像

(7) 右击【图层 2】图层第 1 帧到第 25 帧之间任意帧，在弹出的快捷菜单中选择【创建传统补间】命令，即可创建动作补间动画。在创建动作补间动画时会系统会将图像转换为【图形】元件，有关元件的内容会在之后章节中介绍。

(8) 重复操作，在第 26 帧和第 40 帧之间创建补间动画。

(9) 按下 Ctrl+Enter 键，测试动画效果，如图 5-27 所示。箭头图像会移动到停车位位置。

图 5-27　测试动画效果

(10) 保存文件为【动作补间-停车位指示】。

⑤.2.5 编辑动作补间动画

在设置了动画补间动画之后，可以通过【属性】面板，对动作补间动画进行进一步的加工编辑。选中创建动作补间动画的任意一帧，打开【属性】面板，如图 5-28 所示。

在该【属性】面板中各选项的具体作用如下。

- ◉ 【缓动】：可以设置补间动画的缓动速度。如果该文本框中的值为正，则动画运动速度越来越慢；如果为负，则越来越快。
- ◉ 【旋转】：单击该按钮，在下拉列表中可以选择对象在运动的同时产生旋转效果，在后面的文本框中可以设置旋转的次数。
- ◉ 【调整到路径】：选中该复选框，可以使动画元素沿路径改变方向。
- ◉ 【同步】：选中该复选框，可以对实例进行同步校准。
- ◉ 【贴紧】：选中该复选框，可以将对象自动对齐到路径上。

图 5-28　【属性】面板

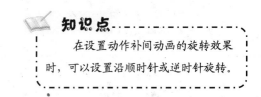

知识点

在设置动作补间动画的旋转效果时，可以设置沿顺时针或逆时针旋转。

⑤.2.6 【骨骼】工具

使用【骨骼】工具🖊️可以为一系列链接的对象轻松创建链型效果，也可以使用【骨骼】工具🖊️快速扭曲单个对象。

1. 反向运动

反向运动(IK)是使用骨骼的有关节结构对一个对象或彼此相关的一组对象进行动画处理的方法。使用骨骼，元件实例和形状对象可以按复杂而自然的方式移动，但是只需做很少的设计工作。例如，通过反向运动可以更加轻松地创建人物动画，如胳膊、腿和面部表情。

可以向单独的元件实例或单个形状的内部添加骨骼。在一个骨骼移动时，与启动运动的骨骼相关的其他连接骨骼也会移动。使用反向运动进行动画处理时，只需指定对象的开始位置和结束位置即可。骨骼链称为骨架。在父子层次结构中，骨架中的骨骼彼此相连。骨架可以是线性的或分支的。源于同一骨骼的骨架分支称为同级。骨骼之间的连接点称为关节。

在 Flash 中可以按两种方式使用【骨骼】工具，一是通过添加将每个实例与其他实例连接在一起的骨骼，用关节连接一系列的元件实例。二是向形状对象的内部添加骨架，可以在合并绘制模式或对象绘制模式中创建形状。在添加骨骼时，Flash 会自动创建与对象关联的骨架移动到时间轴中的姿势图层。此新图层称为骨架图层。每个骨架图层只能包含一个骨架及其关联的实例或形状。

2. 添加骨骼

对于形状，可以向单个形状的内部添加多个骨骼，还可以为【对象绘制】模式下创建的形状添加骨骼。

向单个形状或一组形状添加骨骼。在任一情况下，在添加第一个骨骼之前首先必须选择所有形状。在将骨骼添加到所选内容后，Flash 将所有的形状和骨骼转换为骨骼形状对象，并将该对象移动到新的骨架图层。但某个形状转换为骨骼形状后，它无法再与骨骼形状外的其他形状合并。

在设计区中绘制一个图形，选中该图形，选择【工具】面板中的【骨骼】工具 ✐，在图形中单击并拖动到形状内的其他位置。在拖动时，将显示骨骼。释放鼠标后，在单击的点和释放鼠标的点之间将显示一个实心骨骼。每个骨骼都由头部、圆端和尾部组成，如图 5-29 所示。

骨架中的第一个骨骼是根骨骼。它显示为一个圆围绕骨骼头部。添加第一个骨骼时，在形状内希望骨架根部所在的位置中单击。也可以稍后编辑每个骨骼的头部和尾部的位置。

添加第一个骨骼时，Flash 将形状转换为骨骼形状对象并移至时间轴中的新的骨架图层。每个骨架图层只能包含一个骨架。Flash 向时间轴中现有的图层之间添加新的骨架图层，以保持舞台上对象的以前堆叠顺序。

该形状变为骨骼形状后，就无法再添加新笔触，但仍可以向形状的现有笔触添加控制点或从中删除控制点。

图 5-29 添加骨骼

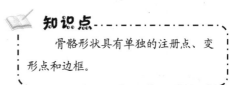

📖 **知识点**
骨骼形状具有单独的注册点、变形点和边框。

要添加其他骨骼，可以拖动第一个骨骼的尾部到形状内的其他位置即可，第二个骨骼将成为根骨骼的子级。按照要创建的父子关系的顺序，将形状的各区域与骨骼链接在一起。例如，如果要向手臂形状添加骨骼，添加从肩部到肘部的第一个骨骼、从肘部到手腕的第二个骨骼和从手腕到手部的第三个骨骼。

若要创建分支骨架，单击分支开始的现有骨骼的头部，然后进行拖动以创建新分支的第一个骨骼。骨架可以具有所需数量的分支，但分支不能连接到其他分支(根部除外)。

【例 5-4】新建一个文档，绘制一个简单图形，添加骨骼，创建一个体育运动项目图标。

(1) 新建一个文档，使用【工具】面板中的绘图工具，绘制人物头部、身体和手臂图形。

(2) 选择【骨骼】工具，添加手臂图形骨骼，如图 5-30 所示。

(3) 绘制另一个手臂图形，选择【骨骼】工具，添加手臂图形骨骼，如图 5-31 所示。

图 5-30　添加骨骼

图 5-31　添加骨骼

(4) 重复操作，绘制腿部图形，然后添加骨骼。

(5) 选择【选择】工具，调整腿部图形骨骼，如图 5-32 所示。

(6) 重复操作，调整手臂图形骨骼，最后效果如图 5-33 所示。

图 5-32　调整腿部骨骼

图 5-33　最后效果

(7) 保存文件为【使用骨骼工具】。

⑤.2.7　编辑骨架

创建骨骼后，可以使用多种方法编辑骨骼，例如重新定位骨骼及其关联的对象，在对象内移动骨骼，更改骨骼的长度，删除骨骼，以及编辑包含骨骼的对象。

在编辑骨架时，只能在第一个帧(骨架在时间轴中的显示位置)中仅包含初始骨骼的骨架图层中编辑骨架。在骨架所在图层的后续帧中重新定位骨架后，无法对骨骼结构进行更改。若要编辑骨架，请从时间轴中删除位于骨架的第一个帧之后的任何附加姿势。如果要重新定位骨架

计算机 基础与实训教材系列

以达到动画处理目的,则可以在姿势图层的任何帧中进行位置更改,Flash 将该帧转换为姿势帧。

1. 选择骨骼

要编辑骨架,首先要选择骨骼,可以通过以下方法选择骨骼。

- 要选择单个骨骼,可以选择【选择】工具,单击骨骼即可。
- 按住 Shift 键,可以单击选择同个骨骼中的多个骨架。
- 要将所选内容移动到相邻骨骼,可以单击【属性】面板中的【上一个同级】、【下一个同级】、【父级】或【子级】按钮 。
- 要选择骨架中的所有骨骼,双击某个骨骼即可。
- 要选择整个骨架并显示骨架的属性和骨架图层,可以单击骨架图层中包含骨架的帧。
- 要选择骨骼形状,单击该形状即可。

2. 重新定位骨骼

添加的骨骼还可以重新定位,主要由以下方式实现。

- 要重新定位骨架的某个分支,可以拖动该分支中的任何一个骨骼,该分支中的所有骨骼都将移动,骨架的其他分支中的骨骼不会移动。
- 要将某个骨骼与子级骨骼一起旋转而不移动父级骨骼,可以按住 Shift 键拖动该骨骼。
- 要将某个骨骼形状移动到舞台上的新位置,请在属性检查器中选择该形状并更改 X 和 Y 属性。

3. 删除骨骼

删除骨骼可以删除单个骨骼或所有骨骼,可以通过以下方式实现。

- 要删除单个骨骼及所有子级骨架,可以选中该骨骼,按下 Delete 键即可。
- 要从某个骨骼形状或元件骨架中删除所有骨骼,可以选择该形状或该骨架中的任何元件实例,选择【修改】|【分离】命令,分离为图形即可删除整个骨骼。

4. 移动骨骼

移动骨骼操作可以移动骨骼的任一端位置,并且可以调整骨骼的长度。

- 要移动骨骼形状内骨骼任一端的位置,可以选择【部分选取】工具,拖动骨骼的一端即可。
- 要移动元件实例内骨骼连接、头部或尾部的位置,打开【变形】面板,移动实例的变形点,骨骼将随变形点移动。
- 要移动单个元件实例而不移动任何其他链接的实例,可以按住 Alt 键,拖动该实例,或者使用任意变形工具拖动它。连接到实例的骨骼会自动调整长度,以适应实例的新位置。

5. 编辑骨骼形状

除了以上介绍的有关骨骼的基本编辑操作外,还可以对骨骼形状进行编辑。使用部分选取工具,可以在骨骼形状中添加、删除和编辑轮廓的控制点。

- 要移动骨骼的位置而不更改骨骼形状，可以拖动骨骼的端点。
- 要显示骨骼形状边界的控制点，单击形状的笔触即可。
- 要移动控制点，直接拖动该控制点即可。
- 要添加新的控制点，单击笔触上没有任何控制点的部分即可，也可以选择【添加锚点】工具，来添加新控制点。
- 要删除现有的控制点，选中控制点，按下 Delete 键即可，可以选择【删除锚点】工具，来删除控制点。

⑤.2.8 创建骨骼动画

创建骨骼动画的方式与 Flash 中的其他对象不同。对于骨架，只需向骨架图层中添加帧并在舞台上重新定位骨架即可创建关键帧。骨架图层中的关键帧称为姿势，每个姿势图层都自动充当补间图层。

要在时间轴中对骨架进行动画处理，可以右击骨架图层中要插入姿势的帧，在弹出的快捷菜单中选择【插入姿势】命令，插入姿势，然后使用选取工具更改骨架的配置。Flash 会自动在姿势之间的帧中插入骨骼的位置。如果要在时间轴中更改动画的长度，可以直接拖动骨骼图层中末尾的姿势即可。有关姿势的一些基本操作可以参考前文关于帧的基本操作小节内容。下面将通过一个实例，来介绍创建骨骼动画的方法。

【例 5-5】新建一个文档，创建骨骼动画。

(1) 新建一个文档，使用【工具】面板中的绘图工具，绘制如图 5-34 所示的图形。

(2) 选择【骨骼】工具，添加腿部和手臂部分骨骼。

(3) 分别在两个手臂骨架图层的第 5 帧处插入【姿势】，然后在【图层 1】图层的第 5 帧处插入帧，如图 5-35 所示。

图 5-34　绘制图形

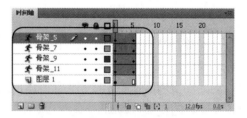
图 5-35　插入帧

(4) 选择【选择】工具，分别调整手臂骨架图层第 5 帧的骨骼，如图 5-36 所示。

(5) 按下 Ctrl+Enter 键，测试动画效果，如图 5-37 所示。绘制的人物图形会根据第 5 帧处骨骼的调整而运动。

图 5-36　调整骨骼

图 5-37　测试效果

(6) 保存文件为【骨骼运动】。

5.3　上机练习

本章上机练习主要介绍了使用 Flash 制作一些基础动画的方法。关于本章中的其他内容，例如帧的基本操作，各种类型动画的基础知识，可以根据相应的内容进行练习。

5.3.1　制作广告标语

新建一个文档，制作广告标语效果。

(1) 新建一个文档，设置文档的背景颜色为翠绿色，帧频为 10fbs。

(2) 导入一个图像到【库】面板中，将图像移至设计区中，选择【任意变形】工具，调整对象至合适大小，如图 5-38 所示。

(3) 在【图层 1】图层的第 40 帧处插入帧。

(4) 新建一个【图层 2】图层，复制设计区中的图像，粘贴到【图层 2】图层的第 1 帧处，将图像分离成图形，选择【颜料桶】工具，设置填充颜色为灰色，填充图形。

(5) 组合填充图形，设计区的左侧外面位置，紧邻设计区左边界，如图 5-39 所示。

图 5-38　调整图像大小

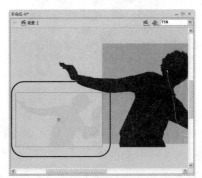

图 5-39　调整图形位置

（6）选中填充图形，在该图形所在的【图层2】图层第10帧处插入关键帧，按住Shift键，将该帧处的图形水平移动至如图5-40所示的位置。

（7）新建一个【图层3】图层，选择【文本】工具，输入文本内容Pod,a thousand songs in your pocket，设置文本颜色为橘红色。

（8）复制文本内容，按下Ctrl+Shift+V键，将文本内容粘贴到初始位置。将文本内容分离成图形，设置填充颜色为灰色，组合图形，然后将图形向右下方稍移一定的位置，形成文本的阴影效果。

（9）选中【图层3】图层第1帧处的所有对象，按下Ctrl+G键组合对象，选择【任意变形】工具，水平方向倾斜对象，如图5-41所示。

 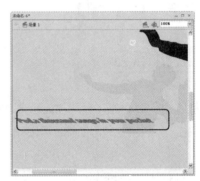

图5-40　移动第10帧处图形　　　　　　　　图5-41　倾斜对象

（10）在【图层3】图层的第10帧处插入关键帧，按住Shift键，将该帧处的图形水平移动至如图5-42所示的位置。

（11）在【图层3】图层的第12帧处插入关键帧，选中图形，选择【任意变形】工具，水平方向倾斜图形，如图5-43所示。

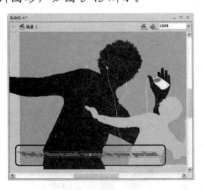 

图5-42　移动图形　　　　　　　　　　　图5-43　倾斜图形

（12）分别在【图层3】图层的第13、第14和第15帧处插入关键帧，选择【任意变形】工具，水平方向倾斜这3帧中的图形。

（13）分别在【图层2】和【图层3】图层的第40帧处插入帧。

（14）分别在【图层2】和【图层3】图层的第1帧和第10帧之间创建动作补间动画。

(15) 按下 Ctrl+Enter 键，测试动画效果，如图 5-44 所示。

图 5-44　测试效果

(16) 保存文件为【IPOD 广告】。

⑤.3.2　制作产品介绍动画

新建一个文档，导入一个产品图像，添加产品介绍信息内容，创建动画。

(1) 新建一个文档，选择【文件】|【导入】|【导入到库】命令，将所需使用的图像导入到【库】面板中。

(2) 拖动一个图像到设计区中，将位图图像转换为矢量图图像，选中图像，按下 Ctrl+G 键组合图像，选择【任意变形】工具调整图像大小并移至如图 5-45 所示位置。

(3) 将【库】面板中的导入的其他图像移至设计区中，调整图像至合适大小，如图 5-46 所示。

图 5-45　调整转换的矢量图　　　　　　图 5-46　调整图像大小

(4) 在【图层 1】图层的第 23 帧处插入关键帧。

(5) 新建【图层 2】图层，选择【矩形】工具，绘制一个矩形图形，删除笔触颜色，设置填充颜色为灰色，按下 Ctrl+G 键组合图形。

(6) 将【图层 2】图层第 1 帧处的矩形图形移至如图 5-47 所示的位置。

(7) 在【图层 2】图层第 5 帧处插入关键帧，调整该帧处的矩形图形大小并移至如图 5-48 所示的位置。

图 5-47　移动第 1 帧处图形

图 5-48　移动第 5 帧处图形

(8) 参照以上步骤，在【图层 2】图层的相应帧位置插入关键帧，然后调整各关键帧上的矩形图形至合适大小并移至合适位置。

(9) 创建【图层 2】图层 1 到 5、6 到 11、12 到 17、18 到 23 帧之间动作补间动画。

(10) 选中【图层 1】图层的第 1 帧，选择【文本】工具输入文本内容，调整文本内容至合适大小，如图 5-49 所示。

(11) 按下 Ctrl+Enter 键，测试动画效果，如图 5-50 所示。

图 5-49　调整文本内容大小

图 5-50　测试效果

(12) 保存文件为【产品介绍】。

⑤.4 习题

1. 在插入了关键帧或空白关键帧之后，可以直接按下哪个键，进行扩展？每按一次该键将关键帧或空白关键帧长度扩展多少帧？

2. 在设置动作补间动画的旋转效果时，可以设置向哪些方向旋转？

3. 简单描述骨骼工具作用。

4. 分别练习创建逐帧动画、动作补间动画和形状补间动画。

使用图层

学习目标

在 Flash 中，图层是最基本也是最重要的概念之一。图层基本上可以包含所有对象，包括文本、图形等。灵活使用图层，对创建复杂的 Flash 动画有很大的帮助，比如在绘制、编辑、粘贴和重新定位单一图层上的元素时，不会影响到其他图层上的元素，而且每个场景都可以根据需要创建任意数量图层。创建动画时，可以使用图层来管理和组织动画中的对象，使它们不会因为相连或分割而受到影响。将不同的对象放置在不同的图层上，可以很轻松地对动画进行定位、分离和重新排序等操作。使用图层还可以避免错误删除或编辑对象的失误操作。在 Flash CS4 中，使用引导层，可以使元素沿着所创建的路径运动；而使用遮罩层，可以创建如探照灯、聚光灯或颜色转变等动画效果。

本章重点

- ◉ 图层的基础知识
- ◉ 使用图层
- ◉ 编辑图层
- ◉ 引导层
- ◉ 遮罩层

6.1 图层的基础知识

在 Flash CS4 中，图层可以创建各种特殊效果，是最基本也是最重要的概念之一。使用图层可以将动画中的不同对象与动作区分开来，例如可以绘制、编辑、粘贴和重新定位一个图层上的元素而不会影响到其他图层的元素，因此不必担心在编辑过程中会对图像产生无法恢复的误操作。此外，使用特殊图层可以编辑特定的动画效果，例如引导层动画或遮罩层动画等。

6.1.1 图层的概念

图层就像透明的薄片一样，层层叠加，如果一个图层上有一部分没有内容，那么就可以透过这部分看到下面的图层上的内容。通过图层可以方便地组织文档中的内容。而且，当在某一图层上绘制和编辑对象时，其他图层上的对象不会受到影响。在默认状态下，【图层】面板位于【时间轴】面板的左侧，如图 6-1 所示。

在 Flash CS4 中，图层共分为 5 种类型，即一般图层、遮罩图层、被遮罩图层、引导图层和被引导图层，如图 6-2 所示。

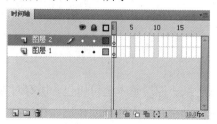

图 6-1 显示图层

图 6-2 图层类型

有关图层类型的详细说明如下。

◉ 一般图层：指普通状态下的图层，这种类型图层名称的前面将显示普通图层图标。

◉ 遮罩层：指放置遮罩物的图层，当设置某个图层为遮罩层时，该图层的下一图层便被默认为被遮罩层。这种类型的图层名称的前面有一个遮罩层图标。

◉ 被遮罩层：被遮罩层是与遮罩层相对应的、用来放置被遮罩物的图层。这种类型的图层名称的前面有一个被遮罩层的图标。

◉ 引导层：在引导层中可以设置运动路径，用来引导被引导层中的对象依照运动路径进行移动。当图层被设置成引导层时，在图层名称的前面会出现一个运动引导层图标，该图层的下方图层会默认为是被引导层；如果引导图层下没有任何图层可以成为被引导层，那么在该图层名称的前面就出现一个引导层图标。

◉ 被引导层：被引导层与其上面的引导层相辅相成，当上一个图层被设定为引导层时，这个图层会自动转变成被引导层，并且图层名称会自动进行缩排。

6.1.2 图层模式

Flash CS4 中的图层有多种图层模式，可以适应不同的设计需要，这些图层模式的具体作用如下。

◉ 当前层模式：在任何时候只有一个图层处于这种模式，该层即为当前操作的层，所有新对象或导入的场景都将放在这一层上。当前层的名称栏上将显示一个铅笔图标作为标识，如图 6-3 所示，【图层 3】图层即为当前操作层。

- ◉ 隐藏模式：要集中处理舞台中的某一部分时，则可以将多余的图层隐藏起来。隐藏图层的名称栏上有✕作为标识，表示当前图层为隐藏图层。
- ◉ 锁定模式：要集中处理舞台中的某一部分时，可以将需要显示但不希望被修改的图层锁定起来。被锁定的图层的名称栏上有一个锁形图标🔒作为标识。
- ◉ 轮廓模式：如果某图层处于轮廓模式，则该图层名称栏上会以空心的彩色方框作为标识，此时设计区中将以彩色方框中的颜色显示该图层中内容的轮廓。如图 6-4 所示.

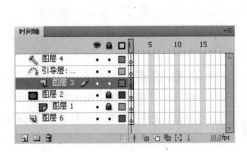

图 6-3　当前操作图层

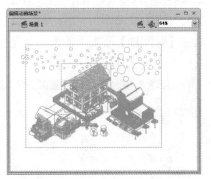

图 6-4　轮廓模式显示

6.2　编辑图层

编辑图层操作主要包括图层的基本操作和设置图层的属性。图层的基本操作主要包括创建各种图层类型、删除图层等；设置图层属性操作可以在【图层属性】对话框中进行。

6.2.1　图层的基本操作

使用图层可以通过分层，将不同的内容或者效果添加到不同图层上，从而组合成为复杂而生动的作品。下面介绍如何对图层进行基本的操作。

1. 创建图层

当创建了一个新的 Flash 文档后，它只包含一个图层。可以创建更多的图层来满足动画制作的需要。要创建图层，可以通过以下方法实现。

- ◉ 单击【时间轴】面板中的【新建图层】按钮🔳，即可在选中图层的上方插入一个图层。
- ◉ 选择【插入】|【时间轴】|【图层】命令，即可在选中图层的上方插入一个图层。
- ◉ 右击图层，在弹出的快捷菜单中选择【插入图层】命令，即可在该图层上方插入一个图层。

2. 创建图层文件夹

图层文件夹可以用来存放和管理图层，当创建的图层数量过多时，可以将这些图层根据实际类型归纳到图层文件夹中方便管理。创建图层文件夹，可以通过以下方法实现。

- 选中【时间轴】面板中顶部的图层，然后单击【新建文件夹】按钮 ，即可插入一个图层文件夹，如图 6-5 所示。
- 在【时间轴】面板中选择一个图层或图层文件夹，然后选择【插入】|【时间轴】|【图层文件夹】命令即可。
- 右击【时间轴】面板中的图层，在弹出的快捷菜单中选择【插入文件夹】命令，即可插入一个图层文件夹。

图 6-5　插入图层文件夹

> **知识点**
> 由于图层文件夹仅仅用于管理图层而不是用于管理图形对象，因此图层文件夹是没有时间线的。

3. 选择图层

创建图层后，要修改和编辑图层，首先要选择图层，选中的图层名称栏上会显示铅笔图标 ，表示该图层是当前层模式并处于可编辑状态。在 Flash CS4 中，一次可以选择多个图层，但一次只能有一个图层处于可编辑状态。

要选择图层，可以通过以下方式实现。

- 单击【时间轴】面板图层名称即可选中图层。
- 单击【时间轴】面板图层上的某个帧，即可选中该图层。
- 单击设计区中某图层上的任意对象，即可选中该图层。
- 按住 Shift 键，单击【时间轴】面板中起始和结束位置的图层的名称，可以选中连续图层。
- 按住 Ctrl 键，单击【时间轴】面板中的图层名称，可以选中不连续多个的图层。

4. 删除图层

在选中图层后，可以进行删除图层操作，具体操作方法如下。

- 选中图层，单击【时间轴】面板的【删除】按钮 ，即可删除该图层。
- 拖动【时间轴】面板中所需删除的图层到【删除】按钮 上即可删除。
- 右击所需删除的图层，在弹出的快捷菜单中选择【删除图层】命令即可。

5. 重命名图层

在默认情况下，创建的图层会以【图层+编号】的样式为该图层命名，但这种编号性质的名称在图层较多的情况下使用会很不方便。可以对每个图层进行重命名，使每个图层的名称都具有一定的含义，方便对图层或图层中的对象进行操作。

要重命名图层，可以通过以下方法实现。

- ◉ 双击在【时间轴】面板的图层，，然后输入新的图层名称即可，如图 6-6 所示。
- ◉ 右击图层，在弹出的快捷菜单中选择【属性】命令，打开【图层属性】对话框，如图 6-7 所示。在【名称】文本框中输入图层的名称，单击【确定】按钮即可。

图 6-6　重命名图层

图 6-7　【图层属性】对话框

- ◉ 在【时间轴】面板中选择图层，选择【修改】|【时间轴】|【图层属性】命令打开【图层属性】对话框，在【名称】文本框中输入图层的新名称。

6. 复制图层

在制作动画的过程中，有时可能需要重复两个图层中相同的对象，可以通过复制图层的方式来实现，从而减少重复操作。但在 Flash CS4 中无法直接实现图层的复制操作，只能通过复制与粘贴帧的方法来复制图层。

打开一个文档，该文档的【时间轴】面板中的图层显示如图 6-8 所示。选中【图层 1】图层，选择【编辑】|【时间轴】|【复制帧】命令，复制图层中包含的所有内容。选择【图层 2】图层，选择【编辑】|【时间轴】|【粘贴帧】命令，粘贴复制的所有内容，如图 6-9 所示。使用该方法相当于复制了图层。

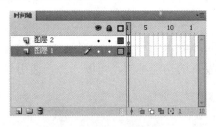

图 6-8　复制帧

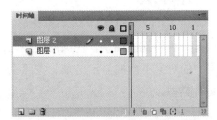

图 6-9　粘贴帧

7. 更改图层顺序

调整图层之间的相对位置，可以得到不同的动画效果。要更改图层的顺序，可以直接拖动所需改变顺序的图层到适当的位置，然后释放鼠标即可。在拖动过程中会出现一条带圆圈的黑色实线，表示图层当前已被已被拖动到的具体位置，如图 6-10 所示。

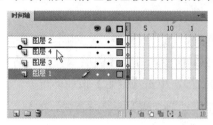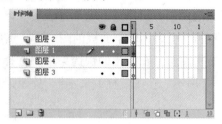

图 6-10　更改图层顺序

⑥.2.2.　设置图层属性

在【时间轴】面板的图层区域中可以直接设置图层的显示和编辑属性，如果要设置某个图层的一些详细属性，例如轮廓颜色、图层类型等，可以在【图层属性】对话框实现。

选择要设置属性的图层，选择【修改】|【时间轴】|【图层属性】命令，打开【图层属性】对话框，如图 6-7 所示。在该对话框中的主要参数选项的具体作用如下。

- ◉ 　【名称】：可以在文本框中输入或修改图层的名称。
- ◉ 　【显示】：选中该复选框，可以显示图层，取消选中状态，则隐藏图层。
- ◉ 　【锁定】：选中该复选框，可以锁定锁图层，取消选中状态，则解锁图层。
- ◉ 　【类型】：可以在该选项区域中更改图层的类型。
- ◉ 　【轮廓颜色】：单击该按钮，在打开的颜色调色板中可以选择颜色，以修改当图层以轮廓线方式显示时的轮廓颜色。
- ◉ 　【将图层视为轮廓】：选中该复选框，可以切换图层中的对象以轮廓线方式显示。
- ◉ 　【图层高度】：在该下拉列表框中，可以设置图层高度比例。

⑥.3　引导层

引导层是一种特殊的图层，在该图层中，同样可以导入图形和引入元件，但是最终发布动画时引导层中的对象不会被显示出来。按照引导层发挥的功能不同，可以分为普通引导层和运动引导层两种类型。

⑥.3.1　普通引导层

普通引导层在【时间轴】面板的图层名称前方会显示 ✎ 图标，该图层主要用于辅助静态对象定位，并且可以不使用被引导层而单独使用。

创建普通引导层的方法与创建普通图层方法相似，右击要创建普通引导层的图层，在弹出的菜单中选择【引导层】命令，即可创建普通引导层，如图 6-11 所示。重复操作，右击普通引导层，在弹出的快捷菜单中选择【引导层】命令，可以将普通引导层转换为普通图层。

⑥.3.2 传统运动引导层

传统运动引导层在时间轴上以 按钮表示，该图层主要用于绘制对象的运动路径，可以将图层链接到同一个运动引导层中，使图层中的对象沿引导层中的路径运动，这时该图层将位于运动引导层下方并成为被引导层。

右击要创建传统运动引导层的图层，在弹出的菜单中选择【添加传统运动引导层】命令，即可创建传统运动引导层，而该引导层下方的图层会自动转换为被引导层，如图 6-12 所示。重复操作，右击传统运动引导层，在弹出的快捷菜单中选择【引导层】命令，可以将传统运动引导层转换为普通图层。

图 6-11　创建普通引导层

图 6-12　创建传统运动引导层

【例 6-1】新建一个文档，创建引导层动画。

(1) 新建一个文档，导入一个迷宫图像到【库】面板中，将迷宫图像移至设计区中，调整图像至合适大小，如图 6-13 所示。

(2) 重命名【图层 1】图层为【迷宫】，锁定该图层。

(3) 新建【图层 2】图层，重命名为 POLO，导入一个 POLO 汽车图像到【库】面板中，移至设计区中，调整图像至合适大小，并移至迷宫图形的入口处，如图 6-14 所示。

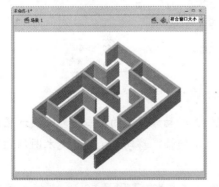

图 6-13　调整迷宫图像大小

图 6-14　调整 POLO 图像

计算机 基础与实训教材系列

(4) 右击 POLO 图层，在弹出的快捷菜单中选择【添加传统运动引导层】命令，创建传统运动引导层。

(5) 选择传统运动引导层，选择【铅笔】工具，设置为平滑模式，绘制如图 6-15 所示的引导曲线。

(6) 在【迷宫】图层和引动层的第 15 帧处插入帧，在 POLO 图层的第 15 帧处插入关键帧，将该帧处的图像移至引导线末端位置，调整该帧处的图像，如图 6-16 所示。

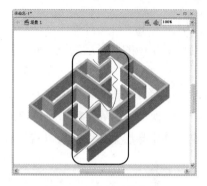

图 6-15　绘制引导曲线　　　　　　　图 6-16　调整图像

(7) 创建 POLO 图层 1 到 15 帧之间动作补间动画。

(8) 新建一个图层，重命名为【文本 1】，在该图层的第 16 帧处插入关键帧。选择【文本】工具，输入文本内容"小身材 大智慧"，设置文本合适属性。将文本分离为图形，组合图形并移至设计区外部，紧邻设计区右下角位置，如图 6-17 所示。

(9) 新建一个图层，重命名为【文本 2】，在该图层的第 22 帧处插入关键帧。选择【文本】工具，输入文本内容"POLO 劲情"，设置文本合适属性。将文本分离为图形，组合图形并移至设计区外部，紧邻设计区右下角位置，如图 6-18 所示。

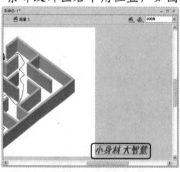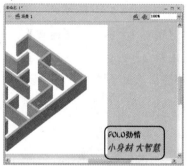

图 6-17　移动【文本 1】图层文本　　　图 6-18　移动【文本 1】图层文本

(10) 在【文本 1】图层的第 21 帧处插入关键帧，移动该帧处的文本图形到设计区右下角位置。重复操作，在【文本 2】图层的第 27 帧处插入关键帧，移动该帧处的文本图形到设计区右下角位置。

(11) 分别创建【文本 1】图层 16 到 21 帧之间和【文本 2】图层 22 到 27 帧之间动作补间动画。

(12) 在每个图层的第 35 帧处插入帧，如图 6-19 所示。

(13) 打开【文档属性】对话框，设置背景颜色为酱红色，帧频为 9，如图 6-20 所示。

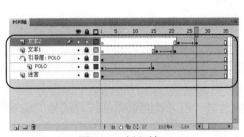

图 6-19　插入帧

图 6-20　设置文档属性

(14) 按下 Ctrl+Enter 键，测试动画效果，如图 6-21 所示。

图 6-21　测试效果

(15) 保存文件为【引导层-POLO 劲情】。

⑥.4　遮罩层

Flash 的遮罩层功能是一个强大的动画制作工具，利用的遮罩层功能，在动画中只需要设置一个遮罩层，就能遮掩一些对象，可以制作出灯光移动或其他复杂的动画效果。

⑥.4.1　遮罩层的概念

Flash 中的遮罩层是制作动画时非常有用的一种特殊图层，它的作用就是可以通过遮罩层内的图形看到被遮罩层中的内容，利用这一原理，制作者可以使用遮罩层制作出多种复杂的动画效果。

在遮罩层中，与遮罩层相关联的图层中的实心对象将被视作一个透明的区域，透过这个区域可以看到遮罩层下面一层即被遮罩层的内容；而与遮罩层没有关联的图层，则不会被看到。

其中，遮罩层中的实心对象可以是填充的形状、文字对象、图形元件的实例或影片剪辑等，但是，线条不能作为与遮罩层相关联的图层中实心对象。

此外，设计者还可以创建遮罩层动态效果。对于用作遮罩的填充形状，可以使用补间形状；对于对象、图形实例或影片剪辑，可以使用补间动画。当使用影片剪辑实例作为遮罩时，可以使遮罩沿着运动路径运动。

6.4.2 使用遮罩层

了解了遮罩层的原理后，可以来创建遮罩层，此外，还可以对遮罩层进行适当的编辑操作。

1. 创建遮罩层

在 Flash CS4 中没有专门的按钮来创建遮罩层，所有的遮罩层都是由普通图层转换过来的。要将普通图层转换为遮罩层，可以右击该图层，在弹出的快捷菜单中选择【遮罩层】命令，此时该图层的图标会变为 ![icon]，表明它被转换为遮罩层；而紧贴它下面的图层将自动转换为被遮罩层，图标为 ![icon]，它们在图层面板上的表示如图 6-22 所示。

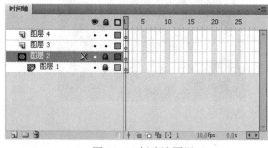

> **提示**
> 仅当某一图层上方存在遮罩层时，【图层属性】对话框中的【被遮罩】单选按钮才处于可选状态。

图 6-22　创建遮罩层

2. 编辑遮罩层

在创建遮罩层后，通常遮罩层下方的一个图层会自动设置为被遮罩图层，若要创建遮罩层与普通图层的关联，使遮罩层能够同时遮罩多个图层，可以通过下列方法来实现。

- ◎　在时间轴上的【图层】面板中，将需要被遮罩的图层直接拖到遮罩层下面。
- ◎　在遮罩层的下方创建新的图层。
- ◎　选择【修改】|【时间轴】|【图层属性】命令，打开【图层属性】对话框，在【类型】选项区域中选中【被遮罩】单选按钮即可。

如果要断开某个被遮罩图层与遮罩层的关联，可先选择要断开关联的图层，然后将该图层拖到遮罩层的上面；或选择【修改】|【时间轴】|【图层属性】命令，在打开的【图层属性】对话框中的【类型】选项区域中选中【一般】单选按钮。

【例 6-2】新建一个文档，创建遮罩层动画。

(1) 新建一个文档，导入一个位图图像到【库】面板中，拖动图像到设计区中，调整图像至合适大小，然后打开【属性】面板，设置图像宽度为设计区宽度大小，X 轴坐标位置为 0，并将图像底部对齐设计区的下方位置，如图 6-23 所示。

（2）锁定【图层 1】图层，新建【图层 2】图层，选择【矩形】工具，绘制一个矩形图形。选择【颜料桶】工具，设置填充颜色为渐变色，填充矩形图像，删除矩形图形笔触。

（3）选择【渐变变形工具】，调整矩形图形渐变色，组合矩形图形，移至设计区外，紧邻设计区左侧边界位置，如图 6-24 所示。

图 6-23 调整图像

图 6-24 移动图形

（4）新建【图层 3】图层，选择【工具】面板中的绘图工具，勾勒出导入的位图图像主要轮廓，如图 6-25 所示。

（5）分别在【图层 3】和【图层 1】图层的第 20 帧处插入帧。

（6）在【图层 2】图层的第 20 帧处插入关键帧，将该帧处的矩形图形移至如图 6-26 所示的位置。

图 6-25 勾勒轮廓

图 6-26 移动矩形图形

（7）创建【图层 2】图层 1 到 20 帧之间动作补间动画。

（8）右击【图层 3】图层，在弹出的快捷菜单中选择【遮罩层】命令，创建该图层为遮罩层，【图层 2】图层自动转为被遮罩层。

（9）在【图层 3】图层上方新建【图层 4】图层，导入一个位图图像到设计区中，调整图像至合适大小并移至合适位置，然后选择【文本】工具，输入文本内容 mazda 3，设置文本合适属性并移至如图 6-27 所示位置。

图 6-27　插入图像和文本

(10) 按下 Ctrl+Enter 键，测试动画效果，如图 6-28 所示。

图 6-28　测试动画效果

(11) 保存文件为【遮罩层-mazda3】。

6.5 上机练习

本章上机练习主要介绍使用引导层和遮罩层来制作动画的方法和技巧。在实际动画制作过程中，使用多个引导层或遮罩层可以制作出较为复杂的动画效果。关于本章中的其他内容，例如图层的概念、图层的基本操作、引导层和遮罩层的作用等，可以根据相应的章节进行练习。

6.5.1 制作汽车广告

新建一个文档，使用引导层，制作汽车广告动画效果。

(1) 新建一个文档，选择【矩形】工具，设置填充颜色为填充色，绘制矩形图形，删除矩形图形笔触，在【属性】面板中设置矩形图形大小为 550×400 像素，x 轴和 y 轴的坐标位置为 0，0。如图 6-29 所示。

(2) 新建【图层 2】图层，重命名为【刀】图层，导入一个位图图像到该图层中，转换为矢量图像，组合图像后调整图像至合适大小。

(3) 右击【刀】图层，在弹出的快捷菜单中选择【添加传统运动引导层】命令，创建传统引导层。

(4) 选择【铅笔】工具，在引导层中绘制引导线，如图 6-30 所示。

图 6-29 设置矩形图形属性

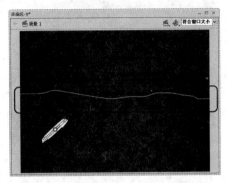
图 6-30 绘制引导线

(5) 在引导层和【图层 1】图层的第 15 帧处插入帧，在【刀】图层的第 15 帧处插入关键帧。

(6) 选中【刀】图层第 1 帧处的图像，选择【任意变形】工具，将变形点移至刀口位置，将图形移至如图 6-31 所示位置。

(7) 选中【刀】图层第 15 帧处的图像，将图形移至如图 6-32 所示位置。

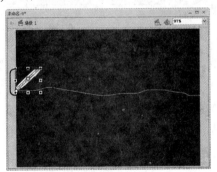
图 6-31 移动第 1 帧图像

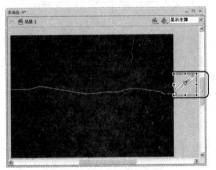
图 6-32 移动第 15 帧图像

(8) 在引导层上方新建【划痕】图层，选中引导层中的引导线，复制引导线，在【划痕】图层第 1 帧处粘贴引导线到初始位置。

(9) 在【划痕】图层 1 到 15 帧之间的所有帧位置插入关键帧。

(10) 选中【划痕】图层的第 1 帧，删除线段未经小刀图像划过的线段，也就是删除小刀图像未划过线段，如图 6-33 所示。

(11) 重复操作，删除【划痕】图层每一个关键帧处未经小刀图像划过的线段，如图 6-34 所示，是在第 10 帧处删除未经小刀图像划过的线段。至此，使用引导层创建小刀划痕的动画已经制作完成，可以参照以上步骤，自行尝试制作其他动画效果，例如毛笔字书写效果。

计算机 基础与实训教材系列

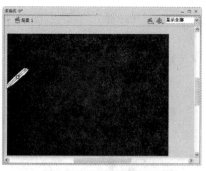

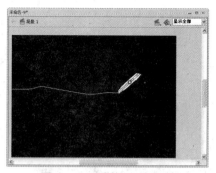

图 6-33　删除第 1 帧处线段　　　　　图 6-34　删除第 10 帧处线段

(12) 在【划痕】图层上方新建一个【渐变透明】图层，在该图层的第 16 帧处插入关键帧。

(13) 复制【图层 1】图层第 1 帧处的矩形图形，在【渐变透明】图层的第 16 帧处将复制图形粘贴到初始位置。

(14) 选中粘贴的图形，按下 F8 键，打开【转换为元件】对话框，如图 6-35 所示，在【类型】下拉列表中选择【图形】选项，单击【确定】按钮，转换为图形元件。

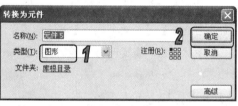

图 6-35　【转换为元件】对话框

提示

　　有关元件内容会在之后章节中介绍到，在这可以提前了解转换元件的方法。

(15) 在【渐变透明】图层的第 25 帧处插入关键帧，选中该帧处的图形元件，打开【属性】面板，单击【色彩效果】选项卡面板的【样式】按钮，在下拉列表中选择 Alpha 选项，在【Alpha 数量】文本框中输入数值 0，如图 6-36 所示。

(16) 创建【渐变透明】图层第 15 到 25 帧之间动作补间动画。

(17) 在【渐变透明】图层上方新建【马 6】图层，在该图层的第 26 帧处插入关键帧。

(18) 在【马 6】图层的第 26 帧处导入一个位图图像到设计区中，转换为矢量图像，调整图像至合适大小，将图像移至如图 6-37 所示的位置。

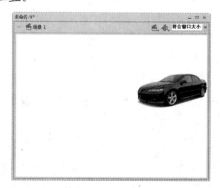

图 6-36　设置 Alpha 透明度　　　　　图 6-37　移动图像

(19) 复制图像，按下 Ctrl+Shift+V 键，将图像粘贴到初始位置，选择【修改】|【变形】|【垂直】命令，垂直翻转图像，选择【任意变形】工具，旋转图像，将图像移至如图 6-38 所示的位置。

(20) 选中粘贴的图像，按下 F8 键，打开【转换为元件】对话框，将图像转换为【图形】元件。

(21) 在【属性】面板中设置【图形】元件 Alpha 值为 30。选中两个图像，按下 Ctrl+G 键，组合图像，如图 6-39 所示。

图 6-38　移动图像　　　　　　　　　图 6-39　组合图像

(22) 在【马 6】图层的第 30 帧处插入关键帧，选择【任意变形】工具，按下 Shift 键，等比例缩放图像并移至如图 6-40 所示位置。

(23) 创建【马 6】图层第 25 到 30 帧之间动作补间动画。

(24) 在【马 6】图层的第 40 帧处插入帧。

(25) 新建【背景】图层，将该图层移至【马 6】图层下方。在第 25 帧处插入关键帧，导入一个背景图像到设计区中，选择【任意变形工具】，放大并旋转图像，拖动图像，将图像的一部分效果移至设计区中，如图 6-41 所示。在实际动画播放过程中，只会显示设计区中包含的内容。

图 6-40　移动对象　　　　　　　　　图 6-41　移动背景图像

(26) 在【马 6】图层上方新建一个【标语】图层，选择【文本】工具，输入文本内容，设置文本内容合适属性，如图 6-42 所示。

(27) 选中文本内容，将文本内容分离成图形。选中图形，按下 F8 键，打开【转换为元件】

对话框，将图形转换为【图形】元件，设置元件的 Alpha 值为 0。

(28) 在【标语】图层的第 38 帧处插入关键帧，设置元件的 Alpha 值为 100。

(29) 创建【标语】图层第 30 到 38 帧处动作补间动画。

(30) 分别在【标语】、【马 6】和【背景】图层的第 45 帧处插入帧，最后在【时间轴】面板中的显示如图 6-43 所示。

图 6-42　插入文本

图 6-43　【时间轴】面板显示

(31) 按下 Ctrl+Enter 键，测试动画效果，如图 6-44 所示。

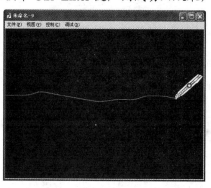

图 6-44　测试效果

(32) 保存文件为【马自达 6】。

⑥.5.2　制作处理器广告

新建一个文档，引用遮罩层，制作一个简单的处理器广告效果。

(1) 新建一个文档，设置文档的背景颜色为黑色。

(2) 选择【线条】工具，设置笔触大小为 1，笔触颜色为墨绿色，绘制水平方向和垂直方向的纵横线条，如图 6-45 所示。

(3) 新建【图层 2】图层，导入一个位图图像到【库】面板中，将图像移至设计区中，转换为矢量图形，调整图形至合适大小并移至如图 6-46 所示位置。

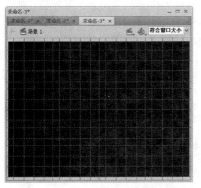

图 6-45　绘制纵横线条　　　　　　　　　　图 6-46　移动图像

(4) 复制图形，按下 Ctrl+Shift+V 键，将复制的图形粘贴到初始位置。选择【任意变形】工具，水平方向倾斜图形并缩小图形，然后按下 F8 键，打开【转换为元件】对话框，将图形转换为【图形】元件，设置 Alpha 值为 80。

(5) 右击【图形】元件，在弹出的快捷菜单中选择【排列】|【下移一层】命令，然后将元件移至如图 6-47 所示位置，形成图形的斜影效果。

(6) 在【图层 1】和【图层 2】图层的第 20 帧处插入帧。

(7) 新建【图层 3】图层，选择【铅笔】工具，设置笔触大小为 5，笔触颜色为翠绿色，绘制如图 6-48 所示的图形。

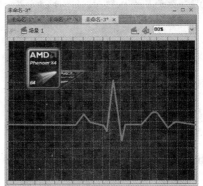

图 6-47　斜影效果　　　　　　　　　　图 6-48　绘制图形

(8) 在【图层 3】图层的第 20 帧处插入帧。新建【图层 4】图层，选择【矩形】工具，绘制矩形图形，删除矩形图形笔触，组合矩形图形，将矩形图形移至设计区外，紧邻设计区左侧边界位置，如图 6-49 所示。

(9) 在【图层 4】图层的第 20 帧处插入关键帧，按下 Shift 键，将矩形图形水平移至设计区外，紧邻设计区右侧边界位置。

(10) 创建【图层 4】图层的 1 到 20 帧之间动作补间动画。

(11) 右击【图层 4】图层，在弹出的快捷菜单中选择【遮罩层】命令，创建遮罩层。

(12) 新建【图层】5 图层，选择【文本】工具，输入文本内容，设置文本内容合适属性和样式，如图 6-50 所示。

计算机 基础与实训教材系列

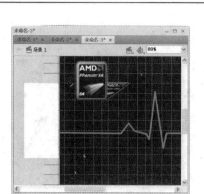

图 6-49　移动矩形图形

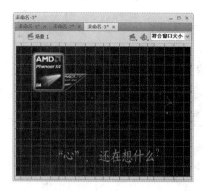

图 6-50　插入文本

(13) 按下 Ctrl+Enter 键，测试动画效果，如图 6-51 所示。

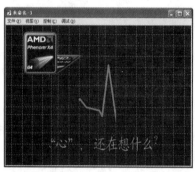

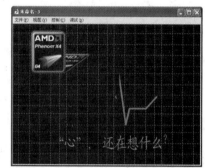

图 6-51　测试效果

(14) 保存文件为【AMD 处理器】。

6.6　习题

1. Flash CS4 中的帧有哪几种类型？各有什么作用？
2. 为了使遮罩层能够同时遮罩多个图层，通过哪些方法可以实现？
3. 使用引导层，创建毛笔字书写动画。
4. 使用遮罩层，创建放大镜动画效果。

第7章

使用元件、实例和库

学习目标

　　元件是 Flash 中一个非常重要的概念，在动画制作过程中，经常需要重复使用一些特定的动画元素，可以将这些元素转换为元件，就可以在动画中多次调用。实例是指在舞台上或者嵌套在另一个元件内部的元件副本，可以对实例的颜色、大小和功能进行编辑而不会影响元件本身的属性。元件被放置在【库】面板中，可以将不同文档中的元件作为共享资源，在编辑其他文档时，可以根据需要调用文档中的元件。另外，使用元件制作动画，可以加快影片在网络中的载入速度。

本章重点

- ◉　使用元件
- ◉　使用实例
- ◉　【动画编辑器】面板
- ◉　【动画预设】面板
- ◉　3D 工具
- ◉　Deco 工具
- ◉　使用库

7.1　使用元件

　　元件是存放在库中可被重复使用的图形、按钮或者动画。在 Flash CS4 中，元件是构成动画的基础，凡是使用 Flash 创建的一切功能，都可以通过某个或多个元件来实现。可以通过舞台上选定的对象来创建一个元件，也可以创建一个空元件，然后在元件编辑模式下制作或导入内容。

7.1.1 元件的类型

在 Flash CS4 中，每个元件都具有唯一的时间轴、舞台及图层。在创建元件时首先需要选择元件的类型，元件类型将决定元件的使用方法。

选择【插入】|【新建元件】命令，或按下 Ctrl+F8 键，打开【创建新元件】对话框，如图 7-1 所示，单击【高级】按钮，可以展开对话框，如图 7-2 所示。

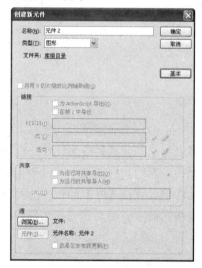

图 7-1　【创建新元件】对话框　　　　图 7-2　展开对话框

在【创建新元件】对话框中的【类型】下拉列表中可以选择创建的元件类型，可以选择【影片剪辑】、【图形】和【按钮】3 种类型元件，这 3 种类型元件的具体作用如下。

- 【影片剪辑】元件：【影片剪辑】元件是 Flash 影片中一个非常重要的角色，它可以是一段动画，事实上大部分的 Flash 影片都是由许多独立的影片剪辑元件实例组成的。影片剪辑元件拥有绝对独立的多帧时间轴，可以不受场景和主时间轴的影响。【影片剪辑】元件的图标为。

- 【按钮】元件：使用【按钮】元件可以在影片中创建响应鼠标单击、滑过或其他动作的交互式按钮，它包括了【弹起】、【指针经过】、【按下】和【点击】4 种状态，每种状态上都可以创建不同内容，并定义与各种按钮状态相关联的图形，然后指定按钮实例的动作。【按钮】元件的另一个特点是每个显示状态均可以通过声音或图形来显示，从而构成一个简单的交互性动画。【按钮】元件的图标为。

- 【图形】元件：对于静态图像可以使用【图形】元件，并可以创建几个链接到主影片时间轴上的可重用动画片段。【图形】元件与影片的时间轴同步运行，交互式控件和声音不能在【图形】元件的动画序列中起作用。【图形】元件的图标为。

在展开的【创建新元件】对话框中，可以设置元件的链接和源信息等内容。

此外，在 Flash CS4 中还有一种特殊的元件，即【字体】元件。使用【字体】元件后，即使在计算机没有安装所需字体的情况下，也可以正确显示文本内容，因为 Flash 会将所有字体信息通过【字体】元件存储在 SWF 文件中。【字体】元件的图标为A。

  只有在使用动态文本或输入文本时才需要通过【字体】元件嵌入字体；如果使用静态文本，则不必通过【字体】元件嵌入字体。

⑦.1.2 创建元件

  创建元件的方法有两种，一种是直接新建一个空元件，然后在元件编辑模式下创建元件内容；另一种是将设计区中的某个元素转换为元件，这一方法在前面一章的上机练习中已经有所介绍，下面将具体介绍创建 3 种类型元件的方法。

1. 创建【图形】元件

  选择【插入】|【新建元件】命令，打开【创建新元件】对话框，在【类型】下拉列表中选择【图形】选项，单击【确定】按钮，打开元件编辑模式，在该模式下进行元件制作，可以将位图或者矢量图导入到舞台中转换为【图形】元件，也可以使用工具箱中的各种绘图工具绘制图形再将其转换为【图形】元件。单击设计区窗口的场景按钮，可以返回场景，也可以单击后退按钮，返回到上一层模式。在【图形】元件中，还可以继续创建其他类型的元件。

  创建的【图形】元件会自动保存在【库】面板中，选择【窗口】|【库】命令，打开【库】面板，在该面板中显示了创建的【图形】元件，如图 7-3 所示。

图 7-3 显示【图形】元件

  提示

  【图形】元件的时间轴与主时间轴密切相关，只有当主时间轴工作时，【图形】元件的时间轴才能随之工作。

2. 创建【影片剪辑】元件

  【影片剪辑】元件可以是一个动画，它拥有独立的时间轴，并且可以在该元件中创建按钮、

计算机 基础与实训教材系列

图形甚至其他影片剪辑元件。创建【影片剪辑】元件的方法与【图形】元件方法类似，下面将通过一个简单的实例，来详细介绍在【影片剪辑】元件中创建动画的方法。

【例 7-1】新建一个文档，创建【影片剪辑】元件动画。

(1) 新建一个文档，选择【插入】|【新建元件】命令，打开【创建新元件】对话框，在【名称】文本框中输入元件名称"卡片"，在【类型】下拉列表中选择【影片剪辑】选项，单击【确定】按钮，打开元件编辑模式。

(2) 选择【文件】|【导入】|【导入到库】命令，导入两个位图图像到【库】面板中，拖动一个位图图像到设计区中，如图 7-4 所示，在【属性】面板中设置 x 和 y 轴坐标位置。

(3) 在元件编辑模式的第 4 帧处插入关键帧，删除该帧处的图像，将【库】面板中的另一个图像拖动到设计区中，在【属性】面板中设置与第 1 帧处图像相同的坐标位置，如图 7-5 所示。

图 7-4　拖动图像到设计区中

图 7-5　设置坐标位置

(4) 返回场景，导入一个背景图像到设计区中，在【图层 1】图层的第 10 帧处插入帧。

(5) 新建【图层 2】图层，打开【库】面板，将创建的【卡片】影片剪辑元件拖动到设计区中，选择【任意变形】工具旋转并调整元件位置，如图 7-6 所示。

(6) 在【图层 2】图层的第 10 帧处插入关键帧，将该帧处的对象向左上方移动一定的位置，然后创建该图层第 1 到 10 帧之间动作补间动画。

(7) 按下 Ctrl+Enter 键，测试动画效果，如图 7-7 所示。

图 7-6　将【影片剪辑】元件拖动至设计区

图 7-7　测试效果

(8) 保存文件为【影片剪辑元件】。

3. 创建【按钮】元件

【按钮】元件是一个包含 4 个帧的交互影片剪辑，选择【插入】|【新建元件】命令，打开【创建新元件】对话框，在【类型】下拉列表中选择【按钮】选项，单击【确定】按钮，打开元件编辑模式。【按钮】元件编辑模式中的【时间轴】面板显示如图 7-8 所示。

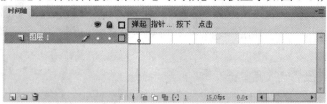

图 7-8 【按钮】元件编辑模式的【时间轴】面板

在【按钮】元件编辑模式中的【时间轴】面板中显示了【弹起】、【指针】、【按下】和【点击】4 个帧，每一帧都对应了一种按钮状态，这 4 个帧的具体功能如下。

- ◉ 【弹起】帧：代表指针没有经过按钮时该按钮的外观。
- ◉ 【指针经过】帧：代表指针经过按钮时该按钮的外观。
- ◉ 【按下】帧：代表单击按钮时该按钮的外观。
- ◉ 【点击】帧：定义响应鼠标单击的区域。该区域中的对象在最终的 SWF 文件中不被显示。

要制作一个完整的按钮元件，可以分别定义这 4 种按钮状态，也可以只定义【弹起】帧按钮状态，但只能创建静态的按钮。

【例 7-2】新建一个文档，创建【按钮】元件。

(1) 新建一个文档，选择【插入】|【新建元件】命令，打开【创建新元件】对话框，在【类型】下拉列表中选择【按钮】选项，单击【确定】按钮，打开元件编辑模式。

(2) 导入一个位图图像到【库】面板中，将图像拖至设计区中，转换为矢量图形，组合图形，如图 7-9 所示。

(3) 右击【时间轴】面板中的【指针】帧，在弹出的快捷菜单中选择【插入关键帧】命令，插入关键帧。

(4) 选中【指针】帧上的图形，按下 F8 键，打开【转换为元件】对话框，如图 7-10 所示。在【类型】下拉列表中选择【影片剪辑】选项，单击【确定】按钮，转换为【影片剪辑】元件。

图 7-9 导入图像

图 7-10 【转换为元件】对话框

(5) 双击【影片剪辑】元件，打开元件编辑模式，将图形转换为【图形】元件。在第 8 帧和第 16 帧处插入关键帧。

(6) 选中第 8 帧处的【图形】元件，打开【属性】面板，设置 Alpha 值为 0。

(7) 创建 1 到 8 帧、8 到 16 帧之间动作补间动画。

(8) 单击设计区窗口左上角的返回按钮，切换到【影片剪辑】元件编辑模式。在【按下】帧位置插入关键帧，选中图形，选择【任意变形】工具，按下 Shift 键，等比例缩放图形，如图 7-11 所示。

(9) 在【点击】帧位置插入帧。

(10) 返回场景，导入一个图像到设计区中，调整图像至合适大小。

(11) 新建【图层 2】图层，选择【矩形】工具，绘制一个矩形图形，删除矩形图形笔触。选择【文本】工具，输入文本内容"进入两厢 307 交流"，设置文本合适属性并移至矩形图形上方，如图 7-12 所示。

图 7-11　缩放图形　　　　　　　　　　图 7-12　插入文本

(12) 新建【图层 2】图层，打开【库】面板，将创建的【按钮】元件拖至设计区中的合适位置，如图 7-13 所示。

(13) 按下 Ctrl+Enter 键，测试动画效果，如图 7-14 所示。

图 7-13　将【按钮】元件拖至合适位置　　　　图 7-14　测试效果

(14) 保存文件为【标致按钮元件】。

4. 创建字体元件

【字体】元件的创建方法比较特殊，选择【窗口】|【库】命令，打开当前文档的【库】面板，单击【库】面板右上角的 按钮，在弹出的【库面板】菜单中选择【新建字型】命令，如图 7-15 所示，打开【字体元件属性】对话框，如图 7-16 所示。

图 7-15　选择【新建字型】命令　　　　　图 7-16　【字体元件属性】对话框

在【字体元件属性】对话框的【名称】文本框中可以输入字体元件的名称；在【字体】下拉列表框中可以选择需要嵌入的字体，或者将该字体的名称输入到该下拉列表框中；如果要对字体应用样式，可以选中【粗体】、【斜体】或【锯齿文本】复选框；在【大小】文本框中可以输入要嵌入的字体大小，最后单击【确定】按钮，应用更改并返回文档，此时字体元件会出现在当前文档的【库】面板中。当将某种字体嵌入到库中之后，就可以将它用于舞台上的文本字段了。

5. 将元素转换为元件

如果设计区中的元素需要反复使用，可以将它直接转换为元件，保存在【库】面板中，方便以后调用。要将元素转换为元件，可以采用下列操作方法之一。

- 选中设计区的元素，选择【修改】|【转换为元件】命令，打开【转换为元件】对话框，然后转换为元件。
- 在设计区选中元素，然后将对象拖动到【库】面板中，打开【转换为元件】对话框，然后转换为元件。
- 右击设计区中的元素，从弹出的快捷菜单中选择【转换为元件】命令，打开【转换为元件】对话框，然后转换为元件。

有关【转换为元件】对话框中的设置方法可以参考【创建新元件】对话框的设置。

6. 将动画转换为【影片剪辑】元件

在制作一些较为大型的 Flash 动画时，不仅仅是设计区中的元素，很多动画效果也需要重复使用。由于影片剪辑拥有独立的时间轴，可以不依赖主时间轴而独立播放运行，因此可以将主时间轴中的内容转化到影片剪辑中，也就是说将主时间轴上的动画转化到【影片剪辑】元件中，方便反复调用。

在 Flash CS4 中是不能直接将动画转换为【影片剪辑】元件的，可以参考前面章节中介绍的复制图层方法，将动画转换为【影片剪辑】元件。

打开一个文档，如图 7-17 所示。选中最顶层图层的第 1 帧，按下 Shift 键，选中最底层图层的最后一帧，将时间轴上所有要转换的帧选中，如图 7-18 所示。

图 7-17　打开文档

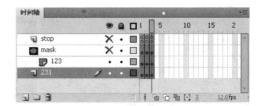

图 7-18　选中所有帧

右击选中帧中的任何一帧，从弹出的菜单中选择【复制帧】命令，复制帧。选择【插入】|【新建元件】命令打开【创建新元件】对话框，创建【影片剪辑】元件。右击元件编辑模式中的第 1 帧，弹出的菜单中选择【粘贴帧】命令，此时将把从主时间轴复制的帧粘贴到该影片剪辑的时间轴中，如图 7-19 所示。

返回场景，此时动画已经转换到【影片剪辑】元件中，在【库】面板中会显示元件，如图 7-20 所示。

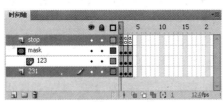

图 7-19　粘贴帧

图 7-20　显示元件

7.1.3　复制元件

复制元件优点在于可以重新编辑复制的元件，而不影响到其他元件的属性。在制作 Flash 动画时，有时希望仅仅修改单个实例中元件的属性而不影响其他实例或原始元件，此时就需要用到直接复制元件功能。通过直接复制元件，可以使用现有的元件作为创建新元件的起点，来创建具有不同外观的各种版本的元件。

打开【库】面板，选中要直接复制的元件，右击该元件，在弹出的快捷菜单中选择【直接复制】命令或者单击【库】面板右上角的 按钮，在弹出的【库面板】菜单中选择【直接复制】命令，打开的【直接复制元件】对话框如图 7-21 所示。

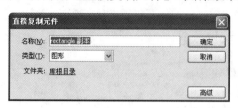

图 7-21　【直接复制元件】对话框

> **提示**
>
> 复制元件和直接复制元件是两个完全不同的概念：复制元件是将元件复制一份相同的元件，修改一个元件的同时，另一个元件也会产生相同的改变；而直接复制元件是以当前元件为基础，创建一个独立的新元件，不论修改哪个元件，另一个元件都不会发生改变。

7.1.4　编辑元件

创建元件后，可以选择【编辑】|【编辑元件】命令，在元件编辑模式下编辑该元件；也可以选择【编辑】|【在当前位置编辑】命令，在设计区中编辑该元件；或者直接双击该元件进入该元件的编辑模式。右击创建的元件后，在弹出的快捷菜单中可以选择更多的编辑方式和编辑内容。

在对某个元件进行编辑操作后，Flash 会更新当前文档中该元件的所有实例。编辑元件主要有以下几种方法。

- ◉ 使用【在当前位置编辑】命令在设计区中与其他对象一起进行编辑。其他对象以灰显方式出现，从而将它们和正在编辑的元件区别开来。正在编辑的元件的名称显示在舞台顶部的编辑栏内，位于当前场景名称的右侧。
- ◉ 使用【在新窗口中编辑】命令在单独的窗口中编辑元件，可以同时看到该元件和主时间轴。正在编辑的元件的名称会显示在舞台顶部的编辑栏内。
- ◉ 使用元件编辑模式，可将窗口从舞台视图更改为只显示该元件的单独视图来进行编辑。正在编辑的元件的名称会显示在舞台顶部的编辑栏内，位于当前场景名称的右侧。

1. 在当前位置编辑元件

在当前位置编辑元件，可以在编辑元件的过程中，更加方便地参照其他对象在舞台中的相对位置。要在当前位置编辑元件，可以在舞台上双击元件的一个实例；或者在舞台上选择元件的一个实例，右击后在弹出的快捷菜单中选择【在当前位置编辑】命令；或者在舞台上选择元件的一个实例，然后选择【编辑】|【在当前位置编辑】命令，进入元件的编辑状态，如图 7-22 所示。如果要更改注册点，可以在舞台上拖动该元件，拖动时十字光标+表明注册点的位置。

计算机基础与实训教材系列

2. 在新窗口中编辑元件

要在新窗口中编辑元件，可以右击设计区中的元件，在弹出的快捷菜单中选择【在新窗口中编辑】命令，直接打开一个新窗口，并进入元件的编辑状态，如图 7-23 所示。

图 7-22　在当前位置编辑元件

图 7-23　在新窗口中编辑元件

3. 在元件编辑模式下编辑元件

要选择在元件编辑模式下编辑元件可以通过以下多种方式来实现：

- ◉　双击【库】面板中的元件图标。
- ◉　在【库】面板中选择该元件，单击【库】面板右上角的 ▾≡按钮，在打开的【库面板】菜单中选择【编辑】命令。
- ◉　在【库】面板中右击该元件，从弹出的快捷菜单中选择【编辑】命令。
- ◉　在舞台上选择该元件的一个实例，右击后从弹出的快捷菜单中选择【编辑】命令。
- ◉　在舞台上选择该元件的一个实例，然后选择【编辑】|【编辑元件】命令。

在执行了上述的任一操作后，即可进入元件编辑模式，对元件进行编辑操作。

4. 退出编辑状态

要退出元件的编辑模式并返回到文档编辑状态，可以进行以下的操作：

- ◉　单击设计区左上角的【返回】◄█按钮，返回上一层编辑模式。
- ◉　单击设计区左上角的场景按钮█，返回场景，如图 7-24 所示。

◄▢　█场景 1　👆元件 1　▢元件 2

图 7-24　设计区左上角编辑区域

- ◉　选择【编辑】|【编辑文档】命令，
- ◉　在元件的编辑模式下，双击元件内容以外的空白处。

 提示------------------------

　如果在新窗口中编辑元件的，可以直接切换到文档窗口或关闭新窗口。

⑦.2　使用实例

实例是元件在舞台中的具体表现，创建实例就是将元件从【库】面板中拖到舞台中的过程。例如，在【库】面板中有一个影片剪辑元件，如果将这个影片剪辑拖到设计区中，那么设计区中的影片剪辑就是一个实例。此外，可以根据需要对创建的实例进行修改，从而得到依赖于该元件的其他效果。

⑦.2.1　创建实例

创建实例的方法在前文中已经介绍，选择【窗口】|【库】命令，打开【库】面板，将【库】面板中的元件拖动到设计区中即可。实例只能放在关键帧中，并且实例总是显示在当前图层上。如果没有选择关键帧，则实例将被添加到当前帧左侧的第 1 个关键帧上。

创建实例后，系统都会指定一个默认的实例名称，如果需要为影片剪辑元件实例指定实例名称，可以打开【属性】面板，在【实例名称】文本框中输入该实例的名称即可，如图 7-25 所示。

如果是【图形】实例，不能在【属性】面板中命名实例名称，可以双击【库】面板中的元件名称，然后修改名称，再创建实例。但在【图形】实例的【属性】面板中可以设置实例的大小、位置等属性，单击【样式】按钮，在下拉列表中可以设置【图形】实例的透明度、亮度等属性，如图 7-26 所示。

图 7-25　【影片剪辑】实例【属性】面板

图 7-26　【图形】实例【属性】面板

⑦.2.2　交换实例

在创建元件的不同实例后，可以对这些元件实例进行交换，使选定的实例变为另一个元件的实例。交换元件实例后，原有实例所作的改变(如颜色、大小、旋转等)会自动应用于交换后的元件实例，而且并不会影响【库】面板中的原有元件以及元件的其他实例。

选中设计区中的一个【影片剪辑】实例，选择【修改】|【元件】|【交换元件】命令，打开

【交换元件】对话框，如图 7-27 所示。

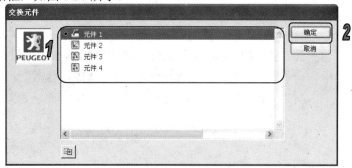

图 7-27   【交换元件】对话框

在【交换元件】对话框中，显示了当前文档创建的所有元件，可以选中要交换的元件，然后单击【确定】按钮，即可为实例指定另一个元件，并且设计区中的元件实例将自动替换为选中的元件。

 提示 ···

　　单击【交换元件】对话框中的【直接复制元件】按钮，可以以当前选中的元件为基础创建一个新的元件。

⑦.2.3　改变实例类型

实例的类型也可以相互转换。例如，可以将一个【图形】实例转换为【影片剪辑】实例，或将一个【影片剪辑】实例转换为【按钮】实例，可以通过改变实例类型来重新定义它的动画中的行为。

要改变实例类型，选中某个实例，打开【属性】面板，单击【实例类型】按钮，在弹出的下拉菜单中选择要改变的实例类型。

⑦.2.4　分离实例

要断开实例与元件之间的链接，并把实例放入未组合图形和线条的集合中，可以在选中舞台实例后，选择【修改】|【分离】命令，把实例分离成图形元素，然后再使用编辑工具，根据需要修改编辑元件并且不会影响到其他应用的元件实例。

⑦.2.5　查看实例信息

在动画制作过程中，特别是在处理同一元件的多个实例时，识别舞台上特定的实例是很困难的。可以在【属性】面板、【信息】面板或【影片浏览器】面板中进行识别，具体操作方法如下。

- 在【属性】面板中，可以查看实例的类型和设置。对于所有实例类型，都可以查看其颜色设置、位置、大小和注册点；对于图形，可以查看其循环模式等；对于按钮元件，可以查看其实例名称和跟踪选项；对于影片剪辑，可以查看实例名称。
- 在【信息】面板中，可以查看选定实例的位置、大小及注册点，如图 7-28 所示。
- 在【影片浏览器】面板中，可以查看当前影片的内容，包括实例和元件，如图 7-29 所示。

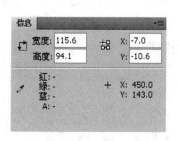

图 7-28　【信息】面板

图 7-29　【影片浏览器】面板

7.2.6　设置实例属性

不同元件类型的实例，都有各自的属性，了解这些实例的属性设置，可以创建一些简单的动画效果，可以通过【属性】面板实现实例的属性设置。

1. 设置【图形】实例属性

选中设计区中的【图形】实例，打开【属性】面板，在该面板中显示了【位置和大小】、【色彩效果】和【循环】3 个选项卡，如图 7-30 所示。有关【图形】实例【属性】面板的主要参数选项的具体作用如下。

- 【位置和大小】：可以设置【图形】实例的 x 和 y 轴坐标位置以及实例大小。
- 【色彩效果】：可以设置【图形】实例的透明度、亮度、色调等色彩效果。
- 【循环】：可以设置【图形】实例的循环方式和循环起始帧。

2. 设置【影片剪辑】实例属性

选中设计区中的【影片剪辑】实例，打开【属性】面板，在该面板中显示了【位置和大小】、【3D 定位和查看】、【色彩效果】、【显示】和【滤镜】5 个选项卡，如图 7-31 所示。

图 7-30 【图形】实例【属性】面板　　图 7-31 【影片剪辑】实例【属性】面板

有关【影片剪辑】实例【属性】面板的主要参数选项的具体作用如下。

⊙ 【位置和大小】：可以设置【影片剪辑】实例的 x 和 y 轴坐标位置以及实例大小。

⊙ 【3D 定位和查看】：可以设置【影片剪辑】实例的 z 轴坐标位置，z 轴是在三维空间中的一个坐标轴，还可以设置【影片剪辑】实例在三维空间中的透视角度和消失点。

⊙ 【色彩效果】：可以设置【影片剪辑】实例的透明度、亮度、色调等色彩效果。

⊙ 【显示】：可以设置【影片剪辑】实例的显示效果，例如强光、反相、变色等效果。

⊙ 【滤镜】：可以设置【影片剪辑】实例的滤镜效果，有关添加滤镜效果的方法可以参考前文 3.4.1【添加文本滤镜】和 3.4.2【设置滤镜效果】小节中相关内容。

3. 设置【按钮】实例属性

选中设计区中的【按钮】实例，打开【属性】面板，在该面板中显示了【位置和大小】、【色彩效果】、【显示】、【音轨】和【滤镜】5 个选项卡，如图 7-32 所示。有关【按钮】实例【属性】面板的主要参数选项的具体作用如下。

⊙ 【位置和大小】：可以设置【按钮】实例的 x 和 y 轴坐标位置以及实例大小。

⊙ 【色彩效果】：可以设置【按钮】实例的透明度、亮度、色调等色彩效果。

⊙ 【显示】：可以设置【按钮】实例的显示效果。

⊙ 【音轨】：可以设置【按钮】实例的音轨效果，可以设置作为按钮音轨或作为菜单项音轨。

⊙ 【滤镜】：可以设置【按钮】实例的滤镜效果。

提示

　　有关【按钮】元件音轨的设置，必须在元件中添加音效。

图 7-32 【按钮】实例【属性】面板

7.2 【动画编辑器】和【动画预设】面板

【动画编辑器】和【动画预设】面板是 Flash CS4 中新增的两个面板。使用【动画编辑器】面板可以对每个关键帧的参数，例如包括旋转、大小、缩放、位置、滤镜等进行完全单独的控制，并且可以使用关键帧编辑器借助曲线以图形化方式控制缓动。使用【动画预设】面板，可以对所有对象应用预置的动画效果，从而节省创建动画的时间。

7.3.1 【动画编辑器】面板

通过【动画编辑器】面板，可以查看所有补间属性及其属性关键帧，还提供了向补间添加精度和详细信息的工具。在时间轴中创建补间动画后，在【动画编辑器】面板中可以通过多种不同的方式来控制补间。

1. 【动画编辑器】面板作用

在设计区中某图层的第 1 帧处创建一个【图形】实例，在第 10 帧处插入关键帧，右击 1 到 10 帧之间任意一帧，在弹出的快捷菜单中选择【创建补间动画】命令，创建补间动画，然后选择【窗口】|【动画编辑器】面板，打开【动画编辑器】面板，如图 7-33 所示。

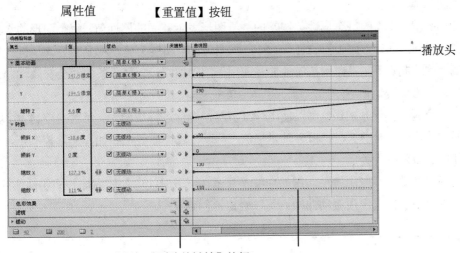

图 7-33 【动画编辑器】面板

有关【动画编辑器】面板的作用如下。

- ◉ 设置属性关键帧的属性值。
- ◉ 添加或删除属性关键帧的属性。
- ◉ 移动属性关键帧到补间内的其他帧。

- ⊙ 将属性曲线从 个属性复制并粘贴到另一个属性。
- ⊙ 翻转各属性的关键帧。
- ⊙ 重置各属性或属性类别。
- ⊙ 使用贝赛尔控件对大多数单个属性的补间曲线的形状进行微调。
- ⊙ 添加或删除滤镜或色彩效果并调整其设置。
- ⊙ 向各个属性和属性类别添加不同的预设缓动。
- ⊙ 创建自定义缓动曲线。
- ⊙ 将自定义缓动添加到各个补间属性和属性组中。
- ⊙ 对 X、Y 和 Z 属性的各个属性关键帧启用浮动。通过浮动，可以将属性关键帧移动到不同的帧或在各个帧之间移动以创建流畅的动画。

2. 【动画编辑器】面板基本操作

创建补间动画后，可以在【动画编辑器】面板中具体设置补间动画属性帧的属性，有关该面板中的基本操作方法如下。

- ⊙ 选择时间轴中的补间范围、补间对象或运动路径，【动画编辑器】面板会显示该补间的属性曲线。动画编辑器将在网格上显示属性曲线，该网格表示发生选定补间的时间轴的各个帧。在时间轴和动画编辑器中，播放头将始终出现在同一帧编号中。
- ⊙ 右击【属性曲线区域】中的曲线，在弹出的空间菜单中选择【添加关键帧】命令，添加属性关键帧。
- ⊙ 【动画编辑器】的每个属性关键帧的二维图形表示补间的属性值，每个图形的水平方向表示时间，垂直方向表示属性值。特定属性的每个属性关键帧将显示为该属性的属性曲线上的控制点。如果向一条属性曲线应用了缓动曲线，则另一条曲线会在属性曲线区域中显示为虚线，该虚线显示缓动对属性值的影响。
- ⊙ 要调整属性关键帧曲线，可以使用标准贝赛尔控件进行微调，从而精确控制大多数属性曲线的形状。对于 X、Y 和 Z 轴坐标值，可以在属性曲线上添加和删除控制点，但不能使用贝塞尔控件处理。
- ⊙ 对任何属性曲线应用缓动，缓动曲线是显示在一段时间内如何内插补间属性值的曲线。通过对属性曲线应用缓动曲线，可以轻松地创建复杂动画。

 提示

> 有些属性具有最小值或最大值范围，例如 Alpha 透明度(0-100%)。具备这些属性的图形不能设置可接受范围外的值。

3. 使用属性关键帧

通过给每个图形添加、删除和编辑属性关键帧，可以编辑属性曲线的形状，有关属性关键帧的操作方法如下。

- 如果要向属性曲线添加属性关键帧，将播放头放在所需的帧中，然后在动画编辑器中单击属性的【添加或删除关键帧】按钮即可，也可以按下 Ctrl 键，单击要添加属性关键帧的帧中的图形。

- 右击属性曲线，在弹出的快捷菜单中选择【添加关键帧】命令。

- 如果要从属性曲线中删除某个属性关键帧，按下 Ctrl 键，单击属性曲线中该属性关键帧的控制点，也可以右击控制点，在弹出的快捷菜单中选择【删除关键帧】命令。

- 如果要在转角点模式与平滑点模式之间切换控制点，按下 Alt 键，单击控制点。

知识点

　　当某一控制点处于平滑点模式时，贝塞尔手柄将会显现并且属性曲线将作为平滑曲线经过该点；当控制点是转角点时，属性曲线在经过控制点时会形成拐角，但在转角点不显现贝赛尔手柄。

- 如果要将点设置为平滑点模式，可以右击控制点，在弹出的快捷菜单中选择【平滑点】、【平滑右】或【平滑左】命令。选择【转角点】命令，可以将点设置为转角点模式。

- 如果要将属性关键帧移动到不同的帧，直接拖动控制点至不同的帧即可。

- 如果要链接关联的 X 和 Y 属性，单击【链接 X 和 Y 属性值】按钮 。属性经过链接后，属性值将受到约束，在为任一链接属性输入值时能保持它们之间的比率。

4. 编辑属性曲线形状

　　在【动画编辑器】面板中，可以精确控制补间的每条属性曲线的形状(x、y 和 z 轴属性除外)。对于其他属性，可以使用标准贝塞尔控件编辑每个图形的曲线。使用这些控件与选择【选取】工具或【钢笔】工具编辑笔触的方法相似。向上移动曲线段或控制点可增加属性值，向下移动则减小属性值。

　　属性曲线的控制点可以是平滑或转角点，属性曲线在经过转角点时会形成夹角，经过平滑点时会形成平滑曲线，有关属性曲线的相关操作如下。

- 如果要更改两个控制点之间的曲线段的形状，可以直接拖动该线段，在拖动曲线段时，该线段每一端的控制点将变为选定状态。如果选定的控制点是平滑点，则将显示其贝赛尔手柄。

- 如果要将属性曲线重置为静态、非补间的属性值，右击属性图形区域，在弹出的快捷菜单中选择【重置属性】命令。

- 如果要将整个类别的属性重置为静态、非补间的属性值，直接单击该类别的【重置值】按钮 即可。

- 如果要翻转属性补间的方向，右击属性图形区域，在弹出的快捷菜单中选择【翻转关键帧】命令。

- 如果要将属性曲线从一个属性复制到另一个属性，右击属性图形区域，在弹出的快捷菜单中选择【复制曲线】命令，选择【粘贴曲线】命令可以将属性曲线粘贴到其他属性，也可以在自定义缓动之间以及自定义缓动与属性之间复制曲线。

【例 7-3】新建一个文档，创建补间动画，添加属性关键帧，在【动画编辑器】面板中设置每个属性关键帧的属性，创建动画。

(1) 新建一个文档，选择【文件】|【导入】|【导入到库】命令，导入一个位图图像到【库】面板中。

(2) 将图像从【库】面板拖动到设计区中，将位图图像转换为矢量图形。

(3) 选中矢量图形，选择【修改】|【转换为元件】命令，转换为【图形】元件。

(4) 新建【图层 2】图层，选择【文本】工具，输入文本内容 Freeari，分离文本内容，选中字母 e，复制字母，新建【图层 3】图层，将字母 e 粘贴到初始位置，如图 7-34 所示。

(5) 将【图层 1】图层移至最顶部，选择【任意变形】工具，旋转【图形】实例，并缩放至合适大小，移至如图 7-35 所示的位置。

图 7-34　粘贴字母　　　　　　　　　　　　图 7-35　调整实例

(6) 选中【图形】实例，在【图层 1】图层的第 35 帧处插入关键帧，右击 1 到 35 帧，在弹出的快捷菜单中选择【创建补间动画】命令，创建补间动画。

(7) 选中【图层 1】图层的第 7 帧，拖动该帧处的实例到如图 7-36 所示位置。在时间轴上会自动在第 7 帧处添加属性关键帧，如图 7-37 所示。

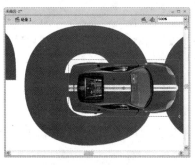
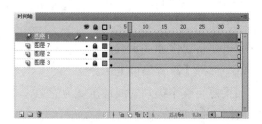

图 7-36　移动实例　　　　　　　　　　　　图 7-37　添加属性关键帧

(8) 参照步骤(6)，选中第 14 帧，旋转并移动实例到如图 7-38 所示位置。选中第 21 帧，旋转并移动实例到如图 7-39 所示位置。移动或旋转实例操作，也可以在【动画编辑器】面板中实现。

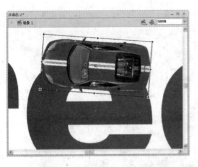

图 7-38 调整第 7 帧处实例　　　　　　图 7-39 调整第 14 帧处实例

(9) 重复操作，分别选中 21、28 和 34 帧，旋转并移动实例，最后显示的运动曲线如图 7-40 所示。

(10) 选择【选择】工具，调整运动曲线，如图 7-41 所示。

图 7-40 显示运动曲线　　　　　　　图 7-41 调整运动曲线

(11) 选中字母 e 所在图层，删除【图形】实例未经过的图形，例如选中第 15 帧，插入实例还未运动到的字母图形部分，如图 7-42 所示。然后在图层的第 50 帧处插入帧。

(12) 选中输入的字母所在图层，将第 1 帧处的关键帧移至第 36 帧位置，将字母图形转换为【图形】元件，设置 Alpha 值为 0。

(13) 在第 45 帧处插入关键帧，设置 Alpha 值为 100。

(14) 创建 36 到 45 帧之间动作补间动画，在第 50 帧处插入关键帧。

(15) 选择【修改】|【文档】命令，设置文档背景颜色为深灰色，如图 7-43 所示。

图 7-42 删除实例未经过图形　　　　　　图 7-43 设置文档背景颜色

(16) 按下 Ctrl+Enter 键，测试动画效果，如图 7-44 所示。

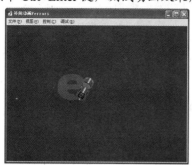

图 7-44　测试效果

(17) 保存文件为【补间动画 Freeari】。

⑦.3.2　【动画预设】面板

动画预设是指预先配置的补间动画，这些补间动画可直接应用到设计区中的对象上。动画预设是添加基础动画的快捷方法，可以在【动画预设】面板中选择并应用动画。

在【动画预设】面板中，可以创建并保存自定义的动画预设，还可以根据需要导入和导出动画预设。但动画预设只能包含补间动画，传统补间不能保存为动画预设。

1. 应用动画预设

选择在舞台上选中元件实例或文本字段，选择【窗口】|【动画预设】命令，打开【动画预设】对话框，如图 7-45 所示。单击【默认预设】文件夹名称前面的 ▶ 按钮，展开文件夹，在该文件夹中显示了系统默认的动画预设，选中任意一个动画预设，单击【应用】按钮，即可应用动画预设。

图 7-45　【动画预设】面板

提示

　　每个对象只能应用一个动画预设。如果将第二个动画预设应用于相同的对象，则第二个动画预设将替换第一个预设。

一旦将预设应用于设计区中的对象后，在时间轴中会自动创建补间动画，但与【动画预设】面板中的动画预设将断开链接关系，而且在【动画预设】面板中删除或重命名某个动画预设，对之前应用该预设创建的所有补间没有任何影响。如果在面板中的现有的动画预设上保存新预设，它对使用原始预设创建的任何补间动画同样没有影响。

　　每个动画预设都包含特定数量的帧。在应用预设时，帧的数量应符合时间轴中创建的补间范围。如果目标对象已应用了不同长度的补间，补间范围将进行调整，以符合动画预设的长度。可在应用预设后调整时间轴中补间范围的长度。

 提示 -----

　　如果要将应用在设计区上对象在当前位置结束，可以按下 Shift 键，然后单击【应用】按钮，或者右击应用的动画预设，在弹出的快捷菜单中选择【在当前位置结束】命令。只要每个选定帧中包含一个补间对象，就可以将动画预设应用于不同图层上的多个选定帧。

　　【例 7-4】新建一个文档，使用【动画预设】面板中的默认动画预设，创建补间动画效果。

　　(1) 新建一个文档，选择【文件】|【导入】|【导入到舞台】命令，导入图像到设计区中，调整图像至合适大小，如图 7-46 所示。

　　(2) 在【图层 1】图层下方新建【图层 2】图层，选择【矩形】工具，绘制一个矩形图形，删除矩形图形笔触，设置填充色为线性渐变色。

　　(3) 选中矩形图形，在【属性】面板中设置图形大小与设计区相同，x 和 y 轴数值为 0。选中【渐变变形】工具，调整矩形图形渐变色，如图 7-47 所示。

　　　　　图 7-46　调整图像　　　　　　　　　　图 7-47　调整渐变色

　　(4) 选择【窗口】|【动画预设】命令，打开【动画预设】面板，选中【脉搏】默认预设，单击【应用】按钮，应用动画预设，在时间轴上会自动创建补间动画。

　　(5) 可以选中【图层 1】图层中的补间动画中的属性关键帧，选择【任意变形】工具，适当地调整各属性关键帧大小。

　　(6) 新建【图层 3】图层，在第 25 帧处插入关键帧，选择【文本】工具，输入文本内容，设置文本内容合适属性，如图 7-48 所示。

　　(7) 选中文本内容，选择【修改】|【转换为元件】命令，将文本转换为【图形】元件。

　　(8) 选中【图形】元件，选择【动画预设】面板中默认预设中的【2D 放大】动画预设，单击【应用】按钮，应用动画预设。

　　(9) 在所有图层的第 50 帧处插入帧。

　　(10) 按下 Ctrl+Enter 键，测试动画效果，如图 7-49 所示。

图 7-48　插入文本　　　　　　　　　　　图 7-49　测试效果

(11) 保存文件为【应用动画预设】。

2. 保存动画预设

　　保存动画预设，可以将创建的补间动画保存为动画预设，也可以修改【动画预设】面板中应用的补间动画，再另存为新的动画预设。新预设将显示在【动画预设】面板中的【自定义预设】文件夹中。

　　要保存动画预设，首先设置时间轴中的补间动画范围、应用补间动画的对象或者运动路径，然后单击【动画预设】面板中的【将选区另存为预设】按钮 ，或者右击运动路径，在弹出的快捷菜单中选择【另存为动画预设】命令，打开【将预设另存为】对话框，如图 7-50 所示。在【预设名称】文本框中输入另存为动画预设的预设名称，单击【确定】按钮，即可保存动画预设。在【动画预设】面板中的【自定义预设】文件夹中显示，如图 7-51 所示。

图 7-50　【将预设另存为】对话框　　　　　图 7-51　显示保存预设

 知识点

　　保存、删除或重命名自定义预设操作是无法撤消的。

3. 导入和导出动画预设

【动画预设】面板中的预设还可以进行导入或导出操作。右击【动画预设】面板中的某个预设，在弹出的快捷菜单中选择【导出】命令，打开【另存为】对话框，在【保存类型】下拉列表中默认的保存预设文件后缀名为*.xml，如图 7-52 所示。在【文件名】文本框中可以输入导出的动画预设名称，单击【保存】按钮，完成导出动画预设操作。

要导入动画预设，选中【动画预设】面板中要导入预设的文件夹，然后单击【动画预设】面板右上角的 按钮，在菜单中选择【导入】命令，打开【打开】对话框，选中要导入的动画预设，单击【打开】按钮，导入到【动画预设】面板中，如图 7-53 所示。

图 7-52 【另存为】对话框

图 7-53 导入动画预设

4. 创建自定义动画预设预览

自定义的动画预设是不能在【动画预设】面板中预览的，但可以为所创建的自定义动画预设创建预览，通过将演示补间动画的 SWF 文件存储于动画预设 XML 文件所在的目录中，即可在【动画预设】面板中预览自定义动画预设。

创建补间动画，另存为自定义预设，选择【文件】|【发布】命令，从 FLA 文件创建 SWF 文件，将 SWF 文件拖动到已保存的自定义动画预设 XML 文件所在的目录中，默认的 XML 文件保存文件夹目录为：C:\Documents and Settings\<用户>\Local Settings\Application Data\Adobe\Flash CS4\<语言>\Configuration\Motion Presets\。

⑦.4 3D 变形工具和 Deco 工具

3D 变形工具和 Deco 工具 是 Flash CS4 中新增的工具，打开【工具】面板中可以显示这两个工具。使用 3D 变形工具可以在 3D 空间对 2D 对象进行动画处理。3D 变形工具包括【3D 旋转】工具 和【3D 平移】工具 ，可以在 x、y 和 z 轴上进行动画处理。Deco 工具 可以将元件转换为设计工具。

7.4.1 【3D 平移】工具

使用 3D 变形工具，可以在每个【影片剪辑】实例的属性中包括 z 轴来表示 3D 空间。使用【3D 平移】和【3D 旋转】工具可以沿着 z 轴移动和旋转【影片剪辑】实例，还可以在【影片剪辑】实例中添加 3D 透视效果。而且使用【3D 平移】工具可以在 3D 空间内移动【影片剪辑】实例。

1. 使用【3D 平移】工具

选择【3D 平移】工具，选择【影片剪辑】实例，实例的 x、y 和 z 轴将显示在对象的顶部，如图 7-54 所示。x 轴显示为红色、y 轴显示为绿色、z 轴显示为蓝色。

【3D 平移】工具的默认模式是全局模式。在全局 3D 空间中移动对象与相对设计区中移动对象等效。在局部 3D 空间中移动对象与相对影片剪辑移动对象等效。选择【3D 平移】工具后，单击【工具】面板【选项】部分中的【全局】切换按钮，可以切换全局/局部模式。再按下 D 键，选择【3D 平移】工具可以临时从全局模式切换到局部模式。

2. 在 3D 空间中移动对象

选择【3D 平移】工具选中对象后，可以拖动 x、y 和 z 轴来移动对象，也可以打开【属性】面板，设置 x、y 和 z 轴数值来移动对象。

在 3D 空间中移动对象的具体方法如下。

◉ 拖动移动对象：选中实例的 x、y 或 z 轴控件，x 和 y 轴控件是轴上的箭头。按控件箭头的方向拖动，可以沿所选轴方向移动对象。z 轴控件是影片剪辑中间的黑点。上下拖动 z 轴控件可在 z 轴上移动对象。如图 7-55 所示，是在 z 轴方向上拖动对象，进行移动操作。

图 7-54 使用【3D 平移】工具　　　　　图 7-55 在 z 轴方向移动对象

◉ 使用【属性】面板移动对象：打开【属性】面板，单击【3D 定位和查看】选项卡，打开该选项卡，如图 7-56 所示，在 x、y 或 z 轴输入坐标位置数值即可。

图 7-56 【3D 定位和查看】选项卡

选中多个对象后，如果选择【3D 平移】工具移动某个对象，其他对象将以移动对象的相同方向移动。在全局和局部模式中移动多个对象的方法如下。

- 在全局模式 3D 空间中以相同方式移动多个对象，拖动轴控件移动一个对象，其他对象同时移动。按下 Shift 键，双击其中一个选中对象，可以将轴控件移动到多个对象的中间位置。
- 在局部模式 3D 空间中以相同方式移动多个对象，拖动轴控件移动一个对象，其他对象同时移动。按下 Shift 键，双击其中一个选中对象，可以将轴控件移动到该对象上。

 知识点

双击 z 轴控件，也可以将轴控件移动到多个所选对象的中间。

⑦.4.2 【3D 旋转】工具

使用【3D 旋转】工具，可以在 3D 空间移动对象，使对象能显示某一立体方向角度，【3D 旋转】工具是绕对象的 z 轴进行旋转的。

1. 使用【3D 旋转】工具

使用【3D 旋转】工具，可以在 3D 空间中旋转【影片剪辑】实例。选择【3D 旋转】工具，选中设计区中的【影片剪辑】实例，3D 旋转控件会显示在选定对象上方，如图 7-57 所示。x 轴控件显示为红色、y 轴控件显示为绿色、z 轴控件显示为蓝色。使用橙色自由旋转控件，可以使实例同时围绕 x 和 y 轴方向旋转。

【3D 旋转】工具的默认模式为全局模式，在全局模式 3D 空间中旋转对象与相对舞台移动对象等效。在局部 3D 空间中旋转对象与相对影片剪辑移动对象等效。若要在全局模式和局部模式之间切换【3D 旋转】工具，可以单击【工具】面板的【选项】部分中的【全局】按钮进行切换，也可以在使用【3D 旋转】工具的同时按下 D 键，可以临时从全局模式切换到局部模式。

2. 在 3D 空间中旋转对象

选择【3D 旋转】工具 ，选中一个【影片剪辑】实例，3D 旋转控件会显示在选定对象上方。如果这些控件出现在其他位置，可以双击控件的中心点以将其移动到选定的对象。有关旋转对象的方法如下。

- 选择在一个旋转轴控件，拖动一个轴控件，可以以绕该轴方向旋转对象，或拖动自由旋转控件(外侧橙色圈)同时在 x 和 y 轴方向旋转对象，如图 7-58 所示。

图 7-57　使用【3D 旋转】工具　　　　图 7-58　在 x 和 y 轴方向旋转对象

- 左右拖动 x 轴控件，可以绕 x 轴方向旋转对象；上下拖动 y 轴控件，可以绕 y 轴方向旋转对象；拖动 z 轴控件，可以绕 z 轴方向旋转对象，进行圆周运动。
- 如要要相对于对象重新定位旋转控件中心点，拖动控件中心点即可。
- 按下 Shift 键，旋转对象，可以以 45 度为增量倍数，约束中心点的旋转对象。
- 移动旋转中心点可以控制旋转对象和外观，双击中心点可将其移回所选对象的中心位置。
- 对象的旋转控件中心点的位置属性在【变形】面板中显示为【3D 中心点】，如图 7-59 所示，可以在【变形】面板中修改中心点的位置。

图 7-59　【变形】面板

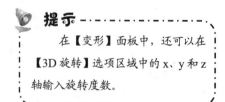

提示

在【变形】面板中，还可以在【3D 旋转】选项区域中的 x、y 和 z 轴输入旋转度数。

选中多个对象后，如果选择【3D 旋转】工具，3D 旋转控件将显示在最近所选的对象上方，进行某个对象的旋转操作时，其他对象也会以同样方向进行旋转。要重新定位 3D 旋转控件中心点，可以通过以下几种方法。

- 要将中心点移动到任意位置，直接拖动中心点即可。

- 要将中心点移动到一个选定对象的中心，按下 Shift 键，双击对象。
- 若将中心点移动到多个对象的中心，双击中心点即可。

所选对象的旋转控件中心点的位置在【变形】面板中显示为【3D 中心点】，可以在【变形】面板中设置中心点的位置。

7.4.3 Deco 工具

Deco 工具 是装饰性绘画工具，可以将创建的图形形状转变为复杂的几何图案。Deco 工具使用算术计算(称为过程绘图)，这些计算应用于【库】面板中创建的【影片剪辑】或【图形】元件。使用 Deco 工具，可以使用任意的图形形状或对象创建复杂的图案，还可以将一个或多个元件与 Deco 对称工具一起使用以创建万花筒效果。

1. 使用【喷涂刷】工具应用图案

【喷涂刷】工具 的作用类似于粒子喷射器，可以一次将形状图案喷涂到设计区中。默认情况下，【喷涂刷】工具使用当前选定的填充颜色喷射粒子点。可以使用【喷涂刷】工将【影片剪辑】或【图形】元件作为图案，然后喷涂到设计区中。

选择【喷涂刷】工具 ，打开【属性】面板，如图 7-60 所示。在该面板中可以选择默认喷涂点的填充颜色，或者单击【编辑】按钮，打开【交换元件】对话框，如图 7-61 所示，选择作为粒子图案的元件，即可将设置的形状图案喷涂到设计区中。

图 7-60 【喷涂刷】工具【属性】面板

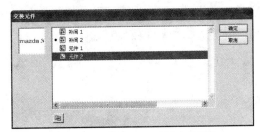

图 7-61 【交换元件】对话框

在【喷涂刷】工具【属性】面板中设置默认的粒子形状或选择元件作为粒子形状，在【属性】面板中可以设置相关的参数选项，主要的参数选项具体作用如下。

- 【颜色选取器】：选择用于默认粒子喷涂的填充颜色。使用库中的元件作为喷涂粒子时，将禁用颜色选取器。
- 【缩放宽度】：缩放用作喷涂粒子的元件的宽度。
- 【缩放高度】：缩放用作喷涂粒子的元件的高度。
- 【随机缩放】：按随机缩放比例将每个基于元件的喷涂粒子放置在舞台上，并改变每个粒子的大小。使用默认喷涂点时，禁用此选项。

⊙ 【旋转元件】：围绕中心点旋转基于元件的喷涂粒子。

⊙ 【随机旋转】：按随机旋转角度喷涂每个基于元件的粒子。使用默认喷涂点时，禁用此选项。

选择【喷涂刷】工具，在【属性】面板中选择默认形状或使用元件作为粒子，在设计区中的喷涂效果如图 7-62 所示。

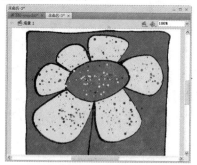　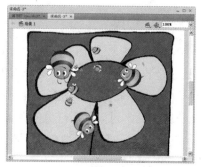

使用默认形状作为粒子　　　　　　使用元件作为粒子

图 7-62　喷涂效果

2. 藤蔓式填充效果

使用 Deco 工具，可以对舞台上的选定对象应用效果。在选择 Deco 工具，在【属性】面板中可以选择填充效果，可以选择【藤蔓式填充】、【网格填充】和【对称刷子】3 种效果，如图 7-63 所示。

选择【藤蔓式填充】效果，可以用藤蔓式图案填充设计区、元件或封闭区域。选择元件，可以替换叶子和花朵的插图，生成的图案将包含在影片剪辑中，而影片剪辑本身包含组成图案的元件。该效果的【属性】面板显示如图 7-64 所示。

图 7-63　Deco 工具【属性】面板　　　图 7-64　【藤蔓式填充】效果【属性】面板

在【藤蔓式填充】效果【属性】面板中，主要参数选项的具体作用如下。

⊙ 【分支角度】：设置分支图案的角度。

- ⦿ 【分支颜色】：设置用于分支的颜色。
- ⦿ 【图案缩放】：缩放操作可使对象同时沿水平方向和垂直方向放大或缩小。
- ⦿ 【段长度】：设置花朵节点之间的段的长度。
- ⦿ 【动画图案】：设置的每次迭代都绘制到时间轴中的新帧。在绘制花朵图案时，此选项将创建花朵图案的逐帧动画序列。
- ⦿ 【步骤】：设置效果时每秒要横跨的帧数。

3. 网格填充效果

选择【网格填充】效果，可以以元件填充设计区、元件或封闭区域。将网格填充绘制到设计区中，如果移动填充元件或调整其大小，则网格填充将随之移动或调整大小。使用【网格填充】效果，可以创建棋盘图案、平铺背景或自定义图案填充的区域或形状。对称效果的默认元件大小为 25×25 像素、无笔触的黑色矩形形状。

选择【Deco】工具，在【属性】面板中选择【网格填充】效果，打开该效果【属性】面板，如图 7-65 所示。在该面板中的主要参数选项具体作用如下。

- ⦿ 【水平间距】：设置网格填充中所用形状之间的水平距离(以像素为单位)。
- ⦿ 【垂直间距】：设置网格填充中所用形状之间的垂直距离(以像素为单位)。
- ⦿ 【图案缩放】：使对象同时沿水平方向和垂直方向放大或缩小。

4. 对称刷子效果

选择对称效果，可以围绕中心点对称排列元件。在设计区中绘制元件时，将显示一组手柄。使用手柄可以增加元件数、添加对称内容或者编辑和修改效果，从而控制元件的对称效果。使用对称效果，可以创建圆形界面元素(如模拟钟面或刻度盘仪表)和旋涡图案。对称效果的默认元件大小为 25×25 像素、无笔触的黑色矩形形状。

选择 Deco 工具，在【属性】面板中选择【对称刷子】效果，打开该效果【属性】面板，如图 7-66 所示。

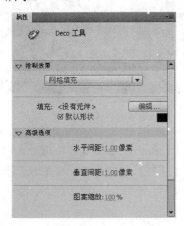

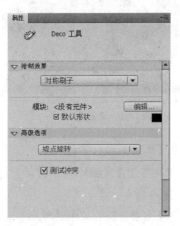

图 7-65 【网格填充】效果【属性】面板   图 7-66 【对称刷子】效果【属性】面板

在【对称刷子】效果【属性】面板中显示了该效果高级选项，可以设置【绕点旋转】、【跨线反射】、【跨点反射】和【网格平移】4 个选项，这些选项的具体作用介绍如下。

- ◉ 【绕点旋转】：围绕指定的固定点旋转对称中的形状。默认参考点是对称的中心点。若要围绕对象的中心点旋转对象，则按圆形运动进行拖动。
- ◉ 【跨线反射】：围绕指定的不可见线条等距离翻转形状。
- ◉ 【跨点反射】：围绕指定的固定点等距离放置两个形状。
- ◉ 【网格平移】：使用按对称效果绘制的形状创建网格。每次在舞台上单击 Deco 工具，都会创建形状网格。使用由对称刷子手柄定义的 x 和 y 轴坐标调整这些形状的高度和宽度。

【例 7-5】新建一个文档，选择 Deco 工具，将创建的元件作为填充形状，选择【网格填充】效果，填充图形。

(1) 新建一个文档，选择【文件】|【导入】|【导入到库】命令，导入一张位图图像到【库】面板中。

(2) 打开【库】面板，将图像拖动到设计区中，调整图像至合适大小并移至合适位置，如图 7-67 所示。

(3) 新建【图层 2】图层，选择【插入】|【新建元件】命令，新建一个【图形】元件。在元件编辑模式中选择【矩形】工具，按下 Shift 键，绘制一个正方形图形，设置填充颜色为黑白渐变填充色，删除图形笔触颜色。

(4) 新建【图层 2】图层，选择【矩形】工具，绘制矩形图形，删除填充色。选择【选择】工具，调整矩形图形曲线，使导入的图像与设计区分离，形成各自的密封区域，如图 7-68 所示。

图 7-67　调整图像

图 7-68　创建密封区域

(5) 选择【工具】面板中的 Deco 工具，打开【属性】面板，选择【网格填充】效果，单击【编辑】按钮，打开【交换元件】对话框，选择创建的【图形】元件作为填充形状。最后填充设计区，如图 7-69 所示。

(6) 选中【图层 2】图层中的笔触。

(7) 按下 Ctrl+Enter 键，测试效果，如图 7-70 所示。

图 7-69 填充设计区

图 7-70 测试效果

(8) 保存文件为【使用 Deco 工具】。

7.5 使用库

在 Flash CS4 中，创建的元件和导入的文件都存储在【库】面板中。存在【库】面板中的资源可以在多个文档中使用。

7.5.1 【库】面板

在前面章节中已经介绍了一些有关【库】面板的知识，选择【窗口】|【库】命令，打开【库】面板，如图 7-71 所示。在【库】面板的列表主要用于显示库中所有项目的名称，可以通过其查看并组织这些文档中的元素。【库】面板中项目名称旁边的图标表示该项目的文件类型，可以打开任意文档的库，并能够将该文档的库项目用于当前文档。

计算机 基础与实训教材系列

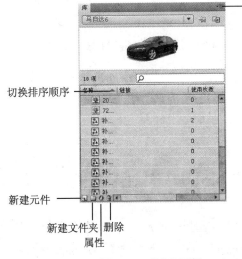

图 7-71 【库】面板

> **提示**
>
> 在【库】面板中的预览窗口中显示了存储的所有元件缩略图，如果是【影片剪辑】元件，可以在预览窗口中预览动画效果。

⑦.5.2 处理库项目

在【库】面板中的元素称为库项目，有关库项目的一些处理方法如下。

- ◉ 在当前文档中使用库项目时，可以将库项目从【库】面板中拖动到设计区中。该项目会在设计区中自动生成一个实例，并添加到当前图层中。
- ◉ 要将对象转换为库中的元件，可以将项目从设计区中拖动到当前【库】面板中，打开【转换为元件】对话框，转换元件。
- ◉ 要在另一个文档中使用当前文档的库项目，直接将项目从【库】面板或设计区中拖入另一个文档的【库】面板或设计区中即可。
- ◉ 要在文件夹之间移动项目，可以将项目从一个文件夹拖动到另一个文件夹中。如果新位置中存在同名项目，那么会打开如图 7-72 所示的【解决库冲突】对话框，提示是否要替换正在移动的项目。

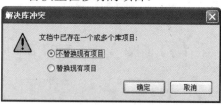

图 7-72 【解决库冲突】对话框

提示

在新建元件的时候最好进行重命名操作，以防在以后的操作中不小心将之前同名的元件覆盖。

⑦.5.3 库项目的基本操作

在【库】面板中，可以使用【库】面板菜单中的命令对库项目进行编辑、排序、重命名、删除以及查看未使用的库项目等管理操作。

1. 编辑对象

要编辑元件，可以在【库】面板菜单中选择【编辑】命令，进入元件编辑模式，然后进行元件编辑；如果要编辑文件，可以选择【编辑方式】命令，然后在外部编辑器中将导入的文件编辑完成之后，再使用【更新】命令更新这些文件。

提示

在启动外部编辑器后，Flash 会打开原始的导入文档。

2. 使用文件夹管理

在【库】面板中，可以使用文件夹来组织项目。当用户创建一个新元件时，它会存储在选定的文件夹中。如果没有选定文件夹，该元件就会存储在库的根目录下。对【库】面板中的文件夹可以进行如下操作。

- 要创建新文件夹，可在【库】面板底部单击【新建文件夹】按钮 📁。
- 要打开或关闭文件夹，可以双击文件夹，或选择文件夹后，在【库】面板菜单中选择【展开文件夹】或【折叠文件夹】命令。
- 要打开或关闭所有文件夹，可以在【库】面板菜单中选择【展开所有文件夹】或【折叠所有文件夹】命令。

3. 重命名库项目

在【库】面板中，用户还可以对库中的项目执行重命名操作。不过，更改导入文件的库项目名称并不会更改该文件的名称。要重命名库项目，可以执行如下操作。

- 双击该项目的名称，在【名称】列的文本框中输入新名称。
- 选择项目，并单击【库】面板下部的"属性"按钮 ⓘ，打开【元件属性】对话框，在【名称】文本框中输入新名称，然后单击【确定】按钮，如图7-73所示。

图 7-73　【元件属性】对话框

提示

在【元件属性】对话框中单击【编辑】按钮，可以直接进入元件的编辑模式。

- 选择项目，在【库】面板菜单中选择【重命名】命令，然后在【名称】列的文本框中输入新名称。
- 在库项目上单击右键，在弹出的快捷菜单中选择【重命名】命令，并在【名称】列的文本框中输入新名称。

4. 删除库项目

默认情况下，当从库中删除项目时，文档中该项目的所有实例也会被删除。【库】面板中的【使用次数】列显示项目使用的次数。

要删除库项目，可以选择所需操作的项目，然后单击【库】面板下部的【删除】按钮 🗑；也可以在【库】面板的选项菜单中选择【删除】命令删除项目；还可以在所要删除的项目上单击右键，在弹出的快捷菜单中选择【删除】命令删除项目。

⑦.5.4　公用库

在 Flash CS4 中自带了公用库，使用公用库中的项目，可以直接在设计区中添加按钮或声音等。要使用公用库中的项目，选择【窗口】|【公用库】，在弹出的级联菜单中选择一个库类型，即可打开该类型公用库面板，可以选择【库－学习交互】、【库－按钮】面板和【库－类】

面板 3 种公用库面板，如图 7-74 所示。

图 7-74　3 种类型公用库面板

使用公用库中的项目与使用【库】面板中的项目方法相同，只需将项目从公用库拖入当前文档的设计区中即可。同时，公用库中的项目是可以进行修改的，修改的内容不会影响到其他项目。

在这 3 种类型公用库面板中，【库－按钮】面板是最常用到的。在该库面板中，选择所需的按钮拖动到设计区中合适位置即可使用，省去了绘制按钮的时间。

⑦.5.5　使用共享库资源

使用共享库资源，可以将一个 Flash 影片【库】面板中的元素共享，供其他 Flash 影片使用。这一功能在进行小组开发或制作大型 Flash 影片时是非常实用的。使用共享库可以合理快速地组织影片中的每个元素，减少影片的开发周期。

1. 设置共享库

要设置共享库，首先打开要将其【库】面板设置为共享库的 Flash 影片，然后选择【窗口】|【库】命令，打开【库】面板，然后单击面板右上角的 ▼≡ 按钮，在弹出的菜单中选择【共享库属性】命令，打开【共享库属性】对话框，如图 7-75 所示。在 URL 文本框中输入共享库所在影片的 URL 地址，若共享库影片在本地硬盘上，可使用【文件://<驱动器:>／<路径名>】格式，若在互联网上的某台服务器上，可使用【http://<IP 地址(域名)>／<虚拟目录名><文件名>】格式，最后单击【确定】按钮，即可将该【库】设置为共享库。

2. 共享元素

在设置了共享库后，还需要将【库】面板中的元素设置为共享。在设置共享元素时，可先打开包含共享库的 Flash 文档，打开该共享库，然后右击要共享的元素，在弹出的快捷菜单中选择【链接】命令，打开【链接属性】对话框，如图 7-76 所示。在【链接】选项区域中选中【为运行时共享导入】复选框，在 URL 文本框中输入该共享元素的 URL 地址，单击【确定】按钮即可将该元素设置为共享元素。

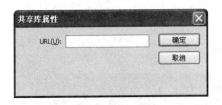

图 7-75 【共享库属性】对话框　　　　　图 7-76 【链接属性】对话框

3. 使用共享元素

使用共享元素并不会减少文件的字节数，在影片播放前，仍然需要将所需的所有元素全部下载完毕后才可播放；但如果在影片中重复使用了大量相同的元素，则会大大减少文件的尺寸。

使用共享元素，可先打开要使用共享元素的 Flash 文档并选择【窗口】|【库】命令，打开该文件的【库】面板，然后选择【文件】|【导入】|【打开外部库】命令，选择一个包含共享库的 Flash 文件，单击【打开】按钮打开该共享库，最后选中共享库中需要的元素，将其拖到设计区中即可。这时在该文件的【库】面板中将会出现该共享元素。

右击该共享元素，在弹出的快捷菜单中选择【链接】命令，打开【链接属性】对话框，即可看到【链接】选项区域中的【为运行时共享导入】复选框处于选中状态，并且在 URL 文本框中显示有该共享元素的 URL 地址，表明该元素为引用的共享元素。

⑦.6 上机练习

本章的上机实验主要练习创建影片剪辑动画、按钮动画、修改实例以及使用【库】面板的方法，对于其他的内容，例如 3D 工具的使用、【动画编辑器】面板的作用、Deco 工具的使用等，可根据相应章节的内容进行练习。

⑦.6.1 制作海报效果

新建一个文档，导入图像文件，创建元件，添加海报效果。

(1) 新建一个文档，选择【导入】|【文件】|【导入到库】命令，导入一个 PSD 图像文件到【库】面板中。

(2) 选择【窗口】|【库】命令，打开【库】面板，将导入的 PSD 图像拖动到设计区中，调整图像至合适大小，如图 7-77 所示。

(3) 选中图像，按下 Ctrl+B 键，分离图像，选中图像中的数字 23，选择【修改】|【转换为元件】命令，打开【转换为元件】对话框，在【名称】文本框中输入元件名称"号码"，选择元件类型为"影片剪辑"，如图 7-78 所示，单击【确定】按钮，创建【影片剪辑】元件。

图 7-77　调整图像　　　　　　　　　　　图 7-78　【转换为元件】对话框

(4) 双击【号码】影片剪辑元件，打开元件编辑模式，将图像转换为【图形】元件。在【图层 1】图层的第 40 和 80 帧处插入关键帧。选中第 1 帧处的【图形】元件，打开【属性】面板，设置 Alpha 值为 0，重复操作，设置第 80 帧处的【图形】元件 Alpha 值为 0。

(5) 分别创建 1 到 40、40 到 80 帧之间动作补间动画，返回场景。

(6) 创建【图层 2】图层，导入一个 PSD 图像文件到【库】面板中，将图像拖动到【图层 2】图层设计区的右下角位置，如图 7-79 所示。

(7) 选中图像，将图像转换为【标记】影片剪辑元件，打开元件编辑模式。

(8) 选中图像，选择【窗口】|【动画预设】命令，打开【动画预设】面板，选中【3D 螺旋】预设，单击【应用】按钮，应用动画预设。

(9) 返回场景，新建【图层 3】图层，选择【文本】工具，输入文本内容，设置文本内容合适属性，如图 7-80 所示。

图 7-79　调整图像　　　　　　　　　　　图 7-80　插入文本

(10) 新建【图层 4】图层，选择【矩形】工具，绘制矩形图形，然后选择【任意变形】工具，旋转图形，如图 7-81 所示。将图形转换为【图形】元件。

(11) 在除【图层 4】图层以外的其他的第 45 帧处插入关键帧，在【图层 4】图层的第 10 帧处插入关键帧，将该帧处的【图形】元件移至如图 7-82 所示位置。

图 7-81 旋转图形

图 7-82 拖动【图形】元件

(12) 创建【图层 4】图层 1 到 10 帧之间动作补间动画。

(13) 新建【图层 5】图层，复制【图层 3】图层第 1 帧处的文本内容，然后粘贴到【图层 5】图层的第 1 帧处初始位置，将文本转换为【图形】元件，设置 Alpha 值为 60。

(14) 在【图层 3】图层的第 11 和第 25 帧处插入关键帧，设置第 25 帧处的【图形】元件 Alpha 值为 100，创建 11 到 25 帧之间动作补间动画。

(15) 删除【图层 3】图层 25 到 45 帧之间的帧。在【图层 5】图层的第 45 帧处插入关键帧。

(16) 右击【图层 4】图层，在弹出的快捷菜单中选择【遮罩层】命令，创建遮罩层。

(17) 按下 Ctrl+Enter 键，测试动画效果，如图 7-83 所示。

图 7-83 测试效果

(18) 保存文件为【海报效果】。

7.6.2 制作网站导航按钮

新建一个文档，创建【按钮】元件，制作网站导航按钮。

(1) 新建一个文档，设置文档大小为 1000×616 像素。

(2) 选择【文件】|【导入】|【导入到库】命令，导入一个位图图像到【库】面板中。

(3) 将图像从【库】面板中拖动到设计区中，设置图像大小为 1000×616 像素，x 轴和 y 轴坐标位置为 0，0，如图 7-84 所示。

(4) 新建【图层 2】图层，选择【文本】工具，输入文本内容，设置文本内容合适属性并移至如图 7-85 所示位置。

图 7-84 调整图像

图 7-85 插入文本

(5) 选中文本内容"我的资料"，选择【修改】|【转换为元件】命令，将文本内容转换为【按钮】元件。

(6) 打开【按钮】元件编辑模式，在【指针】帧位置插入关键帧。选中文本，转换为【影片剪辑】元件。

(7) 进入【影片剪辑】元件编辑模式，新建【图层 2】图层，选择【基本矩形】工具，绘制一个圆角矩形，如图 7-86 所示。

(8) 选中圆角矩形图形，转换为【图形】元件，打开【属性】面板，设置 Alpha 值为 60。

(9) 新建【图层 3】图层，选择【文本】工具，输入文本内容，设置文本合适属性并移至如图 7-87 所示。

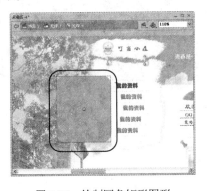
图 7-86 绘制圆角矩形图形

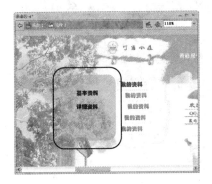
图 7-87 插入文本

(10) 返回【按钮】元件编辑模式，在【按下】帧位置插入帧，在【点击】帧位置插入关键帧，如图 7-88 所示。

(11) 选择【点击】帧，分离该帧对象，删除除文本以外的所有对象，然后选择【矩形】工具，绘制按钮点击范围，如图 7-89 所示。

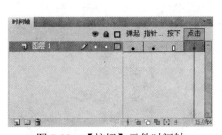

图 7-88　【按钮】元件时间轴

图 7-89　绘制点击范围

(12) 返回场景，参照步骤(5)~步骤(10)，将其他文本内容转换为【按钮】元件，制作【按钮】元件，各【按钮】元件在【指针】帧的效果如图 7-90 所示。

【作品欣赏】按钮

【博文】按钮

【联系方式】按钮

【给我留言】按钮

图 7-90　【按钮】元件【指针】帧的效果

(13) 按下 Ctrl+Enter 键，测试效果，如图 7-91 所示。

计算机 基础与实训教材系列

图 7-91 测试效果

(14) 保存文件为【个人网站按钮】。

7.7 习题

1. 简述 Flash CS4 中元件的类型及其基本特征。

2. 实例的概念是什么，它与元件有哪些区别？

3. 创建一个"按钮"元件，效果如图 7-92 所示。

图 7-92 参考效果

4. 创建"影片剪辑"元件，制作夜晚星空动画效果，如图 7-93 所示。

图 7-93 参考效果

第8章

动画实例解析

学习目标

Flash 已经广泛应用于网络动画制作。本章通过制作一些动画实例，实现常用的一些动画效果，并深入了解 Flash 动画的制作流程。在掌握一些基本动画和一些基础知识后，可以创建出更为复杂的动画效果。

本章重点

- ◉ 制作逐帧动画
- ◉ 制作补间动画
- ◉ 制作引导动画
- ◉ 制作遮罩动画

8.1 制作电子相册

收集喜欢的照片，制作电子相册动画，通过使用不同的方式保留曾经的记忆。新建一个 Flash 文档，运用遮罩层创建补间动作动画，创建电子相册效果动画。

(1) 新建一个 Flash 文档，选择【修改】|【文档】命令，打开【文档属性】对话框，设置帧频为 10，文档大小为 400×300 像素。

(2) 重命名【图层 1】图层为【相框】图层，选择【文件】|【导入】|【导入到舞台】命令，打开【导入】对话框，选择一个相框图像，导入到设计区中。打开【属性】面板，设置 x 和 y 轴坐标为 0，图像大小为 400×300 像素，如图 8-1 所示。

(3) 选择【文件】|【导入】|【导入到库】命令，打开【导入到库】对话框，导入 4 张照片到【库】面板中。

(4) 在【图层 1】图层下方新建【图层 2】图层，重命名为【照片 1】图层。

(5) 选择【窗口】|【库】命令，打开【库】面板，拖动导入的照片图像到设计区中，打开【属

性】面板，设置图像至合适大小和位置，如图 8-2 所示。

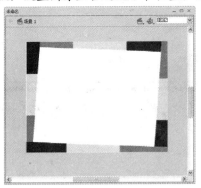
图 8-1　导入相框图像

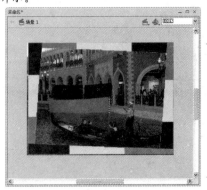
图 8-2　调整图像

(6) 新建【图层 3】图层，重命名为【照片 2】图层。拖动【库】面板中另一张照片图像到设计区中，设置至合适大小并移至合适位置。

(7) 新建【图层 4】图层，重命名为 mask1 图层。选择【椭圆】工具，按下 Shift 键，绘制一个正圆图形。

(8) 选中绘制的正圆图形，选择【修改】|【转换为元件】命令，打开【转换为元件】对话框，将正圆图形转换为【图形】元件。

(9) 选择【任意变形】工具，按下 Shift 键等比例放大正圆，使它能全部遮盖住舞台，如图 8-3 所示。

(10) 在 mask1 图层的第 30 帧处插入关键帧。选中该关键帧中的【图形】元件，在【属性】面板中设置大小为 1×1 像素，如图 8-4 所示。

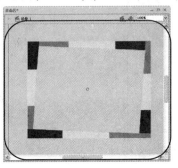
图 8-3　调整正圆大小能遮挡住舞台

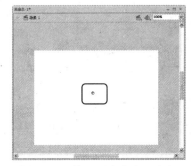
图 8-4　调整正圆大小为一个点

(11) 创建 mask1 图层 1 到 30 帧之间的动作补间动画。

(12) 在【照片 1】和【照片 2】图层的第 30 帧处插入帧。

(13) 右击 mask1 图层，在弹出的快捷菜单中选择【遮罩层】命令，创建遮罩层。

(14) 在 mask1 图层上方新建【图层 5】图层，重命名为【照片 1 副本】图层。在该图层的第 31 帧处插入关键帧，按下 Ctrl+C 键复制【照片 1】图层中的照片图像，按下 Ctrl+Shift+V 键粘贴到【照片 1 副本】图层第 31 帧处。

(15) 在【照片 1 副本】图层上方新建【照片 3】图层，在该图层的第 31 帧处插入关键帧，将【库】面板中【照片 3】图片文件拖入舞台，设置至合适大小和位置，如图 8-5 所示。

图 8-5 调整图像

(16) 在【照片 3】图层上方新建 mask2 图层，在第 31 帧处，选择【多角星形】工具，在舞台中绘制一个多角星形图形，调整大小为 1×1 像素，将多角星形图形转换为【图形】元件。

(17) 在【照片 3】图层的第 60 帧处插入关键帧，等比例放大五角形图形，使它能遮盖住设计区。

(18) 在【mask2】图层的 31 到第 60 帧之间创建动作补间动画，打开【属性】面板，设置顺时针方向旋转动画，在【次数】文本框中输入数值 3，如图 8-6 所示。

(19) 右击 mask2 图层，在弹出的快捷菜单中选择【遮罩层】命令，创建遮罩层。

(20) 在【照片 1 副本】和【照片 3】的第 60 帧处插入帧。

(21) 参照以上步骤，新建图层，拖动照片图像到设计区中，调整照片图像至合适大小，然后创建切换动画效果，可以自定义切换方式，比如正方向切换方式、多变形切换方式等。

(22) 在【相框】图层的第 90 帧处插入帧，使得相框图像显示在最顶层，如图 8-7 所示。重复操作，可以将自己所喜欢的照片制作成一个电子相册。

图 8-6 设置顺时针旋转   图 8-7 在最顶层显示相框图像

(23) 按下 Ctrl+Enter 键测试动画效果，如图 8-8 所示。

图 8-8　测试效果

(24) 保存文件为【电子相册】。

8.2　制作天空场景

新建一个文档，制作天空场景，使用【工具】面板中的绘图工具，绘制云朵图形，创建【影片剪辑】元件，制作天空场景。

(1) 新建一个文档，选择【矩形】工具，绘制一个矩形图形，删除矩形图形笔触，设置大小为设计区大小。

(2) 选择【颜料桶】工具，设置填充颜色为线性渐变色，打开【颜色】面板，设置渐变色，填充矩形图形，选择【渐变变形】工具调整渐变色，如图 8-9 所示。

(3) 新建【图层2】图层，选择【插入】|【新建元件】命令，新建一个【影片剪辑】元件。

(4) 打开【影片剪辑】元件编辑模式，选择【铅笔】工具，绘制云朵图形轮廓，选择【颜料桶】工具，设置填充颜色为放射性渐变色填充，在【颜色】面板中设置渐变色，填充云朵图形，选择【渐变变形】工具调整渐变色，删除云朵图形笔触，如图 8-10 所示。

 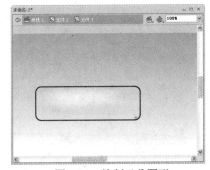

图 8-9　调整渐变色　　　　　　　图 8-10　绘制云朵图形

(5) 参照步骤(4)，绘制其他大小和轮廓不相同的云朵图形，选中所有的云朵图形，按下 Ctrl+G 键，组合图形如图 8-11 所示。

(6) 选中组合的图形，复制多个图形，选中所有图形，选择【修改】|【转换为元件】命令，

转换为【图形】元件。

(7) 在【图层 1】图层第 80 帧处插入关键帧，将【图形】元件拖动到如图 8-12 所示位置。

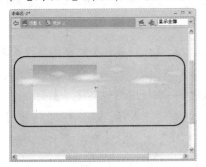
图 8-11 组合图形

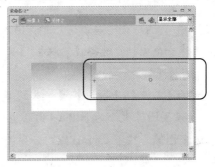
图 8-12 拖动元件

(8) 返回场景，新建【图层 2】图层，拖动多个【影片剪辑】元件到设计区中，分别拖动到如图 8-13 所示的位置。

(9) 新建【图层 3】图层，将该图层移至最底层，导入一个 PSD 图像到设计区中，调整图像至合适大小和位置，如图 8-14 所示。

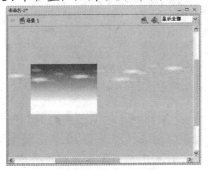
图 8-13 拖动元件

图 8-14 调整图像

(10) 按下 Ctrl+Enter 键，测试动画效果，如图 8-15 所示。

图 8-15 测试效果

(11) 保存文件为【天空场景】。

计算机 基础与实训教材系列

8.3 制作涟漪效果

新建一个文档，利用遮罩层，制作涟漪动画效果。

(1) 新建一个文档，选择【修改】|【文档】命令，打开【文档属性】对话框，设置文档大小为 640×480 像素。

(2) 选择【文件】|【导入】|【导入到库】命令，导入一个位图图像到【库】面板中，拖动到设计区中，设置图像大小为 640×480 像素，x 和 y 轴坐标位置为 0、0，如图 8-16 所示。

(3) 选中图像，按下 Ctrl+B 键，分离图像，选择【套索】工具，选取图像中的海水部分，如图 8-17 所示。

图 8-16　调整图像　　　　　　图 8-17　选取海水部分

(4) 新建【图层 2】图层，复制选取的图像海水部分，粘贴到【图层 2】图层初始位置。

(5) 选中【图层 2】图层中的海水部分，按下方向键，向左边移动 5~10 个像素位置。

(6) 新建【图层 3】图层，选择【矩形】工具，绘制矩形图形，删除矩形图形笔触。

(7) 选中绘制的矩形图形，复制多个矩形图形，打开【对齐】面板，水平等距排列所有矩形图形，如图 8-18 所示。

(8) 选中所有矩形图形，选择【修改】|【转换为元件】命令，将图形转换为【图形】元件。

(9) 在【图层 3】图层的第 80 帧处插入关键帧，在【图层 1】和【图层 2】图层的第 80 帧处插入帧。

(10) 选中【图层 3】图层第 1 帧处的【图形】元件，移至如图 8-19 所示位置。

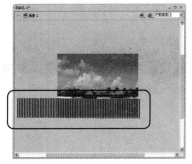

图 8-18　对齐图形　　　　　　图 8-19　移动元件

(11) 选中【图层 3】图层第 80 帧处的【图形】元件，移至如图 8-20 所示位置。

(12) 创建【图层 3】图层 1 到 80 帧之间动作补间动画。右击【图层 3】图层，在弹出的快捷菜单中选择【遮罩层】命令，创建遮罩层。

(13) 新建【图层 4】图层，选择【铅笔】工具，绘制一个海鸟图形，如图 8-21 所示。

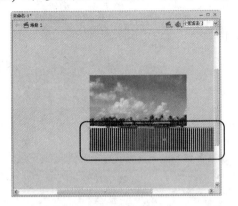

<table>
<tr><td>图 8-20　移动元件</td><td>图 8-21　绘制海鸟图形</td></tr>
</table>

(14) 选中绘制的海鸟图形，选择【修改】|【转换为元件】命令，转换为【影片剪辑】元件，打开元件编辑模式。

(15) 在【影片剪辑】元件编辑模式中，创建海鸟图形挥动翅膀逐帧动画，挥动翅膀动作效果可以参考图 8-22 所示。

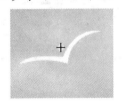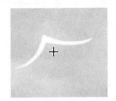

图 8-22　挥动翅膀逐帧动画参考效果

(16) 返回上一级【影片剪辑】元件编辑模式，右击【图层 1】图层，在弹出的快捷菜单中选中【添加传统运动引导层】命令，创建引导层。

(17) 选择引导层，选择【铅笔】工具，绘制引导曲线如图 8-23 所示。

(18) 在引导层的第 80 帧处插入帧，在【图层 1】图层的第 80 帧处插入关键帧。拖动【图层 1】图层第 1 帧处的【影片剪辑】元件到引导曲线的一端，拖动第 80 帧处的【影片剪辑】元件到引导曲线的另一端。

(19) 创建【图层 1】图层 1 到 80 帧之间动作补间动画，返回场景。

(20) 新建【图层 5】图层，复制海鸟影片剪辑元件，在该图层第 5 帧处插入关键帧，粘贴元件。重复操作，新建【图层 6】图层，粘贴元件，然后调整 3 个【影片剪辑】元件到不同的位置，如图 8-24 所示。

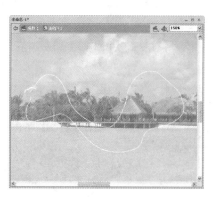

图 8-23　绘制运动曲线　　　　　　　　图 8-24　调整元件位置

(21) 按下 Ctrl+Enter 键，测试动画效果，如图 8-25 所示。

图 8-25　测试效果

(22) 保存文件为【涟漪效果】。

⑧.4　制作变色效果

新建一个文档，修改图像，利用遮罩层，制作变色效果。

(1) 新建一个文档，设置文档大小为 400×300 像素。

(2) 选择【文件】|【导入】|【导入到库】命令，导入一个 PNG 格式图像到【库】面板中，将图像拖至设计区中，调整图像至合适大小，如图 8-26 所示。

(3) 新建【图层 2】图层，将【图层 2】图层移至【图层 1】图层下方。

(4) 选择【图层 2】图层，选择【矩形】工具，绘制矩形图形，选择【颜料桶】工具，设置填充颜色为线性填充色，在【颜色】面板中设置渐变色，填充图形。

(5) 删除矩形图形笔触，选中矩形图形，选择【修改】|【转换为元件】命令，转换为【图形】元件。

(6) 在【图层 1】图层第 200 帧处插入帧，在【图层 2】图层第 200 帧处插入关键帧，选中第 1 帧处的【图形】元件，移至如图 8-27 所示位置。

图 8-26　调整图像

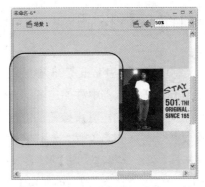

图 8-27　调整元件

(7) 选中第 200 帧处的【图形】元件，移至如图 8-28 所示位置。

(8) 创建【图层 2】图层 1 到 200 帧之间动作补间动画。

(9) 新建【图层 3】图层，将该图层移至最顶层位置，选择【矩形】工具，绘制一个矩形图形，使之可以遮盖住整个设计区，如图 8-29 所示。

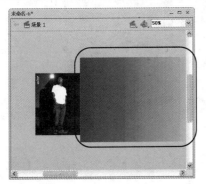

图 8-28　移动元件

图 8-29　绘制矩形图形

(10) 右击【图层 3】图层，在弹出的快捷菜单中选择【遮罩层】命令，创建遮罩层。

(11) 将【图层 1】图层移至最顶层后再移至最底层，使该图层包含在遮罩层【图层 3】图层中。

(12) 按下 Ctrl+Enter 键，测试动画效果，如图 8-30 所示。

图 8-30　测试效果

(13) 保存文件为【七彩效果-levi's】。

8.5 制作有声按钮

在前面章节中介绍了在 Flash CS4 中导入外部媒体文件的方法，主要包括导入声音文件和视频文件，并且介绍了在文档中添加声音的方法，声音文件最常添加的声音主要包括背景音乐和按钮音效，下面将介绍制作有声按钮的方法。

新建一个文档，导入声音文件，制作有声按钮。

(1) 新建一个文档，选择【文件】|【导入】|【导入到舞台】命令，导入一个 AI 文件图像到设计区中，调整图像至合适大小，如图 8-31 所示。

(2) 选择【选择】工具，按下 Ctrl 键，选取图像中的相应的按键图形，按下 Ctrl+G 键，组合图形，如图 8-32 所示是组合按键 4。

图 8-31　调整图像

图 8-32　组合按键

(3) 选中组合的任意一个按键，选择【修改】|【转换为元件】命令，转换为【按钮】元件，打开元件编辑模式。

(4) 在【指针】帧和【按下】帧位置插入关键帧，选中【按下】帧按键，选择【窗口】|【变形】命令，打开【变形】面板，在该面板中的设置如图 8-33 所示，缩放按键 95%大小。

(5) 在【点击】帧位置插入关键帧，选择【矩形】工具，绘制按钮点击范围，如图 8-34 所示。

图 8-33　设置【变形】面板

图 8-34　绘制点击范围

(6) 选择【文件】|【导入】|【导入到库】命令，导入一个音频文件到【库】面板中。

(7) 选中【按下】帧，从【库】面板中将音频文件拖动到设计区中，在【按下】帧上方会显示插入音频波形，如图 8-35 所示。

(8) 返回场景，完成按键 5 的有声按钮制作过程，重复操作，制作其他按键的有声按钮效果。

(9) 在【图层 1】图层下方新建【图层 2】图层，导入一个位图图像到设计区中，调整图像至合适大小。

(10) 单击【图层 1】图层第 1 帧，选中该帧处的所有对象，选择【任意变形】工具，旋转并调整对象，如图 8-36 所示。

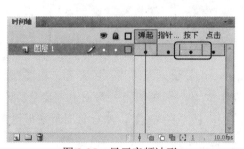

图 8-35 显示音频波形 图 8-36 调整对象

(11) 按下 Ctrl+Enter 键，测试动画效果，如图 8-37 所示。

图 8-37 测试效果

(12) 保存文件为【N72 有声按键】。

8.6 制作光盘界面

新建一个文档，结合各种类型元件，制作光盘界面效果。

(1) 新建一个文档，设置文档大小为 640×480 像素。

(2) 选择【文件】|【导入】|【导入到库】命令，导入一个位图图像到【库】面板中，拖动图像到设计区中，调整图像大小为 640×480 像素，x 和 y 轴坐标位置为 0，0，如图 8-38 所示。

(3) 新建【图层 2】图层，选择【文本】工具，输入文本内容，设置文本内容合适属性，如图 8-39 所示。

图 8-38　调整图像　　　　　　　　　　　图 8-39　插入文本

(4) 选择【基本矩形】工具，绘制圆角矩形图形，设置填充色为线性填充色，在【颜色】面板中设置渐变色，填充矩形图形。选择【渐变变形】工具，调整圆角矩形图形渐变色。

(5) 右击圆角矩形图形，在弹出的快捷菜单中选择【下移一层】，然后将圆角矩形图形移至文本内容"1.安装 Windows 7"下方，如图 8-40 所示。

(6) 复制圆角矩形图形，移至其他文本内容下方，如图 8-41 所示。

图 8-40　移动圆角矩形图形　　　　　　　　图 8-41　复制并移动圆角矩形图形

(7) 选中文本内容"1.安装 Windows 7"和下一层的圆角矩形图形，选择【修改】|【转换为元件】命令，转换为【元件 1】按钮元件。重复操作，将其他文本内容和对应下一层的圆角矩形图形转换为【元件 2】、【元件 3】、【元件 4】和【元件 5】按钮元件。

(8) 双击【元件 1】按钮元件，打开元件编辑模式，在【指针】帧处插入关键帧。

(9) 选中【指针】帧处的圆角矩形图形，选择【渐变变形】工具，调整图形的渐变色，如图 8-42 所示。

(10) 在【按下】帧处插入关键帧，选中该帧处的对象，按下方向键，向下移动 3~5 个像素点位置。

(11) 返回场景，参照步骤(5)~步骤(7)，创建其他【按钮】元件效果。在进行其他【按钮】元件编辑操作时，可以复制【元件 1】按钮元件【指针】处的圆角矩形图形，粘贴到其他【按钮】

元件【指针】关键帧处的初始位置，然后下移一层图形，这样可以保证统一的渐变效果。

(12) 返回场景，新建【图层3】图层，选中【文件】|【导入】|【导入到库】命令，导入一个PSD图像文件到【库】面板中，拖动到设计区中，调整图像至合适大小，如图8-43所示。

图 8-42 调整渐变色　　　　　　　图 8-43 调整图像

(13) 选中图像，选择【修改】|【转换为元件】命令，转换为【影片剪辑】元件。

(14) 打开【影片剪辑】元件编辑模式，右击【图层1】图层，在弹出的快捷菜单中选择【添加传统运动引导层】命令，创建引导层。

(15) 选中引导层，选择【铅笔】工具，绘制引导曲线如图8-44所示。

(16) 在引导层第60帧处插入帧，在【图层1】图层第60帧处插入关键帧。选中【图层1】图层第1帧处的图像，移至引导曲线一端，选中【图层1】图层第60帧处的图像，移至引导曲线另一端。

(17) 创建【图层1】图层1到60帧之间动作补间动画。

(18) 返回场景，右击【库】面板中的【影片剪辑】元件，在弹出的快捷菜单中选择【直接复制元件】命令，直接复制元件。重复操作，继续复制2个元件。

(19) 将复制的元件拖动到设计区中，选择【任意变形】工具，分别调整各个【影片剪辑】元件的大小、旋转等参数，如图8-45所示。

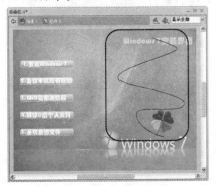

图 8-44 绘制引导线　　　　　　　图 8-45 调整元件

(20) 按下Ctrl+Enter键，测试动画效果，如图8-46所示。

图 8-46　测试效果

(21) 保存文件为【WIN7 安装界面】。

8.7　习题

1. 参照图 8-47，创建逐帧动画。

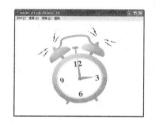

图 8-47　逐帧动画效果

2. 参照图 8-48，创建涟漪效果动画。

3. 参照图 8-49，创建引导层动画。

图 8-48　涟漪效果动画　　　　　　图 8-49　创建引导层动画

第9章

ActionScript 应用(一)

学习目标

ActionScript 是 Flash 的动作脚本语言，使用它可以在动画中添加交互性动作，从而可以轻松地制作出绚丽的 Flash 特效，是 Flash 中不可缺少的重要组成部分之一。动作脚本由一些动作、运算符、对象等元素组成，可以对影片进行设置，在单击按钮或按下键盘键时触发脚本动作。简单的脚本语言可以实现场景的跳转、动态载入 SWF 文件等操作；高级的脚本语言可以实现复杂的交互性动画、游戏等，并且这些脚本语言会与 Flash 后台数据库进行交流，结合庞大的数据库系统和脚本语言，制作出交互性强、动画效果更加丰富绚丽的 Flash 影片。

本章重点

- ⊙ ActionScript 语言简介
- ⊙ ActionScript 常用术语
- ⊙ ActionScript 3.0 的特点
- ⊙ 输入 ActionScript

⑨.1 ActionScript 语言基础

ActionScript 是 Flash 与程序进行通信的方式。可以通过输入代码，让系统自动执行相应的任务，并询问在影片运行时发生的情况。这种双向的通信方式，可以创建具有交互功能的影片，也使得 Flash 优于其他动画制作软件。它是通过 Flash Player 中的 ActionScript 虚拟机(AVM)来执行的。ActionScript 与其他脚本语言一样，都遵循特定的语法规则，保留关键字，提供运算符，并且允许使用变量存储和获取信息，而且还包含内置的对象和函数，允许用户创建自己的对象和函数。

⑨.1.1　ActionScript 概述

ActionScript 语言是 Flash 提供的一种动作脚本语言。在 ActionScript 动作脚本中包含了动作、运算符、对象等元素，可以将这些元素组织到动作脚本中，然后指定要执行的操作。使用 ActionScript 语言，能更好地控制动画元件，提高动画的交互性，例如控制【按钮】元件，当按下按钮时，执行指定的脚本语言动作。同样，也可以将 ActionScript 语句添加到【影片剪辑】元件中，从而实现不同的动画效果。

在 Flash CS4 中，要进行动作脚本设置，选中关键帧，选择【窗口】|【动作】命令，打开【动作】面板，该面板主要由工具栏、脚本语言编辑区域、动作工具箱和对象窗口组成，如图 9-1 所示。

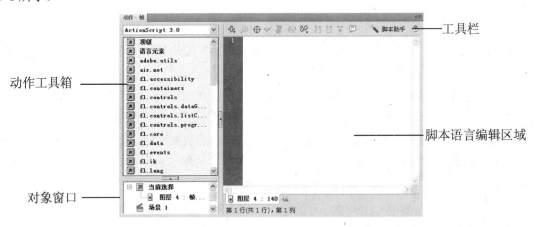

图 9-1　【动作】面板

1. 工具栏

工具栏位于脚本语言编辑区域上方，有关工具栏中主要按钮的具体作用如下。

- 【将新项目添加到脚本中】按钮：单击该按钮，在弹出的菜单中可以选择相应的动作语句并添加到脚本语言编辑区域中。该按钮中包含的动作语句与【动作】工具箱中的命令完全相同。
- 【查找】按钮：单击该按钮，打开【查找和替换】对话框，如图 9-2 所示，在【查找内容】文本框中可以输入要查找的内容，在【替换为】文本框中可以输入要替换的内容，单击【查找下一个】和【替换】按钮，可以进行查找与替换。单击【全部替换】按钮，可以替换脚本中所有与查找相符的内容。
- 【插入目标路径】按钮：单击该按钮，打开【插入目标路径】对话框，如图 9-3 所示，可以选择插入按钮或影片剪辑元件实例的目标路径。

図 9-2　【查找和替换】对话框　　　图 9-3　【插入目标路径】对话框

- ⊙ 【语法检查】按钮 ⌄：单击该按钮，可以对输入的动作脚本进行语法检查。如果脚本中存在错误，会打开一个信息提示框，并且在【输出】面板中显示脚本的错误信息。
- ⊙ 【自动套用格式】按钮 ▤：单击该按钮，对输入的动作脚本自动进行格式排列。
- ⊙ 【显示代码提示】按钮 ▣：单击该按钮，在输入动作脚本时显示代码提示。
- ⊙ 【调试选项】按钮 ⽈：单击该按钮，在弹出的菜单中选择【设置断点】选项，可以检查动作脚本的语法错误。
- ⊙ 【脚本助手】按钮 ＼ 脚本助手 ：单击该按钮，可以在打开的面板中显示当前脚本命令的使用说明。
- ⊙ 【折叠成对大括号】按钮 ⥾：单击该按钮，可以在代码间以大括号收缩。
- ⊙ 【折叠所选】按钮 ⊟：单击该按钮，可以在选择的代码间以大括号收缩。
- ⊙ 【展开全部】按钮 ⁕：单击该按钮，可以展开所有收缩的代码。

2. 脚本语言编辑区域

在脚本语言编辑区域中，当前对象上所有调用或输入的 ActionScript 语言都会在该区域中显示，是编辑脚本语言的主区域。

3. 动作工具箱

在动作工具箱中，包含了 Flash 提供的所有 ActionScript 动作命令和相关语法。在该工具箱中，可以选择 ActionScript 脚本语言的运行环境，在列表中选择所需的命令、语法等，双击即可添加到脚本语言编辑区域中。

4. 对象窗口

在对象窗口中，会显示当前 Flash 文档所有添加过脚本语言的元件，并且在脚本语言编辑区域中会显示添加的动作。

⑨.1.2　ActionScript 常用术语

在学习编写 ActionScript 之前，首先要了解一些 ActionScript 的常用术语，有关 ActionScript

中的常用术语名称和介绍说明如表 9-1 所示。

表 9-1 ActionScript 程序中常用概念

名　称	说　明
动作	是在播放影片时指示影片执行某些任务的语句。例如，使用 gotoAndStop 动作可以将播放头放置到特定的帧或标签。
布尔值	是 true 或 false 值。
类	是用于定义新类型对象的数据类型。要定义类，需要创建一个构造函数。
常数	是不变的元素。例如，常数 Key.TAB 的含义始终不变，它代表键盘上的 Tab 键。常数对于比较值是非常有用的。
数据类型	是值和可以对这些值执行的动作的集合，包括字符串、数字、布尔值、对象、影片剪辑、函数、空值和未定义等。
事件	是在影片播放时发生的动作。例如，加载影片、播放头进入帧、用户单击按钮或影片剪辑。用户通过键盘输入时可以产生不同的事件。
事件处理函数	是管理诸如 mouseDown 或 load 等事件的特殊动作，包括动作和方法两类。但事件处理函数动作包括 on 和 onClipEvent 两个，而且每个具有事件处理函数方法的动作脚本对象都有一个名为"事件"的子类别。
函数	是可以向其传递参数并能够返回值的可重复使用的代码块。例如，可以向 getProperty 函数传递属性名和影片剪辑的实例名，然后它会返回属性值；使用 getVersion 函数可以得到当前正在播放影片的 Flash Player 版本号。
标识符	是用于表明变量、属性、对象、函数或方法的名称。它的第一个字符必须是字母、下划线 (_) 或美元记号 ($)。其后的字符必须是字母、数字、下划线或美元记号。例如，firstName 是变量的名称。
实例	是属于某个类的对象。类的每个实例包含该类的所有属性和方法。所有影片剪辑都是具有 MovieClip 类的属性(例如 _alpha 和 _visible)和方法(例如 gotoAndPlay 和 getURL)的实例。
实例名称	是在脚本中用来代表影片剪辑和按钮实例的唯一名称。可以使用属性面板为舞台上的实例指定实例名称。
关键字	是有特殊含义的保留字。例如，var 是用于声明本地变量的关键字。但是，在 Flash 中，不能使用关键字作为标识符。例如，var 不是合法的变量名。
对象	是属性和方法的集合，每个对象都有自己的名称，并且都是特定类的实例。内置对象是在动作脚本语言中预先定义的。例如，内置对象 Date 可以提供系统时钟信息。
运算符	是通过一个或多个值计算新值的术语。例如，加法 (+) 运算符可以将两个或多个值相加到一起，从而产生一个新值。运算符处理的值称为操作数。
属性	是定义一个对象的属性。

(续表)

名　　称	说　　明
变量	是保存任何数据类型的值的标识符。可以创建、更改和更新变量，也可以获得它们存储的值以在脚本中使用。

9.1.3　ActionScript 3.0 特点

ActionScript 3.0 与之前的版本相比，有很大的区别，它需要一个全新的虚拟机运行，并且 ActionScript 3.0 在 Flash Player 中的回放速度要比 ActionScript 2.0 代码快许多，而在早期版本中有些并不复杂的人物在 ActionScript 3.0 的代码长度会是原来的两倍长，ActionScript 3.0 在操作细节上的完善使动画制作者的编程工作更加得心应手。

有关 ActionScript 3.0 的特点，主要有以下几点。

- ⊙　增强处理运行错误能力：提示的运行错误中显示了详细的附注，列出出错的源文件和以数字提示的时间线，有助于快速定位产生错误的位置。
- ⊙　类封装：ActionScript 3.0 引入密封的类的概念，在编译时间内的密封类拥有唯一固定的特征和方法，其他的特征和方法不会被加入，因而提高了对内存的使用功率，避免了为每一个对象实例增加内在的杂乱指令。
- ⊙　命名空间：不仅在 XML 中支持命名空间，在类的定义中也同样支持。
- ⊙　运行时变量类型检测：在回放时会检测变量的类型是否合法。
- ⊙　Int 和 uint 数据类型：新的数据变量类型允许 ActionScript 使用更快的整形数据来进行计算。

提示

在使用 Flash CS4 编辑动画时，可以选择创建 ActionScript3 .0 文档类型或者 ActionScript 2.0 文档类型，以对应不同的脚本语言模式。

9.2　ActionScript 基础

学习 ActionScript 与其他常用计算机语言的学习方法类似，首先应对 ActionScript 语句的组成部分和语法规则有所了解。在章节前文中已经介绍了有关 ActionScript 中的常用术语名称和说明，下面将详细介绍 ActionScript 的一些主要组成部分。

9.2.1　ActionScript 的基本语法

ActionScript 语法是 ActionScript 编程中最重要环节之一，ActionScript 的语法相对于其他的一些专业程序语言来说较为简单。ActionScript 动作脚本具有语法和标点规则，这些规则可以确定哪些字符和单词能够用来创建含义及它们的编写顺序。例如，在动作脚本中，分号通常用于结束一个语句。

1. 点语法

在动作脚本中，点(.)通常用于指向一个对象的某一个属性或方法，或者标识影片剪辑、变量、函数或对象的目标路径。点语法表达式是以对象或影片剪辑的名称开始，后面跟一个点，最后以要指定的元素结束。

例如，影片剪辑的_alpha 属性表示影片剪辑元件实例的透明度属性，那么表达式 mc1_alpha 就表示引用影片剪辑元件实例 mc1 的_alpha 属性。

在 Flash 中，用来表达对象或影片剪辑的方法同样也遵循上述模式。例如，MCjxd 实例的 play 方法可在 MCjxds 的时间轴中移动播放头，如下所示：

```
MCjxd.play();
```

在 ActionScript 中，点(.)不但可以指向一个对象或影片剪辑相关的属性或方法，还可以指向一个影片剪辑或变量的目标路径。

2. 大括号

在 AcrtionScript 中，大括号({ })用于分割代码段，也就是把大括号中的代码分成独立的一块，可以把括号中的代码看作是一句表达式，例如如下代码中，_MC.stop();就是一段独立的代码。

```
On(release) {
  _MC.stop();
}
```

3. 小括号

在 AcrtionScript 中，小括号用于定义和调用函数。在定义函数和调用函数时，原函数的参数和传递给函数的各个参数值都用小括号括起来，如果括号里面是空，表示没有任何参数传递。

4. 分号

在 ActionScript 中，分号(;)通常用于结束一段语句，例如：

```
On(release){
  getURl("http://sports.sina.com.cn/nba")
}
```

5. 字母大小写

在 ActionScript 中，除了关键字以外，对于动作脚本的其余部分，是不严格区分大小写的，例如如下两个代码表达的效果是一样的，在 Flash 中都是执行同样的过程。

```
ball.height =100;

Ball.Height=100;
```

在编写脚本语言时，对于函数和变量的名称，最好将首字母大写，以便于在查阅动作脚本代码时会更易于识别它们。

由于动作脚本是不区分大小写的，因此在设置变量名时不可以使用与内置动作脚本对象相同的名称，例如代码 date = new Date()，但可以使用变量名 myDate、hisDate 等。

在输入关键字时一定要使用正确的大小写字母，否则脚本就会出错。如下代码中，var 是关键字，因此代码中第 2 句的语法是错误的，Flash 在执行时会报告错误信息并停止。

```
var K=30;

Var K=30;
```

6. 注释

注释可以向脚本中添加说明，便于对程序的理解，常用于团队合作或向其他人员提供范例信息。若要添加注释，可以执行下列操作之一。

- ◉ 注释某一行内容，在"动作"面板的脚本语言编辑区域中输入符号"//"，然后输入注释内容。
- ◉ 注释多行内容，在"动作"面板的专家模式下输入符号"/*"和"*/"，然后在两个符号之间输入注释内容。

默认情况下，注释在脚本窗格中显示为灰色。注释内容的长度是没有限制的，并且不会影响导出文件的大小，而且它们不必遵从动作脚本的语法或关键字规则。

7. 斜杠

斜杠(/)在早期的 Flash 版本中是用于表示路径，在 ActionScript 中的作用与点语法相似。但在 Flash CS4 中不支持该语法，因此在编写时，使用点语法即可。

⑨.2.2　ActionScript 的数据类型

数据类型用于描述变量或动作脚本元素存储的数据信息。在 Flash 中包括两种数据类型，即原始数据类型和引用数据类型。原始数据类型包括字符串、数字和布尔值，都有一个常数值，因此可以包含它们所代表的元素的实际值；引用数据类型是指影片剪辑和对象，值可能发生更改，因此它们包含对该元素实际值的引用。此外，在 Flash 中还包含有两种特殊的数据类型，

计算机 基础与实训教材系列

即空值和未定义。

1. 字符串

字符串是由诸如字母、数字和标点符号等字符组成的序列。在 ActionScript 中，字符串必须在单引号或双引号之间输入，否则将被作为变量进行处理。例如在下面的语句中，"JXD24" 是一个字符串。

```
favoriteBand = "JXD24";
```

可以使用加法(+)运算符连接或合并两个字符串。在连接或合并字符串时，字符串前面或后面的空格将作为该字符串的一部分被连接或合并。在如下代码中，在 Flash 执行程序时，自动将 Welcome 和 Beijing 两个字符串连接合并为一个字符串。

```
"Welcome, " + "Beijing";
```

但要注意的是，虽然动作脚本在引用变量、实例名称和帧标签时是不区分字母大小写的，但文本字符串却要区分大小写。例如，"chiangxd"和"CHIANGXD"将被认为是两个不同的字符串。

如果要在字符串中包含引号，可在其前面使用反斜杠字符(\)，这称为字符转义。在动作脚本中，还有一些字符必须使用特殊的转义序列才能表示出来，如表 9-2 所示。

表9-2　动作脚本转义符

转 义 序 列	字　　符
\b	退格符 (ASCII 8)
\f	换页符 (ASCII 12)
\n	换行符 (ASCII 10)
\r	回车符 (ASCII 13)
\t	制表符 (ASCII 9)
\"	双引号
\'	单引号
\\	反斜杠
\000 - \377	以八进制指定的字节
\x00 - \xFF	以十六进制指定的字节
\u0000 - \uFFFF	以十六进制指定的 16 位 Unicode 字符

2. 数值型

数值类型是很常见的数据类型，它包含的都是数字。所有的数值类型都是双精度浮点类，可以用数学算术运算符来获得或者修改变量，例如加(+)、减(－)、乘(*)、除(/)、递增(++)、递减(--)等运算对数值型数据进行处理；也可以使用 Flash 内置的数学函数库，这些函数放置在 Math 对象里，例如，使用 sqrt(平方根)函数，求出 90 的平方根，然后给 number 变量赋值。

```
number=Math.sqrt(90);
```

3. 布尔值

布尔值包含 true 和 false 值。动作脚本会在需要时将 true 转换为 1，将 false 转换为 0。布尔值在控制脚本流的动作脚本语句中，经常与逻辑运算符一起使用。例如下面代码中，如果变量 i 值为 flase，转到第 1 帧开始播放影片。

```
if (i == flase) {
gotoAndPlay(1);
}
```

4. 对象

对象是属性的集合，每个属性都包含有名称和值两部分。属性的值可以是 Flash 中的任何数据类型。可以将对象相互包含或进行嵌套。要指定对象和它们的属性，可以使用点(.)运算符。例如，在下面的代码中，hoursWorked 是 weeklyStats 的属性，而 weeklyStats 又是 employee 的属性：

employee.weeklyStats.hoursWorked

可以使用内置的动作脚本进行对象访问和处理特定种类的信息。例如，在下面代码中，Math 对象的一些方法可以对传递给它们的数字进行数学运算。

Root=Math.sqrt(90);

在 Flash 中，也可以自己创建对象来组织影片中的信息。要使用动作脚本添加交互操作，就需要不同的信息，比如用户姓名、年龄、性格、联系方式等。创建对象可以将这些信息分组，从而简化编写动作脚本过程。

5. 影片剪辑

影片剪辑是对象类型中的一种，它是 Flash 影片中可以播放动画的元件，是唯一引用图形元素的数据类型。影片剪辑数据类型允许用户使用 MovieClip 对象的方法对影片剪辑元件进行控制。用户可以通过点(.)运算符调用该方法。例如：

mc1.startDrag(true);

6. 空值与未定义

空值数据类型只有一个值即 null，表示没有值，缺少数据，它可以在各种情况下使用，具有以下各种含义。

- ◉ 表明变量还没有接收到值。
- ◉ 表明变量不再包含值。
- ◉ 作为函数的返回值，表明函数没有可以返回的值。
- ◉ 作为函数的一个参数，表明省略了一个参数。

此外，未定义数据类型同样也只有一个值，即 undefined，用于尚未分配值的变量。

计算机 基础与实训教材系列

9.2.3 ActionScript 变量

变量是动作脚本中可以变化的量，在动画播放过程中可以更改变量的值，还可以记录和保存用户的操作信息、记录影片播放时更改的值或评估某个条件是否成立等。在首次定义变量时最好对变量进行初始化操作，为变量指定一个初始值。初始化变量有助于用户在播放影片时跟踪和比较变量值。

变量中可以存储诸如数值、字符串、布尔值、对象或影片剪辑等任何类型的数据；也可以存储典型的信息类型，如 URL、用户姓名、数学运算的结果、事件发生的次数以及是否单击了某个按钮等。

1. 命名变量

对变量进行命名必须遵循以下规则。

- 必须是标识符，即必须以字母或者下划线开头，例如 JXD24、365games 等都是有效变量名。
- 不能和关键字或动作脚本同名，例如 true、false、null 或 undefined 等。
- 在变量的范围内必须是唯一的。

在输入变量时，不需要定义变量的数据类型，给变量赋值时，系统会自动确定它的数据类型。例如表达式 x = "nanjing"，由于"nanjing"的数据类型为字符串型，因此变量 x 的类型也将被定义为字符串型。对于尚未赋值的变量来说，其数据类型默认为 undefined。

2. 变量的赋值

在 Flash 中，当给一个变量赋值时，会同时确定该变量的数据类型。例如表达式"age=24"，24 是 age 变量的值，因此变量 age 是数值型数据类型变量。如果没有给变量赋值，该变量则不属于任何数据类型。

在编写动作脚本过程中，Flash 会自动将一种类型的数据转换为另一种类型。例如：

```
"one minute is"+60+"seconds"
```

60 属于数值型数据类型，左右两边用运算符号(+)连接的都是字符串数据类型，Flash 会把60 自动转换为字符，因为运算符号(+)在用于字符串变量时，左右两边的内容都是字符串类型，Flash 会自动转换变量类型，该脚本在实际执行的值为"one minute is 60 seconds"。

3. 变量类型

在 Flash 中，主要有 4 种类型的变量。

- 逻辑变量：这种变量是用于判定指定的条件是否成立，即 true 和 false。True 表示条件成立，false 表示条件不成立。
- 数值型变量：用于存储一些特定的数值。
- 字符串变量：用于保存特定的文本内容。

◉　对象型变量：存储对象类型数据。

4. 变量的作用范围

变量的作用范围是指变量能够被识别并且可以引用的范围，在该范围内的变量是已知并可以引用的。动作脚本包括以下 3 种类型变量范围。

◉　本地变量：只能在变量自身的代码块(由大括号界定)中可用的变量。

◉　时间轴变量：可以用于任何时间轴的变量，但必须使用目标路径进行调用。

◉　全局变量：可以用于任何时间轴的变量，并且不需要使用目标路径也可直接调用。

本地变量可以防止出现名称冲突，名称冲突就会导致动画出现错误。而使用本地变量可以在一个环境中存储用户名，而在其他环境中存储剪辑实例，这些变量在不同的范围内运行，因此避免发生名称冲突。本地变量可在脚本中使用 var 语句。由于本地变量只在它自己的代码块中可以更改，而不会受到外部变量的影响，因此在函数体中使用本地变量，就可以将函数作为独立的程序模块使用；而如果在函数中使用全局变量，则在函数之外也可以更改它的值，这样就更改了该函数。

5. 变量声明

要声明时间轴变量，可以使用 set variable 动作或赋值运算符(=)。要声明本地变量，可在函数体内部使用 var 语句。本地变量的使用范围只限于包含该本地变量的代码块，它会随着代码块的结束而结束。没有在代码块中声明的本地变量会在它的脚本结束时结束，例如：

```
function myColor() {
 var i = 2;
}
```

声明全局变量，可在该变量名前面使用_global 标识符。例如：

```
myName= "chiangxiaotung";
```

6. 在脚本中使用变量

在脚本中必须先声明变量，然后才能在表达式中使用。如果未声明变量，该变量的值为 undefined，并且脚本运行时将会出错，例如下面的代码。

```
getURL(WebSite);
WebSite = "http://www.xdchiang.com.cn";
```

在上述代码中，在执行此脚本之前必须先声明变量 WebSite 的语句，这样才能用其值替换 getURL 动作中的变量。

在一个脚本中，可以多次更改变量的值。变量包含的数据类型将影响任何时候更改的变量。原始数据类型是按值进行传递的，这意味着变量的实际内容会传递给变量。例如，在下面的代码中，x 设置为 15，该值会复制到 y 中。当在第 3 行中 x 更改为 30 时，y 的值仍然为 15，这是因为 y 并不依赖 x 的改变而改变。

```
var x = 15;
var y = x;
var x = 30;
```

对象数据类型可以包含大量复杂的信息，因此属于该类型的变量并不包含实际的值，它包含的是对值的引用。这种引用类似于指向变量内容的别名。当变量需要知道它的值时，该引用会查询内容，然后返回答案，而无需将该值传递给变量。例如，下面的代码是按引用进行传递的。

```
var myArray = ["tom", "dick"];
var newArray = myArray;
myArray[1] = "jack";
trace(newArray);
```

在上面的代码中先创建了一个名为 myArray 的数组对象，它有两个元素，然后创建了变量 newArray，并向它传递了对 myArray 的引用。当 myArray 的第二个元素变化时，它影响引用它的每个变量。trace 动作会向"输出"窗口发送 tom, jack。

在下面的例子中，myArray 包含一个数组对象，因此它会按引用传递给函数 zeroArray。zeroArray 函数会更改 myArray 中的数组内容。

计算机基础与实训教材系列

```
function zeroArray (theArray){
  var i;
  for (i=0; i < theArray.length; i++) {
    theArray[i] = 0;
  }
}
var myArray = new Array();
myArray[0] = 1;
myArray[1] = 2;
myArray[2] = 3;
zeroArray(myArray);
```

函数 zeroArray 会将数组对象当做参数来接收，并将该数组的所有元素设置为 0。因为该数组是按引用进行传递的，所以该函数可以修改它。

⑨.2.4　ActionScript 常量

常量在程序中是始终保持不变的量，它分为数值型、字符串型和逻辑型。

- ◉　数值型常量：由数值表示，例如"setProperty(yen,_alpha,100);"中，100 就是数值型常量。
- ◉　字符串型常量：由若干字符构成的数值，它必须在常量两端引用标号，但并不是所有包

含引用标号的内容都是字符串，因为 Flash 会根据上下文的内容自动判断一个值是定义
为字符串还是数值。

⊙ 逻辑型常量：又称为布尔型，表明条件成立与否，如果条件成立，在脚本语言中用 1 或
true 表示；如果条件不成立，则用 0 或 false 表示。

9.2.5　ActionScript 关键字

在 ActionScript 中保留了一些具有特殊用途的单词便于随时调用，这些单词称为关键字。
ActionScript 中常用的关键帧如表 9-3 所示。在编写脚本时，要注意不能再将它们作为变量、函
数或实例名称使用。

表 9-3　动作脚本关键字

break	else	Instanceof	typeof	delete
case	for	New	var	in
continue	function	Return	void	this
default	if	Switch	while	with

9.2.6　ActionScript 函数

在 ActionScript 中，函数是一个动作脚本的代码块，可以在任何位置重复使用，减少代码
量，从而提供工作效率，同时也可以减少手动输入代码时引起的错误。在 Flash 中可以直接调
用已有的内置函数，也可以根据需要创建自定义函数，然后进行调用。将值作为参数传递给函
数，它将对这些值进行操作。函数常用于复杂和交互性较强的动作制作中。

1. 内置函数

内置函数是一种语言在内部集成的函数，它已经完成了定义的过程。当需要传递参数调用
时，可以直接使用。它可用于访问特定的信息以及执行特定的任务。例如，获取播放影片的 Flash
Player 版本号(getVersion())。

2. 自定义函数

可以把执行自定义功能一系列语句定义为一个函数。自定义的函数同样可以返回值、传递
参数，也可以任意调用它。

函数跟变量一样，附加在定义它们的影片剪辑的时间轴上。必须使用目标路径才能调用它
们。此外，也可以使用_global 标识符声明一个全局函数，全局函数可以在所有时间轴中被调用，
而且不必使用目标路径，这和变量很相似。

要定义全局函数，可以在函数名称前面加上标识符_global。例如：

```
_global.myFunction = function (x) {
    return (x*2)+3;
}
```

要定义时间轴函数，可以使用 function 动作，后接函数名、传递给该函数的参数，以及指示该函数功能的 ActionScript 语句。例如，以下语句定义了函数 areaOfCircle，其参数为 radius。

```
function areaOfCircle(radius) {
    return Math.PI * radius * radius;
}
```

一旦定义了函数，就可以在任意一个时间轴中调用它。一个写得好的函数甚至可以看作一个"黑匣子"。如果它仔细地放置了有关输入、输出和详细的注释，那么该函数的用户就不需要耗费太多时间理解该函数的内部工作原理。

3. 向函数传递参数

参数是指某些函数执行其代码时所需要的元素。例如，以下函数使用了参数 initials 和 finalScore。

```
function fillOutScorecard(initials, finalScore) {
    scorecard.display = initials;
    scorecard.score = finalScore;
}
```

当调用函数时，所需的参数必须传递给函数。函数会使用传递的值替换函数定义中的参数。例如如下代码，scorecard 是影片剪辑的实例名称，display 和 score 是影片剪辑中可输入文本块。以下函数调用会将值"JEB"赋予变量 display，并将值 45000 赋予变量 score。

```
fillOutScorecard("JEB", 45000);
```

参数 initials 在函数 fillOutScorecard()中就像一个本地变量，它只有在调用该函数时才存在，当该函数退出时，该参数也将停止。如果在函数调用时省略了参数，则省略的参数将被传递 undefined 类型值。如果在调用函数时提供了多余参数，多余的参数将被忽略。

4. 从函数返回值

使用 return 语句可以从函数中返回值。return 语句将停止函数运行并使用 return 语句的值替换它。在函数中使用 return 语句时要遵循以下原则。

- 如果为函数指定除 void 之外的其他返回类型，则必须在函数中加入一条 return 语句。
- 如果指定返回类型为 void，则不应加入 return 语句。
- 如果不指定返回类型，则可以选择是否加入 return 语句。如果不加入该语句，将返回一个空字符串。

例如，以下函数返回参数 x 的平方，并且指定了返回值的类型为 Number。

```
function sqr(x):Number {
    return x * x;
}
```

有些函数只是执行一系列的任务，但不返回值。例如，以下函数只是初始化一系列全局变量。

```
function initialize() {
    boat_x = _global.boat._x;
    boat_y = _global.boat._y;
    car_x = _global.car._x;
    car_y = _global.car._y;
}
```

5. 自定义函数的调用

使用目标路径可以从任意时间轴中调用任意时间轴内的函数。如果函数是使用_global 标识符声明的，则无需使用目标路径即可调用它。

要调用自定义函数，可以在目标路径中输入函数名称，有的自定义函数需要在括号内传递所有必需的参数。例如，以下语句中，在主时间轴上调用影片剪辑 MathLib 中的函数 sqr()，其参数为 3，最后把结果存储在变量 temp 中：

```
var temp = _root.MathLib.sqr(3);
```

在调用自定义函数时，可以使用绝对路径或相对路径来调用。

在下面示例中，使用绝对路径调用 initialize()函数，并且该函数是在主时间轴上定义的，也不需要参数。

```
_root.initialize();
```

在下面代码中，使用相对路径调用 list() 函数，该函数是在 functionsClip 影片剪辑中定义的：

```
_parent.functionsClip.list(6)
```

⑨.2.7　ActionScript 运算符

ActionScript 中的表达式都是通过运算符连接变量和数值的。运算符是在进行动作脚本编程过程中经常会用到的元素，使用它可以连接、比较、修改已经定义的数值。ActionScript 中的运算符分为：数值运算符、赋值运算符、逻辑运算符、等于运算符等。运算符处理的值称为操作

计算机 基础与实训教材系列

数，例如 x=100;，=为运算符，x 为操作数。

1. 运算符的优先顺序

在一个语句中使用两个或两个以上运算符时，各运算符会遵循一定的优先顺序进行运算。比如运算符加(＋)和减(－)的优先顺序最低，运算符乘(*)和除(/)的优先顺序较高，而括号的优先顺序最高。

如果一个表达式中包含有相同优先级的运算符时，动作脚本将按照从左到右的顺序依次进行计算；当表达式中包含有较高优先级的运算符时，动作脚本将按照从左到右的顺序，先计算优先级高的运算符，然后再计算优先级较低的运算符；当表达式中包含括号时，则先对括号中的内容进行计算，然后按照优先顺序依次进行计算。

2. 数值运算符

数值运算符可以执行加、减、乘、除及其他算术运算。动作脚本数值运算符如表 9-4 所示。

表 9-4　数值运算符

运　算　符	执行的运算
＋	加法
*	乘法
/	除法
%	求模(除后的余数)
－	减法
++	递增
－－	递减

在递增和递减运算中，最常见的用法是 i++；同样，递减运算用 i--。递增/递减运算符可以在操作数前面使用，也可以在操作数的后面使用。若递增/递减运算符出现在操作数的前面表示先进行递增/递减操作，然后再使用操作，数如++i；若递增/递减运算符出现在操作数的后面，则表示先使用操作数，然后再进行递增/递减操作，如 i++。

3. 比较运算符

比较运算符用于比较表达式的值，然后返回一个布尔值(true 或 false)，这些运算符常用于循环语句和条件语句中。动作脚本中的比较运算符如表 9-5 所示。比较运算符通常用于循环语句及条件语句中。例如在下面的示例中，若变量 i 的值小于 10，则开始影片的播放；否则停止影片播放。

```
If (I < 10){
  stop();
} else {
```

```
    play();
}
```

表 9-5　比较运算符

运 算 符	执行的运算
<	小于
>	大于
<=	小于或等于
>=	大于或等于

4. 字符串运算符

加(+)运算符处理字符串时会产生特殊效果,它可以将两个字符串操作数连接起来,使其成为一个字符串。若加(+)运算符连接的两个操作数中只有一个是字符串,Flash 会将另一个操作数也转换为字符串,然后将它们连接为一个字符串。

使用比较运算符>、>=、<和<=在处理字符串时也会产生特殊的效果,这些运算符会比较两个字符串,将字符串按字母数字顺序排在前面。如果两个操作数都是字符串,比较运算符将只比较字符串。如果只有一个操作数是字符串,Flash 会将两个操作数都转换为数值,然后进行数值比较。

5. 逻辑运算符

逻辑运算符是对布尔值(true 和 false)进行比较,然后返回另一个布尔值,动作脚本中的逻辑运算符如表 9-6 所示,该表按优级递减的顺序列出了逻辑运算符。例如,如果两个操作数都为 true,逻辑与运算符(&&)将返回 true;如果其中一个或两个操作数为 true,则逻辑或运算符(||)将返回 true。逻辑运算符通常与比较运算符配合使用,以确定 if 动作的条件。例如下面的语句中,当两个表达式中有一个符合条件,返回布尔值 true,然后执行 if 语句。

```
if (i > 50 || n <= 20){
stop();
}
```

表 9-6　逻辑运算符

运 算 符	执行的运算
&&	逻辑与
||	逻辑或
!	逻辑非

6. 按位运算符

按位运算符会在内部对浮点数值进行处理,并转换为 32 位整型数值。在执行按位运算符时，动作脚本会分别评估 32 位整型数值中的每个二进制位，从而计算出新的值。动作脚本中按位运算符如表 9-7 所示。

表 9-7　按位运算符

运　算　符	执行的运算
&	按位与
|	按位或"
^	按位异或
~	按位非
<<	左移位
>>	右移位
>>>	右移位填零

7. 等于运算符

等于(= =)运算符一般用于确定两个操作数的值或标识是否相等，动作脚本中的等于运算符如表 9-8 所示。它会返回一个布尔值(true 或 false)，若操作数为字符串、数值或布尔值将按照值进行比较；若操作数为对象或数组，按照引用进行比较。用赋值运算符检查等式是用户经常犯的错误。例如，代码 if (x = = 2)，表示将 x 与 2 进行比较；若使用 if (x = 2)，则会将值 2 赋予变量 x，而不是对 x 和 2 进行比较。

全等(= = =)运算符与等于(= =)运算符在操作上很相似，但全等运算符不仅比较数值，还会对数据类型进行比较。如果两个操作数属于不同类型，全等运算符会返回 false，不全等(!= =)运算符会返回全等运算符的相反值。例如：

```
i=2;
n="2";
trace (i= =n);
trace(i= ==n);
```

使用等于(= =)运算符将返回 true；而使用全等(= = =)运算符则返回 false。这是由于变量 i 和变量 n 的数值类型不一致引起的。

表 9-8　等于运算符

运　算　符	执行的运算
= =	等于
= = =	全等
!=	不等于
!= =	不全等

8. 赋值值运算符

赋值(=)运算符可以将数值赋给变量，或在一个表达式中同时给多个参数赋值。例如如下代码中，表达式 asde=5 中会将数值 5 赋给变量 asde；在表达式 a=b=c=d 中，将 a 的值分别赋予变量 b，c 和 d。

```
asde = 5;
a = b = c = d;
```

使用复合赋值运算符可以联合多个运算，复合运算符可以对两个操作数都进行运算，然后将得值赋予第一个操作数。例如，下面两条语句将得到相同的结果：

```
x - = 5;
x = x - 5;
```

动作脚本中的赋值运算符如表 9-9 所示。

表 9-9　赋值运算符

运　算　符	执行的运算
=	赋值
+=	相加并赋值
- =	相减并赋值
*=	相乘并赋值
%=	求模并赋值
/=	相除并赋值
<<=	按位左移位并赋值
>>=	按位右移位并赋值
>>>=	右移位填零并赋值
^=	按位异或并赋值
|=	按位或并赋值
&=	按位与并赋值

9. 点运算符和数组访问运算符

使用点运算符(.)和数组访问运算符([ ])可以访问内置或自定义的动作脚本对象属性，包括影片剪辑的属性。点运算符的左侧是对象的名称，右侧是属性或变量的名称。例如：

```
mc.height = 24;
mc. = "ball";
```

要注意的是，属性或变量名称不能是字符串或被评估为字符串的变量，必须是一个标识符。

点运算符可以和数组访问运算符执行相同的功能，但是点运算符将标识符作为属性，而数组访问运算符会将内容评估为名称，然后访问已命名属性的值。例如下面代码中，都用于访问影片剪辑 mc1 中的同一个变量 ball。

```
mc1.ball;
mc1["ball"];
```

使用数组访问运算符可以动态设置和检索实例名称和变量。例如如下代码中，会评估[ ]运算符中的表达式，评估结果将用作从影片剪辑 ourName 中检索的变量的名称。

```
ourCountry["mc" + i]
```

数组访问运算符还可以用在赋值语句的左侧，可以动态设置实例、变量和对象的名称。要访问构建的多维数组元素，可以将数组访问运算符进行自我嵌套，例如：

```
var chessboard = new Array();
for (var i=0; i<8; i++) {
 chessboard.push(new Array(8));
}
function getContentsOfSquare(row, column){
 chessboard[row][column];
}
```

9.3 输入 ActionScript

在 ActionScript 3.0 环境下，按钮或影片剪辑不再可以被直接添加代码，只能将代码输入在时间轴上，或者将代码输入在外部类文件中。但在 ActionScript 2.0 环境下，可以给【按钮】元件或【影片剪辑】元件添加 ActionScript，根据动画要实现的效果，选择方便快捷的 ActionScript 环境。

9.3.1 ActionScript 编写流程

在开始编写 ActionScript 之前，首先要明确动画需要达到的目的，然后根据动画设计的目的，决定使用哪些动作，怎样有效地编写 ActionScript，应该放在何处，所有内容都要仔细规划，特别是在动画复杂的情况下更应如此。不过在设计动作脚本时始终要把握好动作脚本的时机和动作脚本的位置，如果这两个问题没有处理好，在制作脚本动画时非常容易出错，甚至出现无法控制动作脚本程序的现象。

1. 脚本程序的时机

脚本程序的时机就是指某个脚本程序在什么时候执行。在 Flash 中脚本程序的时机有很多，用户可以根据需要在相应的时机设置脚本。Flash 中主要的脚本程序时机如下。

- 图层中的某个关键帧(包括空白关键帧)处。当动画播放到该关键帧的时候，执行该帧的脚本程序。
- 对象(例如按钮、图形以及影片剪辑等)上的时机。例如按钮对象在按下的时候，执行该按钮上对应的脚本程序，对象上的时机也可以通过"行为"面板来设置。
- 自定义时机。主要指设计者通过脚本程序来控制其他脚本程序执行的时间。例如，用户设计一个记时函数和播放某影片剪辑的程序，当记时函数记时到达时刻时，就自动执行播放该影片剪辑的程序。

在明确了脚本程序的时机后，才能让脚本程序在最需要的时候执行。

2. 脚本程序的位置

脚本程序的位置是指脚本程序代码放到什么地方。如果设计者不知道脚本程序的位置，根本无法让脚本程序执行。所以设计者要根据具体动画的需要，选择恰当的位置放置脚本程序。Flash 中主要放置脚本程序的位置如下。

- 图层中的某个关键帧上。即打开该帧对应的"动作"面板时，脚本程序就放置面板的代码中。
- 场景中的某个对象。即脚本程序放置在对象对应的"动作"面板中。
- 外部文件。在 Flash 中，动作脚本程序可以作为外部文件存储(文件后缀为.as)，这样的脚本代码便于统一管理，而且可以提高动作脚本代码重用性。如果需要外部的代码文件，可以直接将 AS 文件导入到文件中即可。

脚本程序的时机和位置通常是紧密联系的，也可以说是不可分割的，因为在设置脚本程序的时机时，必然要考虑到该脚本程序的位置，否则即使知道脚本程序的时机也无法执行相应的脚本程序。在脚本动画制作过程中，只有在恰当的时机和位置运用脚本程序，才能达到动画设计的目的。

⑨.3.2　在时间轴上输入代码

在 Flash CS4 中，可以在时间轴上的任何一帧中添加代码，包括主时间轴和影片剪辑的时间轴中的任何帧。输入时间轴的代码，将在播放头进入该帧时被执行。

在时间轴上选中要添加代码的关键帧，选择【窗口】|【动作】命令，或者直接按下【F9】快捷键即可打开【动作】面板，在动作面板的【脚本编辑窗口】中输入代码即可。

在【动作】面板中可以通过选择【动作】工具箱中的命令来撰写脚本语言，或者直接在脚本编辑窗口中撰写和编辑动作，这与使用文本编辑器撰写脚本的方法很相似。

⑨.3.3 在外部 AS 文件中添加代码

需要组件较大的应用程序或者包括重要的代码时，就可以创建单独的外部 AS 类文件并在其中组织代码。

要创建外部 AS 文件，应首先选择【文件】|【新建】命令打开【新建文档】对话框，如图 9-4 所示。在该对话框中选中【ActionScript 文件】选项，然后单击【确定】按钮即可创建 AS 文件，如图 9-5 所示。和在【动作】面板类似，可以在创建的 AS 文件的【脚本】窗口中书写代码，完成后将其保存即可。

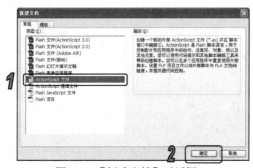

图 9-4 【新建文档】对话框   图 9-5 创建 AS 文件

创建的外部 AS 文件类似于一个模板，可以被继承或者重用。可以使用 ActionScript 3.0 中的 include 语句访问或调用外部 AS 文件，Include 指令会导致在特定的位置以及脚本中的指定范围内插入外部 AS 文件的内容，效果如同它们是直接输入在时间轴上一样，这使得外部 AS 文件的应用非常方便。

⑨.3.4 在元件中添加代码

前面已经介绍到，在 ActionScript 2.0 环境下，可以在【按钮】和【影片剪辑】元件中添加代码。在元件中直接添加代码，可以针对该元件，执行动作。

1. 添加按钮代码

在【按钮】元件中添加 ActionScript，在单击该按钮或者鼠标经过该按钮时，能执行指定的动作脚本动画。给按钮添加动作脚本时，该按钮上的脚本动画不会影响到舞台中其他的按钮实例。选中要添加代码的按钮，按下 F9 键，也可以右击该按钮，在弹出的快捷菜单中选择【动作】命令，打开【动作】面板，在编辑区域中输入代码即可。

2. 添加影片剪辑代码

【影片剪辑】元件用于独立的时间轴，在影片剪辑中添加动作脚本后，当事件发生时就会执行指定的动作。

在【影片剪辑】中插入动作脚本的方法与在【按钮】元件中添加代码方法类似。选中要添加脚本的【影片剪辑】元件，打开【动作】面板，在编辑区域中输入代码即可。

知识点 ------------------------------------

在创建动画过程时，根据所需实现的动作，需要预先确定使用 ActionScript 3.0 还是 ActionScript 2.0 环境。

⑨.4　处理对象

ActionScript 3.0 是一种面向对象(OPP)的编程语言，面向对象的编程仅仅是一种编程方法，它与使用对象来组织程序中的代码的方法并没有差别。

程序是电脑执行的一系列步骤或指令的集合。从概念上来说，可以认为程序只是一个很长的指令列表。然而，在面向对象的编程中，程序指令被划分到不同的对象中，并被构成代码功能块。

⑨.4.1　属性

属性是对象的基本特性，包含影片剪辑元件的位置、大小、透明度等信息。它表示某个对象中绑定在一起的若干数据块的一个。例如：

```
myExp.x=100
//将名为 myExp 的影片剪辑元件移动到 x 坐标为 100 像素的地方
myExp.rotation=Scp.rotation;
//使用 rotation 属性旋转名为 myExp 的影片剪辑元件以便与 Scp 影片剪辑元件的旋转相匹配
myExp.scaleY=5
//更改 Exp 影片剪辑元件的水平缩放比例，使其宽度为原始宽度的 5 倍
```

通过以上语句可以发现，要访问对象的属性，可以使用"对象名称(变量名)+句点+属性名"的形式书写代码。

⑨.4.2　方法

方法是指可以由对象执行的操作。如果在 Flash 中使用时间轴上的几个关键帧和基本动画制作了一个影片剪辑元件，则可以播放或停止该影片剪辑，或者指示它将播放头移动到特定的帧。例如：

```
myClip.play();
//指示名为 myClip 的影片剪辑元件开始播放
myClip.stop();
//指示名为 myClip 的影片剪辑元件停止播放
```

```
myClip.gotoAndstop(15);
// 指示名为 myClip 的影片剪辑元件将其播放头移动到第 15 帧，然后停止播放
myClip.gotoAndPlay(5);
// 指示名为 myClip 的影片剪辑元件跳到第 5 帧开始播放
```

通过以上的语句可以总结如下规则：

◉ 以"对象名称(变量名)+句点+方法名"的形式书写代码可以访问方法，这与属性类似。

◉ 小括号中指示对象执行的动作，可以将值或者变量放在小括号中，这些值成为方法的"参数"。

知识点

方法与属性或者变量的不同之处在于，方法不能用作值占位符。有一些方法还可以执行计算并返回，可以像变量一样使用结果。例如，Number 类的 toString()方法将数值转换为文本表示形式。

⑨.4.3 事件

事件用于确定执行哪些指令以及何时执行的机制。事实上，事件就是指所发生的、ActionScript 能够识别并可响应的事情。许多事件与用户交互动作有关，如用户单击按钮或按下键盘上的键等操作。

1. 基本事件处理

无论编写怎样的事件处理代码，都会包括事件源、事件和响应 3 个元素，它们的含义如下：

◉ 事件源：是指发生事件的对象，也被称为"事件目标"。

◉ 响应：是指当事件发生时执行的操作。

◉ 事件：指将要发生的事情，有时一个对象可以触发多个事件。

2. 语法结构

在编写事件代码时，应遵循以下基本结构：

```
function eventResponse(eventObject:EventType):void
{
// 此处是为响应事件而执行的动作。
}
eventSource.addEventListener(EventType.EVENT_NAME, eventResponse);
```

此代码执行两个操作。首先，定义一个函数 eventResponse，这是指定为响应事件而要执行的动作的方法。接下来，调用源对象的 addEventListener() 方法，实际上就是为指定事件"订阅"该函数，以便当该事件发生时，执行该函数的动作。而 eventObject 是函数的参数，EventType 则是该参数的类型。

例如如下事件：

```
this.stop();
function startMovie(event:MouseEvent):void
{
this.play();
}
startButton.addEventListener(MouseEvent.CLICK,startMovie);
/*上面的语句表示单击按钮开始播放当前的影片剪辑，其中 startButton 是按钮的实例名称，而 this 指代"当
前选择的对象" */
```

9.4.4　创建对象实例

在 ActionScript 中使用对象之前，必须确保该对象的存在。创建对象的一个步骤就是声明变量，我们已经学会了其操作方法。但仅声明变量，只表示在电脑内创建了一个空位置，所以需要赋予变量一个实际的值，这样的整个过程就成为对象的"实例化"。除了在 ActionScript 中声明变量时为其赋值之外，其实用户也可以在【属性】面板中为对象指定对象实例名。

除了 Number、String、Boolean、XML、Array、RegExp、Object 和 Function 数据类型以外，要创建一个对象实例，都应将 new 运算符与类名一起使用。

例如：

```
Var myday:Date=new Date(2008,7,20);
//以该方法创建实例时，在类名后加上小括号，有时还可以指定参数值
```

知识点

如果要使用 ActionScript 创建无可视化表示形式的数据类型的一个实例，则只能通过使用 new 运算符在 ActionScript 中直接创建对象来实现。

9.5　上机练习

本章的上机练习主要练习通过插入 ActionScript 动作脚本来实现一些动画效果的操作方法。对于本章中的其他内容，例如 ActionScript 的介绍、ActionScript 的一些基础知识，可以根据本章中相应的章节内容进行练习。

9.5.1　创建鼠标效果

新建一个文档(ActionScript 2.0 环境)，创建【影片剪辑】元件，输入相应的 ActionScript 代

码，创建鼠标效果。

(1) 新建一个文档，选择【插入】|【元件】命令，打开【创建新元件】对话框，创建一个【影片剪辑】元件。

(2) 打开【影片剪辑】元件编辑模式，选择【文件】|【导入】|【导入到舞台】命令，导入一个 PSD 图像文件到设计区中，调整图像至合适大小，如图 9-6 所示。

(3) 选中图像，选择【修改】|【转换为元件】命令，转换为【图形】元件。

(4) 在【图层1】图层第 100 帧处插入关键帧，按住 Shift 键，将【图形】元件垂直移至设计区外，打开【属性】面板，设置元件 Alpha 值为 30。

(5) 右击1到100帧之间任意一帧，在弹出的快捷菜单中选择【创建传统补间】命令，创建动作补间动画。

(6) 选中创建动作补间动画的任意一帧，在【属性】面板中设置旋转方式为逆时针，旋转次数为 2 次，如图 9-7 所示。

图 9-6　调整图像

图 9-7　设置旋转

(7) 新建【图层2】图层，在第 100 帧处插入空白关键帧，右击关键帧，在弹出的快捷菜单中选择【动作】命令，打开【动作】面板，输入代码 this.removeMovieClip()，定义影片剪辑。

(8) 返回场景，将【影片剪辑】右击移至设计区中，打开【属性】面板，在【实例名称】文本框中输入实例名称为 syc。

(9) 新建【图层2】图层，在第 1 帧处插入关键帧，在该帧处输入如下代码。

```
Mouse.hide()
//隐藏鼠标
i = 1;
syc._visible = false;
syc.onMouseMove = function() {
freq = random(20);
//修改刷新率改为 20 以内随机数
if (freq == 0) {
  scale = Math.random()*100+80;
//产生随机缩放比例
```

```
  rotate = Math.random()*180;
//产生随机旋转度数
  this.duplicateMovieClip("syc"+i,i);
//不断触发影片剪辑
  _root["syc"+i]._x = _root._xmouse;
  _root["syc"+i]._y = _root._ymouse;
  _root["syc"+i]._xscale = scale;
  _root["syc"+i]._yscale = scale;
  _root["syc"+i]._rotation = rotate;
//跟随鼠标移动
}
i++;
};
```

(10) 新建【图层3】图层，将该图层移至最底层，导入一个图像到设计区中，调整图像至合适大小，如图 9-8 所示。

(11) 按下 Ctrl+Enter 键，测试动画效果，如图 9-9 所示。

图 9-8　调整图像　　　　　　图 9-9　测试效果

(12) 保存文件为【幸福四叶草】。

9.5.2　创建下雪效果

新建一个文档，创建【影片剪辑】元件，在外部 AS 文件中添加代码，链接到元件，在文档中添加代码，创建下雪效果。

(1) 新建一个文档，选择【修改】|【文档】命令，打开【文档属性】对话框，设置文档背景颜色为黑色，文档大小为 600×400 像素。

(2) 选择【插入】|【新建元件】命令，打开【创建新元件】对话框，创建一个 Snow 影片剪辑元件。

(3) 打开【影片剪辑】元件编辑模式，选择【椭圆工具】，按住 Shift 键，绘制一个正圆图形。删除正圆图形笔触，选择【颜料桶】工具，设置填充色为放射性渐变色，填充图形，如图 9-10 所示。

(4) 返回场景，选择【文件】|【新建】命令，打开【新建文档】对话框，选择 ActionScript 选项，如图 9-11 所示。

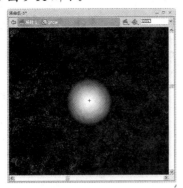

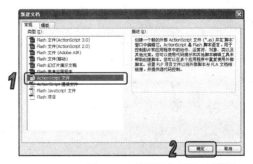

图 9-10　填充图形　　　　　　　　　　图 9-11　【新建文档】对话框

(5) 单击【确定】按钮，新建一个 ActionScript 文件，这时系统会自动打开一个【脚本】动作面板，在代码编辑区域输入如下代码。

```
package
{
        import flash.display.*;
        import flash.events.*;
        public class SnowFlake extends MovieClip
        {
                var radians = 0;//radians
                var speed = 0;
                var radius = 5;
                var stageHeight;
                public function SnowFlake (h:Number)
                {
                        speed =.01+.5*Math.random();
                        radius =.1+2*Math.random();
                        stageHeight = h;
                        this.addEventListener (Event.ENTER_FRAME,Snowing);
                        //这个 this 是库中的 SnowFlake 影片剪辑
                }
                function Snowing (e:Event):void
                {
                        radians += speed;
                        this.x += Math.round(Math.cos(radians));
                        this.y += 2;
                        if (this.y > stageHeight)
                        {
```

```
                    this.y = -20;
                }
            }
        }
}
```

(6) 选择【文件】|【另存为】命令，保存 ActionScript 文件名称为 SnowFlake，将文件保存到【下雪】文件夹中，文件夹名称可以自己定义。

(7) 返回文档，打开【库】面板，右击 snow 影片剪辑元件，在弹出的快捷菜单中选择【属性】命令，打开【元件属性】对话框，单击【高级】按钮，展开该对话框，如图 9-12 所示。

(8) 选中【为 ActionScript 导出】复选框，然后在【类】文本框中输入 AS 文件名称 SnowFlake，如图 9-13 所示，单击【确定】按钮。有关类的编写，会在之后章节中详细介绍。

图 9-12　展开【元件属性】对话框　　　　　图 9-13　编写类

(9) 返回场景，右击【图层 1】图层第 1 帧，在弹出的快捷菜单中选择【动作】命令，打开【动作】面板，输入如下代码。

```
import SnowFlake;
function DisplaySnow ()
{
        for (var i:int=0; i<30; i++){
//最多产生 30 个雪花
                var _SnowFlake:SnowFlake = new SnowFlake(300);
                this.addChild (_SnowFlake);
                _SnowFlake.x =Math.random()*600;
                _SnowFlake.y =Math.random()*400;
                //在 600×400 范围内随机产生雪花
                _SnowFlake.alpha = .2+Math.random()*5;
                //设置雪花随机透明度
                var scale:Number = .3+Math.random()*2;
                //设置雪花随机大小
```

计算机 基础与实训教材系列

```
        _SnowFlake.scaleX = _SnowFlake.scaleY =scale;
        //按随机比例放大雪花。

    }

}
DisplaySnow();
```

(10) 新建【图层 2】图层，将图层移至【图层 1】图层下方，导入一个图像到设计区中，调整图像至合适大小，如图 9-14 所示。

(11) 保存文件名称为 Snow，将该文件与 SnowFlake.as 文件保存在同一个文件中。

(12) 按下 Ctrl+Enter 键，测试动画效果，如图 9-15 所示。

图 9-14　调整图像　　　　　　　　　图 9-15　测试效果

(13) 在该实例中，要注意创建的 SnowFlake.as(ActionScript 文件)与 snow.fla(FLA 文件)要保存在同一个文件夹中，才能链接外部 SnowFlake.as 文件。

9.6　习题

1. 简单叙述 ActionScript 3.0 与之前版本相比，具备哪些特点？

2. 简单叙述方法与属性或者变量的不同之处。

3. 插入 ActionScript 语言，创建一个鼠标特效，如图 9-16 所示。

图 9-16　鼠标特效

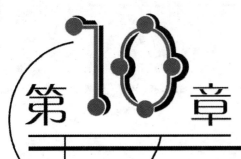

ActionScript 应用(二)

学习目标

在前面章节中已经介绍了有关 ActionScript 的一些基础知识，例如输入 ActionScript、ActionScript 的一些常用术语等。本章将进一步介绍 ActionScript 的应用，主要介绍了一些常用的语句以及编写类的方法。

本章重点

- ◉ 认识 ActionScript 常用语句
- ◉ 编写类

10.1 ActionScript 常用语句

ActionScript 语句就是动作或者命令，动作可以相互独立地运行，也可以在一个动作内使用另一个动作，从而达到嵌套效果，使动作之间可以相互影响。条件判断语句及循环控制语句是制作 Flash 动画时使用频率较高的两种语句，使用它们可以控制动画的进行，从而达到与用户交互的效果。

10.1.1 条件判断语句

条件语句用于决定在特定情况下才执行命令，或者针对不同的条件执行具体操作。在制作交互性动画时，使用条件语句，只有当符合设置的条件时，才能执行相应的动画操作。在 Flash CS4 中，条件语句主要有 if…else…语句、if…else…if 和 switch…case3 种。

1. if…else 语句

if..else 条件语句用于测试一个条件，如果条件存在，则执行一个代码块，否则执行替代代码块。例如，下面的代码测试x的值是否超过100，如果是，则生成一个trace()函数，否则生成另一个trace()函数。

```
if (x > 100)
{
trace("x is > 100");
}
else
{
trace("x is <= 100");
}
```

 提示

> 如果不想执行替代代码块，也可以仅使用 if 语句，而不用 else 语句。

2. if…else…if 控制语句

可以使用 if…else…if 条件语句来测试多个条件。例如，下面的代码不仅测试 x 的值是否超过100，而且还测试x的值是否为负数。

```
if (x > 100)
{
trace("x is >100");
}
else if (x < 0)
{
trace("x is negative");
}
```

如果 if 或 else 语句后面只有一条语句，则无需用大括号括起后面的语句。例如，下面的代码不使用大括号。

```
if (x > 0)
trace("x is positive" );
else if (x < 0)
trace("x is negative");
else
trace("x is 0");
```

但是在实际代码编写过程中，用户最好始终使用大括号，避免以后在缺少大括号的条件语句中添加语句时，可能会出现意外的行为。例如，在下面的代码中，无论条件的计算结果是否为 true，positiveNums 的值总是按 1 递增：

```
var x:int;
var positiveNums:int = 0;
if (x > 0)
trace("x is positive");
positiveNums++;
trace(positiveNums); // 1
```

3. switch…case 控制语句

如果多个执行路径依赖于同一个条件表达式，则 switch 语句非常有用。它的功能大致相当于一系列 if…else…if 语句，但是它更便于阅读。switch 语句不是对条件进行测试以获得布尔值，而是对表达式进行求值并使用计算结果来确定要执行的代码块。代码块以 case 语句开头，以 break 语句结尾。

例如，在下面的代码中，如果 number 参数的计算结果为 1，则执行 case1 后面的 trace()动作；如果 number 参数的计算结果为 2，则执行 case2 后面的 trace()动作，依此类推；如果 case 表达式与 number 参数都不匹配，则执行 default 关键字后面的 trace()动作。

```
switch (number) {
    case 1:
        trace ("case 1 tested true");
        break;
    case 2:
        trace ("case 2 tested true");
        break;
    case 3:
        trace ("case 3 tested true");
        break;
    default:
        trace ("no case tested true")
}
```

上面几乎每一个代码 case 语句中都有 break 语句，用户在使用 switch…case 语句时，必须要明确 break 语句的功能。

【例 10-1】新建一个文档，通过 switch…case 语句在【输出】面板中返回当前的时间。

(1) 新建一个文档，右击第 1 帧，在弹出的快捷菜单中选择【动作】命令，打开【动作】面板，输入如下代码。

```
var someDate:Date = new Date();
var dayNum:uint = someDate.getDay();
switch (dayNum) {
```

```
        case 0 :
            trace("星期日");
            break;
        case 1 :
            trace("星期一");
            break;
        case 2 :
            trace("星期二");
            break;
        case 3 :
            trace("星期三");
            break;
        case 4 :
            trace("星期四");
            break;
        case 5 :
            trace("星期五");
            break;
        case 6 :
            trace("星期六");
            break;
default :
            trace("Out of range");
            break;
}
```

(2) 按下 Ctrl+Enter 键进行测试，将自动打开【输出】面板显示当前时间。如图 10-1 所示。

图 10-1　在【输出】面板中显示结果

> **知识点**
>
> 在 switch 结构中，使用 break 语句可以使流程跳出分支结构，继续执行 switch 结构下面的一条语句。

10.1.2　循环控制语句

循环类动作主要控制一个动作重复的次数，或是在特定的条件成立时重复动作。在 Flash CS4 中可以使用 while、do…while、for、for…in 和 for each…in 动作创建循环。

1. for 语句

for 循环用于循环访问某个变量以获得特定范围的值。必须在 for 语句中提供 3 个表达式：

- ◉ 一个设置了初始值的变量。
- ◉ 一个用于确定循环何时结束的条件语句。
- ◉ 一个在每次循环中都更改变量值的表达式。

例如，下面的代码循环 5 次。变量 i 的值从 0 开始到 4 结束，输出结果是从 0 到 4 的 5 个数字，每个数字各占 1 行。

```
var i:int;
for (i = 0; i < 5; i++)
{
trace(i);
```

 提示

在实际脚本编辑过程中，有时 for 语句也可以用 if…else 语句来代替，并且 for 语句要显得精炼。

2. for…in 语句

for…in 循环用于循环访问对象属性或数组元素。例如，可以使用 for…in 循环来循环访问通用对象的属性：

```
var myObj:Object = {x:20, y:30};
for (var i:String in myObj)
{
trace(i + ": " + myObj[i]);
}
// 输出:
// x: 20
// y: 30
```

另外，使用 for…in 循环还可以循环访问数组中的元素：

```
var myArray:Array = ["one", "two", "three"];
for (var i:String in myArray)
{
trace(myArray[i]);
}
// 输出:
// one
// two
// three
```

如果对象是自定义类的一个实例，则除非该类是动态类，否则将无法循环访问该对象的属性。即便对于动态类的实例，也只能循环访问动态添加的属性。

 知识点

使用 for…in 循环来循环访问通用对象的属性时，是不按任何特定的顺序来保存对象的属性的，因此属性可能以随机的顺序出现。

3. for each…in 语句

for each…in 循环用于循环访问集合中的项目，它可以是 XML 或 XMLList 对象中的标签、对象属性保存的值或数组元素。例如，如下面所摘录的代码所示，用户可以使用 for each…in 循环来循环访问通用对象的属性，但是与 for…in 循环不同的是，for each…in 循环中的迭代变量包含属性所保存的值，而不包含属性的名称：

```
var myObj:Object = {x:20, y:30};
for each (var num in myObj)
{
trace(num);
}
// 输出:
// 20
// 30
```

您可以循环访问 XML 或 XMLList 对象，如下面的示例所示：

```
var myXML:XML = <users>
<fname>Jane</fname>
<fname>Susan</fname>
<fname>John</fname>
</users>;
for each (var item in myXML.fname)
{
trace(item);
}
/* 输出
Jane
Susan
John
*/
```

还可以循环访问数组中的元素，如下面的示例所示：

```
var myArray:Array = ["one", "two", "three"];
for each (var item in myArray)
{
trace(item);
}
// 输出：
// one
// two
// three
```

提示

　　如果对象是密封类的实例，则无法循环访问该对象的属性。即使对于动态类的实例，也无法循环访问任何固定属性。

4. while 语句

　　while 循环与 if 语句相似，只要条件为 true，就会反复执行。例如，下面的代码与 for 循环示例生成的输出结果相同：

```
var i:int = 0;
while (i < 5)
{
trace(i);
i++;
}
```

　　使用 while 循环的一个缺点是，编写的 while 循环中更容易出现无限循环。如果省略了用来递增计数器变量的表达式，则 for 循环示例代码将无法编译，而 while 循环示例代码仍然能够编译。

提示

　　若没有用来递增 i 的表达式，while 循环将成为无限循环。

5. do…while 语句

　　do…while 循环是一种 while 循环，它保证至少执行一次代码块，这是因为在执行代码块后才会检查条件。下面的代码显示了 do…while 循环的一个简单示例，即使条件不满足，该示例也会生成输出结果：

```
var i:int = 5;
do
{
```

```
trace(i);
i++;
} while (i < 5);
// 输出：5
```

10.2 编写类

ActionScript 3.0 中的类有许多种，类是 ActionScript 中的基础。下面将介绍一些常用的类，帮助用户掌握类的使用方法。

10.2.1 Include 类

熟悉 ActionScript 2.0 的用户，对于 include 类一定不陌生，在 ActionScript 3.0 中，使用 Include 指令依然可以用来导入外部代码。

【例 10-2】新建一个文档，应用 Include 类，使用鼠标选中物体后，可以移动物体。

(1) 新建一个文档，选择【文件】|【导入】|【导入到库】命令，导入 2 个 PSD 文件图像到【库】面板中。

(2) 拖动一个图像到【图层 1】图层的第 1 帧处，调整图像至合适大小。

(3) 在【图层 1】图层下方新建【图层 2】图层，拖动一个图像到该图层第 1 帧处，调整图像至合适大小，如图 10-2 所示。

(4) 选择【修改】|【文档】命令，打开【文档属性】对话框，选中【内容】单选按钮，如图 10-3 所示，设置文档大小。

图 10-2 导入图像

图 10-3 设置【文档属性】对话框

(5) 选中【图层 2】图层的图像，选择【修改】|【转换为元件】命令，打开【转换为元件】对话框，转换为 beckham 影片剪辑元件。

(6) 选中 beckham 影片剪辑元件，打开【属性】面板，在【实例名称】文本框中输入实例名称为 rw。

(7) 选择【文件】|【新建】命令，打开【新建文档】对话框，新建一个 ActionScript 文件，

在【脚本】窗口中输入如下代码。

```
rw.buttonMode =true;
//设置当光标移到 rw 元件上时显示手形光标形状
rw.addEventListener(MouseEvent.MOUSE_DOWN,onDown);
rw.addEventListener(MouseEvent.MOUSE_UP,onUp);
//侦听事件
function onDown(event:MouseEvent):void{
    rw.startDrag();
}
//定义 onDown 事件
function onUp(event:MouseEvent):void{
    rw.stopDrag();
}
//定义 onUp 事件
```

(8) 保存 ActionScript 文件名为【脚本】。

(9) 返回文档，新建【图层 3】图层，右击该图层第 1 帧，在弹出的快捷菜单中选择【动作】命令，打开【动作】面板，输入如下代码，应用 include 类调用外部 AS 文件。

```
include"脚本.as"
```

(10) 保存文件为【拖动封面】，将文件与【脚本.as】文件保存在同一个文件夹中。

(11) 按下 Ctrl+Enter 键，测试动画效果，如图 10-4 所示。

图 10-4　测试效果

⑩.2.2　元件类

元件类的作用实际上是为 Flash 动画中的元件指定一个链接类名，它与之前介绍的 Include 类的不同之处在于，元件类使用的类结构要更为严格，且有别于通常的在时间轴上书写代码的方式。有关元件类的链接方法在前一章节的上机练习中已经介绍过，不再赘述，下面将通过修改【例 10-2】的实例，来介绍元件类的使用方法。

打开【例 10-2】的实例，因为元件类是链接到某个元件，因此不需要使用 include 类来调用外部 AS 文件，可以删除【图层 3】图层。新建一个 AS 文件，在【脚本】窗口中输入如下代码。

```
package {
    import flash.display.MovieClip;
    import flash.events.MouseEvent;
    public class fm extends MovieClip { //定义文件名
        public function fm(){
            this.buttonMode = true;
            this.addEventListener(MouseEvent.MOUSE_DOWN,onDown);
            this.addEventListener(MouseEvent.MOUSE_UP,onUp);
        }
        private function onDown(event:MouseEvent):void{
            this.startDrag();
        }
        private function onUp(event:MouseEvent):void{
            this.stopDrag();
        }
    }
}
```

保存 ActionScript 文件名称为 fm，该文件名称与程序内部定义的名称必须相同。返回文档中，打开【库】面板，右击 beckham 影片剪辑元件，在弹出的快捷菜单中选中【属性】命令，打开【元件属性】面板，单击【高级】按钮，展开面板，选中【为 ActionScript 导出】复选框，在【类】文本框中输入保存的 ActionScript 文件名 fm，如图 10-5 所示。单击【确定】按钮，在【库】面板中的【链接】列表中会显示 beckham 影片剪辑元件导出 fm，表示该影片剪辑元件链接到外部 fm.as 文件，如图 10-6 所示。

图 10-5 【元件属性】对话框

图 10-6 显示链接 AS 文件

按下 Ctrl+Enter 键，测试动画效果，可以参见图 10-4。

> **提示**
> 在制作元件较多的动画时，推荐使用元件类。因为 include 类必需通过文档中的代码来调用，并且只可以调用一次，也就是只能针对一个元件，而使用元件类，可以一个元件对应一个外部 AS 文件。

⑩.2.3　动态类

在制作一些比较复杂的程序时，往往需要由主类和多个辅助类组合而成。其中主类用于显示和集成各部分功能，辅助类则封装分割开的功能。在前面章节的上机练习制作的下雪效果就是一个典型的动态类的应用。

打开 snow.fla 文件，在【图层 1】图层的第 1 帧处的代码可以看成是主类。打开【库】面板，如图 10-7 所示，在 snow 影片剪辑元件的链接列表中显示了【导出：SnowFlake】，SnowFlake 可以视为辅助类。主类是针对整个文档的元件，辅助类是针对某个元件，结合主类和辅助类，可以制作出一些特殊的效果。

图 10-7　【库】面板

> **提示**
> 一般情况下，主类是针对整个文档的元件，辅助类是针对某个元件。结合主类和辅助类，可以制作出一些特殊的效果，例如下雪效果、扩散效果等。

⑩.3　上机练习

本章上机实验主要练习使用 ActionScript 制作拼图游戏和产品展示效果。关于本章中的其他内容，例如常用语句和类的编写应用方法，可以参考相应章节进行练习。

⑩.3.1　制作拼图游戏

新建一个文档，创建【影片剪辑】元件，新建外部 AS 文件，将外部 AS 文件链接到【影片剪辑】元件，制作拼图游戏。

(1) 新建一个文档，选择【文件】|【导入】|【导入到库】命令，导入一个位图图像到【库】面板中。

(2) 打开【库】面板，拖动位图图像到设计区中，转换为矢量图像。

(3) 选择【线条】工具，绘制 4 条垂直交错的直线，如图 10-8 所示，将图像分割成 8 小块。

(4) 选中分割的所有图像，选择【任意变形】工具，调整大小并移至设计区左下角位置，如图 10-9 所示。

(5) 分别选中分割的图像，选择【修改】|【转换为元件】命令，打开【转换为元件】对话框，转换为【影片剪辑】元件。

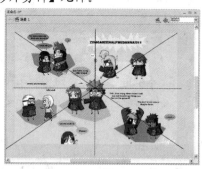

图 10-8　绘制分割线

图 10-9　调整元件

(6) 选择【文件】|【新建】命令，打开【新建文档】对话框，新建一个 ActionScript 文件。在【脚本】窗口中输入如下代码。

```
package {
    import flash.display.MovieClip;
    import flash.events.MouseEvent;
    public class yj1 extends MovieClip {
    //创建 yj1 包
        public function yj1(){
            this.buttonMode = true;
            this.addEventListener(MouseEvent.MOUSE_DOWN,onDown);
            this.addEventListener(MouseEvent.MOUSE_UP,onUp);
        }
        //创建侦听动作
        private function onDown(event:MouseEvent):void{
            this.startDrag();
        }
        private function onUp(event:MouseEvent):void{
            this.stopDrag();
            //创建跟随鼠标动作
        }
    }
}
```

(7) 选择【文件】|【保存】命令，保存文件为 yj1，将该元件保存在【拼图】文件夹中。

(8) 返回文档，打开【库】面板，右击【元件 1】影片剪辑元件，在弹出的快捷菜单中选择【属性】命令，打开【元件属性】对话框，单击【高级】按钮，展开【元件属性】对话框。

(9) 选中【为 ActionScript 导出】复选框，在【类】文本框中输入类名称 yj1，单击【确定】按钮，链接外部 AS 文件。

(10) 参照步骤(6)~步骤(10)，新建 AS 文件，分别修改定义对象名称为 class y2、class y3…class y8 和方法名称为 yj2、class yj3…yj8，分别保存文件名称为 yj1、yj2…yj8，保存在【拼图】文件夹中。例如修改 yj2.as 文件代码，有关修改代码部分如下。

```
package {
    import flash.display.MovieClip;
    import flash.events.MouseEvent;
    public class yj2 extends MovieClip {
        public function yj2(){
```

(11) 在以上修改的 yj2 代码中，修改了定义对象 public class yj2 extends MovieClip 和方法 public function yj2。

(12) 在【库】面板中，将相应的 AS 文件链接到对应的【影片剪辑】元件中。

(13) 删除设计区中的内容，分别将 8 个【影片剪辑】元件拖动到设计区中，打散元件排列次序，如图 10-10 所示。

(14) 新建【图层 3】图层，将【库】面板中的位图图像拖动到设计区中，调整图像至合适大小并移至设计区左上角位置，选择【文本】工具，添加文本内容，如图 10-11 所示。

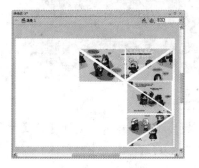

图 10-10　打散元件

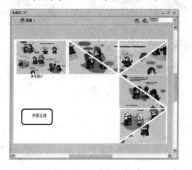

图 10-11　插入文本

(15) 选择【文件】|【保存】命令，保存文件名为【拼图游戏】，将文件保存到【拼图】文件夹中。

(16) 按下 Ctrl+Enter 键，测试动画效果，如图 10-12 所示。

图 10-12　测试效果

⑩.3.2 制作产品展示效果

新建一个文档，创建影片剪辑，添加 ActionScript，制作产品演示效果。

(1) 新建一个文档，设置文档大小为 600×480 像素。

(2) 选择【文件】|【导入】|【导入到库】命令，导入 4 个 PSD 文件图像和一个位图图像到库面板中。

(3) 打开【库】面板，拖动一个 PSD 文件图像到设计区中，调整图像和设计区同样大小。

(4) 重命名【图层 1】图层为【场景】，新建【图层 2】图层，重命名为【灯光效果】。

(5) 拖动位图图像到【灯光效果】图层中，将图像转换为【图形】元件，打开【属性】面板，设置 Alpha 值为 60，调整元件至合适大小，如图 10-13 所示。

(6) 新建 3 个图层，分别命名为 MG3、MG7 和 MG TF，将【库】面板中的 PSD 图像拖动到相应的图层中，调整图像至合适大小并移至如图 10-14 所示位置。

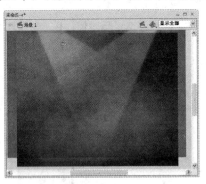 

图 10-13 调整【图形】元件   图 10-14 调整图像

(7) 选中 MG3 图层中的图像，选择【修改】|【转换为元件】命令，打开【转换为元件】对话框，转换为【影片剪辑】元件。重复操作，将 MG7 和 MG TF 图层中的图像分别转换为【影片剪辑】元件。

(8) 新建一个【按钮】图层，选择【窗口】|【公用库】|【按钮】命令，打开【库-BUTTONS】面板，如图 10-15 所示。

(9) 从【库-BUTTONS】面板中拖动 3 个按钮到设计区中，如图 10-16 所示。

图 10-15 【库-BUTTONS】面板   图 10-16 拖动按钮到设计区

(10) 分别选中设计区中的 3 个按钮，打开【属性】面板，在【实例名称】文本框中输入相应的按钮名称为 but1、but2 和 but3。

(11) 分别选中 MG3、MG7 和 MG TF 图层中的图像，在【属性】面板的【实例名称】文本框中输入相应的实例名称为 c1、c2 和 c3。

(12) 新建一个 AS 图层，右击该图层第 1 帧，在弹出的快捷菜单中选择【动作】命令，打开【动作】面板，输入如下代码。

```
import flash.events.*
import flash.display.*
var _timer:Timer;
var _timer2:Timer;
var _timer3:Timer;
//声明 timer 型变量，此时未定义，使用默认值。
var ix:int;
var iy:int;
var ax:int=210;
var ay:int=280;
var bx:int=80;
var by:int=160;
var cx:int=360;
var cy:int=175;
//定义 ax、ay、bx、by、cx、cy 变量，并赋值。
but1.addEventListener(MouseEvent.CLICK,wz1);
but2.addEventListener(MouseEvent.CLICK,wz2);
but3.addEventListener(MouseEvent.CLICK,wz3);
//创建 but1、but2 和 but3 侦听动作。
function wz1(event:MouseEvent):void
{
Easing(weizhi1);
}
function wz2(event:MouseEvent):void
{
Easing(weizhi2);
}
function wz3(event:MouseEvent):void
{
Easing(weizhi3);
}
function weizhi1(eventwer:TimerEvent):void
{
```

```
//创建 wz1、wz2 和 wz3 定义方式
setChildIndex(c2,numChildren-1);
huandong(ax,ay,c2);
huandong(bx,by,c1);
huandong(cx,cy,c3);
}
//创建 huandong 方式.
function weizhi2(eventwer:TimerEvent):void
{
setChildIndex(c3,numChildren-1);
huandong(ax,ay,c3);
huandong(bx,by,c2);
huandong(cx,cy,c1);
}
function weizhi3(eventwer:TimerEvent):void
{
setChildIndex(c1,numChildren-1);
huandong(ax,ay,c1);
huandong(bx,by,c3);
huandong(cx,cy,c2);
}function huandong(tarX,tarY,obj):void
{

var easing:Number=0.2;
var targetX:Number=tarX;
var targetY:Number=tarY;
var dx:Number=targetX-obj.x;
var dy:Number=targetY-obj.y;
var dist:Number=Math.sqrt(dx*dx+dy*dy);
if(dist<2)
{
  obj.x=targetX;
  obj.y=targetY;
  _timer.stop();
}
else
{
  var vx:Number=(targetX-obj.x)*easing;
  var vy:Number=(targetY-obj.y)*easing;
  obj.x+=vx;
```

```
    obj.y+=vy;
    }
}

    //创建 x 和 y 对象 huandong 方式
function Easing(fun):void
{

_timer=new Timer(50);
_timer.addEventListener("timer",fun);
_timer.start();
}
//创建切换时间
```

(13) 新建【商标】图层，导入两个位图图像到设计区中，调整图像至合适大小并移至如图 10-17 所示位置。

(14) 选择【文本】工具，输入文本内容，最后调整设计区中各个元素合适位置，如图 10-18 所示。

计算机 基础与实训教材系列

图 10-17 插入图像

图 10-18 调整对象

(15) 按下 Ctrl+Enter 键，测试动画效果，如图 10-19 所示。单击按钮时，将调换影片剪辑位置，并且会有缓动效果，但要注意的时，在切换产品展示时，等缓动效果结束后再进行下一步切换效果，要修改缓动时间，可以输入如下代码。

```
function Easing(fun):void
{

_timer=new Timer(50);
_timer.addEventListener("timer",fun);
_timer.start();
}
```

(16) 在以上代码中，修改_timer = new Timer(数值)中的数值大小即可。

图 10-19　测试效果

(17) 保存文件为【MG 产品展示】。

10.4　习题

1. 分别定义主类和辅助类，再通过两种类的组合制作 Flash 动画特效，实现随机产生影片剪辑数量，并且可以拖动影片剪辑，如图 10-20 所示。

图 10-20　参考图

2. 创建影片剪辑，创建侦听动作，结合条件语句，制作猜数字游戏，如图 10-21 所示。

图 10-21　猜数字游戏动画效果

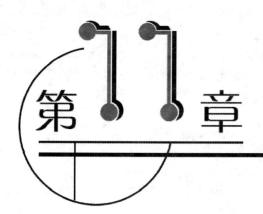

使用 Flash 组件

学习目标

组件是一种带有参数的影片剪辑，它可以帮助用户在不编写 ActionScript 的情况下，方便而快速地在 Flash 文档中添加所需的界面元素，譬如单选按钮或复选框等控件。在 Flash 中的组件主要包含按钮、复选框、列表框等。本章主要介绍 Flash CS4 中组件的概念，以及 UI 组件和视频组件的使用方法。

本章重点

- ⊙ 组件的概念
- ⊙ 组件的基本操作
- ⊙ 常用 UI 组件的使用
- ⊙ 视频组件的使用

11.1 组件的基础知识

组件是一种带有参数的影片剪辑，每个组件都有一组独特的动作脚本方法，即使用户对动作脚本语言没有深入的理解，也可以使用组件在 Flash 中快速构建应用程序，因此组件可以被理解为一种动画的半成品。此外 Flash 中，组件的范围不仅仅限于软件提供的自带组件，还可以下载其他开发人员创建的组件，甚至自定义组件。

11.1.1 查看组件

Flash 中的组件都显示在【组件】面板中，选择【窗口】|【组件】命令，打开【组件】面板，如图 11-1 所示。在该面板中可查看和调用系统中的组件，其中 Flash CS4 自带的 ActionScript

3.0 组件包括了用户界面(UI)组件和视频(Video)组件两大类。

要使用组件，直接拖动所需使用的组件到设计区中即可。选中组件，选择【窗口】|【组件检查器】命令，打开【组件检查器】面板，默认打开【参数】选项卡，如图 11-2 所示。在该面板中，可以查看或者修改所选组件的各项参数。

图 11-1 【组件】面板   图 11-2 【组件检查器】面板

提示

在【组件检查器】中，不可以对 ActionScrip 3.0 组件应用【绑定】和【架构】功能，这两项功能只应用在 ActionScript 1.0 或 2.0 组件上。

11.1.2 组件的基本操作

组件的基本操作主要包括添加/删除组件、预览/查看组件、调整组件外观以及安装新组件。下面将详解介绍有关组件的基本操作方法。

1．添加和删除组件

添加组件的方法非常简单，用户可以直接双击【组件】面板中要添加的组件将其添加到舞台中央，也可以将其选中后拖到舞台中的任意位置。如果需要在舞台中创建多个相同的组件实例，还可以将组件拖到【库】面板中以便于反复调用。

如果要在 Flash 影片中删除已经添加的组件实例，可以直接选中舞台上的实例，按下 Backspace 键或者 Delete 键将其删除；如果要从【库】面板中将组件彻底删除，可以在【库】面板中选中要删除的组件，然后单击【库】面板底部的 按钮，或者直接将其拖动到 按钮上即可。

2．预览和查看组件

使用动态预览模式，可以在制作动画时查看组件发布后的外观，并且反映不同组件的不同参数，选择【控制】|【启动动态预览】命令，即可启动动态预览模式，重复操作，可以关闭动态预览模式。

启动动态预览模式后，从【组件】面板中拖动所需的组件到设计区中，即可预览组件效果。

3. 调整组件外观

拖动到设计区中的组件系统默认为组件实例,并且大小都是默认的,如果组件实例不够大,无法显示它的标签,标签文本就会被截断,如果组件实例比文本大,那么单击区域就会超出标签,这时可以通过【属性】面板中的设置来调整组件大小。

选中组件实例后,打开【属性】面板,设置组件实例宽度和高度即可调整组件外观,并且该组件内容的布局保持不变,但此操作会导致组件在影片回放时发生扭曲现象,可以使用【任意变形】工具或调整组件的 setSize 和 setWidth 属性来调整组件大小。

 提示

系统默认拖动到设计区中的组件为组件实例,关于实例的其他设置,同样可以应用于组件实例当中,例如调整色调、透明度等。

4. 安装新组件

当 Flash CS4 自带的组件不能够满足实际操作需求时,可以安装新的 Flash 组件。新组件的安装一般分为网络下载安装及本地安装两类。

要安装网上下载的 Flash 组件,必须先安装 Adobe Extension Manager 1.8 扩展管理器(下载页面:http://www.adobe.com/cn/exchange/em_download/),然后通过该软件将官方网站提供或者其他互联网资源上下载的组件添加到 Flash CS4 中。

如果要添加的 Flash 组件已经包含在某个 SWC 或者 FLA 文档中,则可以直接在本地计算机上安装该组件,下面通过一个例子说明 Flash 组件安装过程。

【例 11-1】选择一个包含 Alert 组件的 Flash 文档,通过本地安装的方式将该组件安装到 Flash CS4 中。

(1) 关闭 Flash CS4 应用程序。

(2) 选中包含新组件的 Flash 文档,将该文档复制 c:\program files\Adobe Flash CS4\zh_cn\Configuration\Components 目录下。

(3) 再次启动 Flash CS4,在菜单栏上选择【窗口】|【组件】命令,打开【组件】面板,可以查看新安装的 Alert 组件,如图 11-3 所示。

图 11-3　新安装组件

 提示

本例中选择的是 Flash CS4 的默认安装目录,如果 Flash CS4 安装在其他目录下,则应相应改变文档的复制路径。

11.2 使用常用 UI 组件

在 Flash CS4 的组件类型中，User Interface(UI)组件用于设置用户界面，并实现大部分的交互式操作，因此在制作交互式动画方面，UI 组件应用最广，也是最常用的组件类别。下面分别对几个较为常用的 UI 组件进行介绍。

11.2.1 按钮组件 Button

按钮组件 Button 是一个可使用自定义图标来定义其大小的按钮，它可以执行鼠标和键盘的交互事件，也可以将按钮的行为从按下改为切换。

在【组件】面板中选择按钮组件 Button，拖动到设计区中即可创建一个按钮组件的实例，如图 11-4 所示。

选中按钮组件实例后，选择【窗口】|【组件检查器】命令可以打开其【组件检查器】面板，如图 11-5 所示。

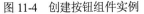

图 11-4　创建按钮组件实例　　　　图 11-5　按钮组件的【组件检查器】面板

在按钮组件的【组件检查器】面板中，主要参数设置如下。

- enabled：指示组件是否可以接受焦点和输入，默认值为 true。
- label：设置按钮上的标签名称，默认值为 label。
- labelPlacement：确定按钮上的标签文本相对于图标的方向。
- selected：如果 toggle 参数的值为 true，则该参数指定按钮是处于按下状态 true，或者是释放状态 false。
- toggle：将按钮转变为切换开关。如果值是 true，则按钮在单击后将保持按下状态，并在再次弹起时返回弹起状态；如果值是 false，则按钮行为与一般按钮相同。
- visible：指示对象是否可见，默认值为 true。

11.2.2 复选框组件 CheckBox

复选框是一个可以选中或取消选中的方框,它是表单或应用程序中常用的控件之一,当需要收集一组非互相排斥的选项时都可以使用复选框。

在【组件】面板中选择复选框组件 CheckBox,将其拖到舞台中后即可创建一个复选框组件的实例,如图 11-6 所示。

选中舞台中的复选框组件实例后,其【组件检查器】面板如图 11-7 所示,

图 11-6 创建复选框组件实例　　图 11-7 复选框组件的【组件检查器】面板

在复选框组件的【组件检查器】面板中,主要参数设置如下。

- ⊙ enabled:指示组件是否可以接受焦点和输入,默认值为 true。
- ⊙ label:设置复选框的名称,默认值为 label。
- ⊙ labelPlacement:设置名称相对于复选框的位置,默认情况下位于复选框的右侧。
- ⊙ selected:设置复选框的初始值为 true 或者 false。
- ⊙ visible:指示对象是否可见,默认值为 true。

11.2.3 单选按钮组件 RadioButton

单选按钮组件 RadioButton 运用于在互相排斥的选项之间进行选择,可以利用该组件创建多个不同的组,从而创建一系列的选择组。

 提示

　　由于单选按钮需要创建成组才可以实现单选效果,因此用户应至少使用两个或两个以上的单选按钮组件才可以制作出完整的应用程序。

在【组件】面板中选择下拉列表组件 RadioButton,将其拖到舞台中后即可创建一个单选按钮组件的实例,如图 11-8 所示。

选中舞台中的下拉列表框组件实例后，其【组件检查器】面板如图 11-9 所示.

图 11-8　创建单选按钮组件实例　　　图 11-9　单选按钮组件的【组件检查器】面板

在单选按钮组件的【组件检查器】面板中，主要参数设置如下。

- editable：确定 RadioButton 组件是否允许被编辑，默认值为 false 状态下不可编辑。
- groupName：可以指定当前单选按钮所属的单选按钮组，该参数相同的单选按钮为一组，且在一个单选按钮组中只能选择一个单选按钮。
- label：用于设置 RadioButton 的文本内容，其默认值为 label。
- labelplacement：其默认值为 right，可以确定单选按钮旁边标签文本的方向。
- selected:：用于确定单选按钮的初始状态是否被选中，默认值为 false。
- date：是一个文本字符串数组，可以为 label 参数中各选项指定关联的值。

11.2.4　下拉列表组件 ComboBox

下拉列表组件 ComboBox 由 3 个子组件构成：BaseButton、TextInput 和 List 组件，它允许用户从打开的下拉列表框中选择一个选项。下拉列表框组件 ComboBox 可以是静态的，也可以是可编辑的，可编辑的下拉列表组件允许在列表顶端的文本框中直接输入文本。

在【组件】面板中选择下拉列表组件 ComboBox，将它拖动到设计区中后即可创建一个下拉列表框组件的实例，如图 11-10 所示。

图 11-10　创建下拉列表组件实例　　　图 11-11　下拉列表组件的【组件检查器】面板

选中设计区中的下拉列表框组件实例后，打开【组件检查器】面板，如图 11-11 所示，在该面板中主要参数设置如下。

- editable：确定 ComboBox 组件是否允许被编辑，默认值为 false，此状态下不可编辑。
- enabled：指示组件是否可以接收焦点和输入。
- rowCount：设置下拉列表中最多可以显示的项数，默认值为 5。
- restrict：可在组合框的文本字段中输入字符集。
- visible：指示对象是否可见，默认值为 true。

11.2.5　文本区域组件 TextArea

文本区域组件 TextArea 用于创建多行文本字段，例如，可以在表单中使用 TextArea 组件创建一个静态的注释文本，或者创建一个支持文本输入的文本框。另外，通过设置 HtmlText 属性可以使用 HTML 格式来设置 TextArea 组件，并且还可以用星号遮蔽文本的形式创建密码字段。

在【组件】面板中选择文本区域组件 TextArea，将它拖动到设计区中后即可创建一个文本区域组件的实例，如图 11-12 所示。

选中舞台中的文本区域组件实例后，打开【组件检查器】面板，如图 11-13 所示.

图 11-12　创建文本区域组件实例　　图 11-13　文本区域组件的【组件检查器】面板

在文本区域组件的【组件检查器】面板中的主要参数设置如下。

- editable：确定 TextArea 组件是否允许被编辑，默认值为 true，此状态下可编辑。
- html：指示文本是否可以采用 HTML 格式。默认值为 false，此状态下不可以采用 HTML 格式。
- text：指示 TextArea 组件的内容。
- wordWrap：指示文本是否可以自动换行，默认值为 true。

【例 11-2】新建一个文档，结合 CheckBox 和 RadioButton 组件，当选中 RadioButton 组件时，才能选择 CheckBox 选项。

(1) 新建一个文档，选择【窗口】|【组件】命令，打开【组件】面板，将拖动 RadioButton

组件到设计区中。

(2) 选中 RadioButton 组件，打开【属性】面板，在【实例名称】文本框中输入实例名称为 home。

(3) 选择【窗口】|【组件检查器】面板，打开【组件检查器】面板，设置 label 值为喜欢的影片，如图 11-14 所示。

(4) 从【组件】面板中拖动 6 个 CheckBox 组件到设计区中，移至 RadioButton 组件下方。

(5) 打开【属性】面板，分别命名 CheckBox 组件实例名称为 xx1、xx2…xx8。

(6) 选中一个 CheckBox 组件，打开【组件检查器】面板，设置 groupName 为 valueGrp，然后设置 label 参数为要选择的影片名称，如图 11-15 所示，是设置 xx8 组件实例参数。

图 11-14　设置 RadioButton 组件　　　图 11-15　设置 xx8 组件

(7) 右击第 1 帧，在弹出的快捷菜单中选择【动作】命令，打开【动作】面板，输入如下代码。

```
home.addEventListener(MouseEvent.CLICK, clickHandler);
xx1.enabled = false;
xx2.enabled = false;
xx3.enabled = false;
xx4.enabled = false;
xx5.enabled = false;
xx6.enabled = false;
xx7.enabled = false;
xx8.enabled = false;
function clickHandler(event:MouseEvent):void {
xx1.enabled = event.target.selected;
xx2.enabled = event.target.selected;
xx3.enabled = event.target.selected;
xx4.enabled = event.target.selected;
xx5.enabled = event.target.selected;
xx6.enabled = event.target.selected;
xx7.enabled = event.target.selected;
```

计算机 基础与实训教材系列

```
xx8.enabled = event.target.selected;
}
```

(8) 按下 Ctrl+Enter 键，测试动画效果，如图 11-16 所示。只有当选中单选按钮选中时，复选框才处于可选状态。

图 11-16 测试效果

(9) 保存文件为【R-C 组件】。

11.2.6 进程栏组件 ProgressBar

使用进程栏组件 ProgressBar 可以方便快速地创建动画预载画面，也就是我们通常在打开 Flash 动画时见到的 Loading 界面。配合上标签组件 Label，还可以将加载进度显示为百分比。

在 Flash CS4 中，进程栏运行的模式有 3 种：事件模式、轮询模式和手动模式。其中最常用的模式是事件模式和轮询模式，这两种模式的特点是会指定一个发出 progress 和 complete 事件(事件模式和轮询模式)或公开 bytesLoaded 和 bytesTotal 属性(轮询模式)的加载进度。如果要在手动模式下使用 ProgressBar 组件，可以设置 maximum、minimum 和 value 属性，并调用 ProgressBar.setProgress() 方法。

在【组件】面板中选择进程栏组件 ProgressBar，将其拖到舞台中后即可创建一个进程栏组件的实例，如图 11-17 所示。选中舞台中的进程栏组件实例后，其【组件检查器】面板如图 11-18 所示。

图 11-17 创建进程组件实例　　　图 11-18 进程栏组件的【组件检查器】面板

在进程栏组件的【组件检查器】面板中主要参数设置如下。

- ⊙ direction：用于指示进度栏的填充方向。默认值为 right 向右。
- ⊙ mode：用于设置进度栏运行的模式，包含 event、polled 或 manual 三种选择模式，默认为 event。
- ⊙ source：是一个要转换为对象的字符串，它表示源的实例名称。

【例 11-3】使用进程栏组件 ProgressBar 和一个 Label 组件，采用轮询模式创建一个可以反映加载进度百分比的 Loading 画面。

(1) 新建一个 Flash 文档，选择【窗口】|【组件】命令，打开【组件】面板，拖动进程栏组件 ProgressBar 到设计区中。

(2) 选中 ProgressBa 组件，打开【属性】面板，在【实例名称】文本框中输入实例名称为 jd。

(3) 在【组件】面板中拖动一个 Label 组件到舞台中 ProgressBar 组件的左上方，在【属性】面板输入实例名称为 bfb。在【组件检查器】面板中将 text 参数的值清空。

(4) 在时间轴上选中第 1 帧，打开【动作】面板，输入如下代码。

```
import fl.controls.ProgressBarMode;
import flash.events.ProgressEvent;
import flash.media.Sound;
var aSound:Sound = new Sound();
var url:String ="http://60.10.2.79/lt/wapcs1/pic/200711516302258.mp3";
var request:URLRequest = new URLRequest(url);
jd.mode = ProgressBarMode.POLLED;
jd.source = aSound;
aSound.addEventListener(ProgressEvent.PROGRESS, loadListener);
aSound.load(request);
function loadListener(event:ProgressEvent) {
var percentLoaded:int = event.target.bytesLoaded /
event.target.bytesTotal * 100;
bfb.text = "加载进度  " + percentLoaded + "%";
trace("加载进度  " + percentLoaded + "%");
}
```

(5) 按下 Ctrl+Enter 键测试动画效果，如图 11-19 所示。

图 11-19　显示加载进度

(6) 保存文件为【进度条】。

11.3 使用视频组件

除了 UI 组件之外，在 Flash CS4 的【组件】窗口中还包含了 Video 组件，即视频组件。该组件主要用于控制导入到 Flash CS4 中的视频，其中主要包括了使用视频播放器组件 FLVplayback 和一系列用于视频控制的按键组件，如图 11-20 所示。通过 FLVplayback 组件，可以将视频播放器包括在 Flash CS4 应用程序中，以便播放通过 HTTP 渐进式下载的 Flash 视频 (FLV)文件，如图 11-21 所示。

图 11-20 视频组件

图 11-21 FLVplayback 组件效果

选中舞台中的视频组件实例后，打开【组件检查器】面板，如图 11-22 所示，在该面板中主要参数设置如下。

图 11-22 【组件检查器】面板

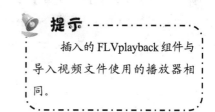

提示

插入的 FLVplayback 组件与导入视频文件使用的播放器相同。

- autoplay：是一个用于确定 FLV 文件播放方式的布尔值。如果该值是 true，则该组件将在加载 FLV 文件后立即播放；如果该值是 false，则该组件会在加载第 1 帧后暂停。
- autoRewind：是一个用于确定 FLV 文件在播放完成是否自动后退的布尔值。如果该值是 true，则播放头达到末端或用户单击"停止"按钮时，FLVplayback 组件会自动使 FLV 文件退回到开始处；如果该值是 false，则组件在播放完成后会自动停止。

- autoSize：是一个用于确定组件默认尺寸的布尔值。
- bufferTime：用于设置在开始回放前，在内存中缓冲 FLV 文件的时间。
- contentPath：是一个字符串，它用于指定 FLV 文件的 URL，或者指定描述如何播放一个或多个 FLV 文件的 XML 文件。
- cuepoint：是一个描述 FLV 文件的提示点的字符串。
- isLive：一个布尔值，用于指定 FLV 文件的实时加载流。
- maintainAspectRatio：一个用于指定组件播放器大小的布尔值，如果该值为 ture，则可以调整 FLVplayback 组件中视频播放器的大小，以保持源 FLV 文件的高宽比。
- skin：该参数用于打开【选择外观】对话框，用户可以在该对话框中选择组件的外观。
- skinAutoHide：一个布尔值，用于设置外观是否可以隐藏。
- totalTime：源 FLV 文件中的总秒数，精确到毫秒。
- volume：用于表示相对于最大音量的百分比的值，范围是 0～100。

11.4 上机练习

本章主要介绍了使用常用 UI 组件以及视频组件的方法，其中组件的参数设置是重点和难点，应着重学习其设置方法和技巧。关于本章中的其他内容，例如查看组件、安装新组件等内容，可以根据相应的章节进行练习。

11.4.1 制作注册界面

新建一个文档，应用组件，制作注册界面。

(1) 新建一个文档，选择【文本】工具，输入有关注册信息的文本内容，如图 11-23 所示。

(2) 选择【窗口】|【组件】命令，打开【组件】面板，拖动 TextArea 组件到设计区中，选择【任意变形】工具，调整组件至合适大小，如图 11-24 所示。

图 11-23　插入文本

图 11-24　插入 TextArea

(3) 重复操作，分别拖动 CheckBox、RadioButton、ComboBox 和 TextArea 组件到设计区中，调整组件至合适大小，如图 11-25 所示。

(4) 选中文本内容"性别："右侧的 RadioButton 组件，选择【窗口】|【组件检查器】命令，打开【组件检查器】面板，设置 selected 值为 true，设置 label 参数为【男】，如图 11-26 所示。

图 11-25　插入组件　　　　　　　　　图 11-26　设置【组件检查器】面板

(5) 重复操作，设置另一个 RadioButton 组件的 label 参数为【女】，组件在文档中的显示如图 11-27 所示。

(6) 选中 ComboBox 组件，打开【属性】面板，在【实例名称】文本框中输入实例名称为 hyzk。在【组件检查器】面板中设置 rowCount 参数为 2。

(7) 右击第 1 帧，在弹出的快捷菜单中选择【动作】命令，打开【动作】面板，输入如下代码。

```
import fl.data.DataProvider;
import fl.events.ComponentEvent;
var items:Array = [
{label:"未婚"},
{label:"已婚"},
];
hyzk.dataProvider = new DataProvider(items);
hyzk.addEventListener(ComponentEvent.ENTER, onAddItem);
function onAddItem(event:ComponentEvent):void {
var newRow:int = 0;
if (event.target.text == "Add") {
newRow = event.target.length + 1;
event.target.addItemAt({label:"选项" + newRow},
event.target.length);
}
}
```

(8) 分别选中 CheckBox 组件，设置 label 参数为【旅游】、【运动】、【阅读】和【唱歌】。

(9) 按下 Ctrl+Enter 键，测试动画效果，如图 11-28 所示。

图 11-27　组件显示效果

图 11-28　测试效果

(10) 保存文件为【注册用户】。

11.4.2　制作播放器

新建一个文档，使用视频组件 FLVplayback 制作影片播放器动画。

(1) 新建一个 Flash 文档，选择【窗口】|【组件】命令，打开【组件】面板，在 Video 组件列表中拖动 FLVplayback 组件到设计区，如图 11-29 所示。

(2) 选中设计区中的组件，选择【窗口】|【组件检查器】命令，打开【组件检查器】面板，选中 Skin 参数，在该参数右侧会显示一个"放大镜"按钮 🔍，单击该按钮，打开【选择外观】对话框，如图 11-30 所示。

图 11-29　拖动 FLVplayback 组件到场景中

图 11-30　【选择外观】对话框

(3) 在【选择外观】对话框的【外观】下拉列表框中选择所需的播放器外观，单击【确定】按钮。

(4) 选中【组件检查器】面板中的 source 参数，单击该参数右侧的"放大镜"按钮 🔍，打开【内容路径】对话框，如图 11-31 所示。

图 11-31　【内容路径】对话框

(5) 单击【内容路径】对话框中的按钮，打开【浏览源文件】对话框，如图 11-32 所示，选择导入的 FLV 文件。

图 11-32　【浏览源文件】对话框

提示

如果 FLV 文件已经保存在本地计算机中，可以使用步骤(5)的方法导入文件；如果是某个网页中的 FLV 文件，可以在【内容路径】对话框的文本框中输入 FLV 文件路径，系统会自动下载 FLV 文件。

(6) 单击【内容路径】对话框中的【确定】按钮，返回场景。选择【修改】|【文档】命令，在打开的【文档属性】对话框中选中【内容】单选按钮，系统会自动调整文档大小与视频内容相同，在这里要注意，文档大小只是匹配视频内容大小，并不是匹配整个播放器的大小，在实际测试动画时，不会显示播放器，只能显示视频内容，可以适当再调整文档的高度数值，然后单击【确定】按钮，如图 11-33 所示。

(7) 按下 Ctrl+Enter 键测试动画效果，如图 11-34 所示。在播放时用户可通过播放器上的各按钮控制影片的播放，与直接导入视频文件方法相同。

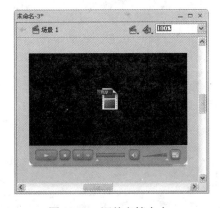

图 11-33　调整文档大小

图 11-34　测试动画

(8) 保存文件为【视频播放器】。

11.5 习题

1. 简述组件的添加及删除方法。

2. 参照图 11-35 添加 UI 组件，制作网站留言簿。

3. 参照图 11-36 添加 Video 组件，制作视频播放器。

图 11-35 参考图

图 11-36 参考图

第12章

测试与发布影片

学习目标

影片制作完后，可以将影片导出或发布。在发布影片之前，应根据使用场合的需要，对影片进行适当的优化处理，这样可以保证在不影响影片质量的前提下获得最快的影片播放速度。此外，在发布影片时，可以设置多种发布格式，可以保证制作影片与其他的应用程序兼容。本章主要介绍测试影片、优化影片和发布影片的方法。

本章重点

- ◉ 优化影片
- ◉ 测试影片下载性能
- ◉ 发布影片

12.1 测试影片

对于制作好的影片，在发布之前应养成测试影片的好习惯。测试影片，可以确保影片播放的平滑，通过使用 Flash Player 中的一些优化影片和排除动作脚本故障的工具，也可以对动画进行测试。除此之外，影片的优化也是一项很重要的工作。

12.1.1 测试影片概述

Flash CS4 的集成环境中提供了测试影片环境，可以在该环境进行一些比较简单的测试工作，例如测试按钮的状态、主时间轴上的声音、主时间轴上的帧动作、主时间轴上的动画、动画剪辑、动作、动画速度以及下载性能等。

根据测试对象的不同，测试影片可以分为测试影片、测试场景、测试环境、测试动画功能和测试动画作品下载性能等。

- ◉ 测试影片与测试场景实际上是产生.swf 文件，并将它放置在与编辑文件相同的目录下。如果测试文件运行正常，且希望将它用作最终文件，那么可将它保存在硬盘中，并加载到服务器上。

- ◉ 测试环境，可以选择【控制】|【测试影片】或【控制】|【测试场景】命令进行场景测试，虽然仍然是在 Flash 环境中，但界面已经改变，因为此操作是在测试环境而非编辑环境。

- ◉ 在测试动画期间，应当完整地观看作品并对场景中所有的互动元素进行测试，查看动画有无遗漏、错误或不合理情况。

⑫.1.2 优化影片

优化影片主要是为了缩短影片下载时间和回放时间，影片的下载时间和回放时间与影片文件的大小成正比。在发布影片时，Flash 会自动对影片进行优化处理。在导出影片之前，既可以总体上优化影片，也可以优化元素、文本、颜色等属性。

1. 总体优化影片

要总体优化影片，主要有以下几种方法。

- ◉ 对于重复使用的元素，应尽量使用元件、动画或者其他对象。
- ◉ 在制作动画时，应尽量使用补间动画。
- ◉ 对于动画序列，最好使用影片剪辑而不是图形元件。
- ◉ 限制每个关键帧中的改变区域，在尽可能小的区域中执行动作。
- ◉ 避免使用动画位图元素，或使用位图图像作为背景或静态元素。
- ◉ 尽可能使用 MP3 格式的声音。

2. 优化元素和线条

要优化元素和线条，主要有以下几种方法。

- ◉ 尽量将元素组合在一起。
- ◉ 对于随动画过程改变的元素和不随动画过程改变的元素，可以使用不同的图层分开。
- ◉ 使用【优化】命令，减少线条中分隔线段的数量。
- ◉ 尽可能少地使用诸如虚线、点状线、锯齿状线之类的特殊线条。
- ◉ 尽量使用"铅笔"工具绘制线条。

3. 优化文本和字体

要优化文本和字体，主要有以下几种方法。

- ◉ 尽可能使用同一种字体和字形，减少嵌入字体的使用。
- ◉ 对于【嵌入字体】选项只选中需要的字符，不要选中所有字体。

4. 优化颜色

要优化颜色，主要有以下几种方法。

- ◉　使用【颜色】面板，匹配影片的颜色调色板与浏览器专用的调色板。
- ◉　减少渐变色的使用。
- ◉　减少 Alpha 透明度的使用，会减慢影片回放的速度。

5. 优化动作脚本

要优化动作脚本，主要有以下几种方法。

- ◉　在【发布设置】对话框的 Flash 选项卡中，选中【省略跟踪动作】复选框。这样在发布影片时就不使用 trace 动作。
- ◉　将经常重复使用的代码定义为函数。
- ◉　尽量使用本地变量。

知识点

　　可以根据优化影片的一些方法，在制作动画过程中就进行一些优化操作，例如尽量使用补间动画、组合元素等，但在进行这些优化操作时，都应以不影响影片质量为前提。

计算机基础与实训教材系列

⑫.1.3　测试影片下载性能

　　随着网络的发展，许多 Flash 作品都是通过网络进行传送的，因此影片的下载性能是非常重要的。在网络流媒体播放状态下，如果动画的所需数据在到达某帧时仍未下载，影片的播放将会出现停滞，因此在计划、设计和创建动画的同时要考虑到网络带宽的限制以及测试影片的下载性能。

　　打开一个文档，选择【控制】|【测试影片】命令或【控制】|【测试场景】命令打开测试环境，然后选择【视图】|【下载设置】命令，在弹出的子菜单中选择一种带宽，测试动画在该带宽下的下载性能，如图 12-1 所示。选择【视图】|【数据流图表】命令，则动画开始模拟在 Web 上放映，播放速度为刚才所选择的连接带宽。

图 12-1　选择测试带宽

图 12-2　显示下载属性信息

　　选择【视图】|【带宽设置】命令，将显示带宽设置面板，如图 12-2 所示，显示了测试下载属性最重要的信息，例如持续时间、预加载信息等。

知识点

带宽设置可以提供关键的统计数字，以帮助用户快速查找流程中出现问题的区域，这些统计信息包括动画中单个帧的大小，从动画的实际起始点开始流动所需要的时间及何时开始播放等。带宽设置可以模拟使用 1.2Kb/s、2.3 Kb/s、4.7 Kb/s、32.6 Kb/s、131.2 Kb/s 等调制解调器的实际下载情况，或者使用自定义设置模拟 ISDN 或 LAN 连接的下载过程。通过模拟调制解调器的速度，可以检测流程中因重负载帧而引起的暂停，以便重新编辑，从而提高性能。最重要的是用户可以在网络断开的状态下，以模拟方式进行 Web 连接测试。

带宽设置的信息面板包含了正在测试的动画或背景的各种相关信息，这些信息的主要说明如下：

- ◉ 【尺寸】：动画的大小。
- ◉ 【帧速率】：动画放映的速度，用帧每秒表示。
- ◉ 【大小】：整个动画文件的大小(如果测试的是场景，则表示在整个动画中所占的文件大小)，括号中的数字是用字节表示的精确数值。
- ◉ 【持续时间】：动画的帧数，括号中的数值表示动画的持续时间(单位是秒)。
- ◉ 【预加载】：从动画开始下载到开始放映之间的帧数，或者根据当前的放映速度折算成相应的时间。
- ◉ 【带宽】：用于模拟实际下载的带宽速度。
- ◉ 【帧】：显示两组数字，上面的数字表示时间线放映头当前所在的测试环境中的帧编号；下面的数字则是表示当前帧在整个动画中所占的文件大小，括号中的数字是文件大小的精确值。如果将放映头移到时间线，就会出现各个帧的统计信息，通过调整放映头所在帧，可以找到最大帧。

测试时间与编辑环境中的时间线在外观和功能上基本相似，但有一个明显的区别，即流动栏，如图 12-3 所示。

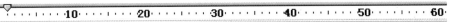

图 12-3　流动栏

与【视图】|【数据流图表】命令结合使用时，流动栏将显示出已下载到背景的动画量(用绿色栏表示)，而放映头则反映当前的放映位置。观察实际放映前面的流动栏，可以快速找到可能在流动中引起故障的区域或帧。

选择【视图】|【帧数图表】命令或选择【视图】|【数据流图表】命令时，将出现帧的图形表示。灰色块表示动画中的帧，其高度表示帧的大小。没有块出现的区域表示无内容的帧(空帧或没有运动或交互的帧)。

- ◉ 帧数图表：用图形表示时间线上各帧的大小，如图 12-4 所示。

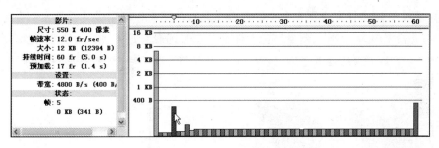

图 12-4　帧数图表

◉　数据流图表：可以用来确定在 Web 中下载的过程中，将出现暂停的区域，如图 12-5 所示。红线以上的块表示流动过程中可能引起暂停的区域，如果超出红色线条，则必须等待该帧加载后再进行播放。

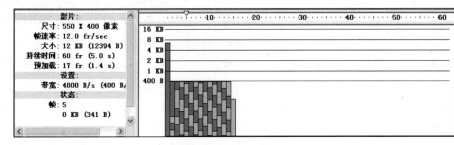

图 12-5　数据流图表

在 Flash CS4 中，还可以自定义速度测试影片下载性能。设置自定义测试速度，可以选择【视图】|【下载设置】|【自定义】命令，打开【自定义下载设置】对话框，如图 12-6 所示。在该对话框中的【菜单文本】选项区域的各文本框中，可以输入作为调制解调器速度选项出现在菜单中的名称；在【比特率】选项区域的各文本框中，可以输入用户需要的模拟比特率。

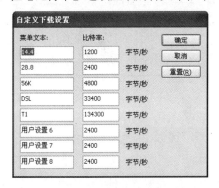

图 12-6　【自定义下载设置】对话框

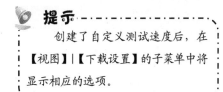

提示

　创建了自定义测试速度后，在【视图】|【下载设置】的子菜单中将显示相应的选项。

【例 12-1】打开一个文档，在测试环境中测试影片下载性能。

(1) 打开一个文档，选择【控制】|【测试影片】命令，打开影片测试窗口，如图 12-7 所示。

(2) 选择【视图】|【下载设置】命令，在弹出的菜单中选择 14.4(1.2KB/s)。

(3) 选择【视图】|【带宽设置】命令，显示下载性能图表，其中带宽设置左侧会显示关于影片的信息、影片设置及其状态；带宽配置右侧会显示时间轴标题和图表，如图 12-8 所示。

图 12-7　影片测试窗口

图 12-8　显示下载性能图表

(4) 选择【视图】|【数据流图表】命令，显示哪一帧将引起暂停。默认视图显示代表每个帧的淡灰色和深灰色交替的块。每块的旁边表明它的相对字节大小，如图 12-9 所示。

(5) 选择【视图】|【帧数图表】命令，显示每个帧的大小，可以查看哪些帧导致数据流延迟。如果有些帧超出图表中的红线，Flash Player 将暂停播放直到整个帧下载完毕。

(6) 测试完毕后，关闭测试窗口并返回到文档的编辑环境中。

(7) 返回文档编辑模式，选择【文件】|【发布设置】命令，打开【发布设置】对话框。在 Flash 选项卡的【选项】选项区域中，选中【生成大小报告】复选框，那么在选择【文件】|【发布】命令时，将自动生成大小报告。该报告会逐帧列出帧的大小信息，最终生成的 Flash Player 文件中的数据数量，如图 12-10 所示。

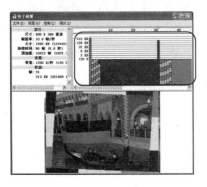
图 12-9　显示数据流图标

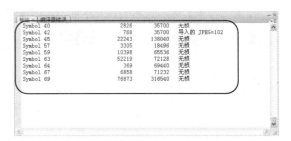
图 12-10　帧大小报告

⑫.2　发布影片

用 Flash CS4 制作的动画是 FLA 格式，因此在动画制作完成后，需要将 FLA 格式的文件发布成 SWF 格式的文件(即扩展名为.SWF，能被 Flash CS4 播放器播放的动画文件)用于网页播放。

在默认情况下，使用【发布】命令可创建 Flash SWF 文件以及将 Flash 影片插入浏览器窗口所需的 HTML 文档。在 Flash CS4 中还提供了其他多种发布格式，可以根据需要选择发布格式并设置发布参数。

12.2.1 预览和发布影片

在发布 Flash 文档之前，首先需要确定发布的格式并设置该格式的发布参数。

在发布 Flash 文档时，最好先为要发布的 Flash 文档创建一个文件夹，将要发布的 Flash 文档保存在该文件夹中；然后选择【文件】|【发布设置】命令，打开如图 12-11 所示的【发布设置】对话框。

在默认情况下，Flash (SWF)和 HTML 复选框处于选中状态，这是因为在浏览器中显示 SWF 文件，需要相应的 HTML 文件。

可以看到，在【发布设置】对话框中提供了多种发布格式，当选择了某种发布格式后，若该格式包含参数设置，则会显示相应的格式选项卡，用于设置其发布格式的参数。

默认情况下，在发布影片时会使用文档原有的名称，如果需要命名新的名称，可在【文件】文本框中输入新的文件名。不同格式文件的扩展名是不同的，在自定义文件名的时候注意不要随便修改扩展名。如果改动了扩展名而又忘了正确的扩展名，可以单击【使用默认名称】按钮，文件名会变为默认的文件名，扩展名也会变为正确的扩展名，然后再自定义文件名即可。

完成基本的发布设置后，单击【确定】按钮，可保存设置但不进行发布。选择【文件】|【发布】菜单命令，或按 Shift+F12 键，或直接单击【发布】按钮，Flash CS4 会将动画文件发布到源文件所在的文件夹中。如果在更改文件名时设定了存储路径，Flash CS4 会将文件发布到该路径所指向的文件夹中。

图 12-11 【发布设置】对话框

图 12-12 【Flash】选项卡

⑫.2.2　设置 Flash 发布格式

SWF 动画格式是 Flash CS4 自身的动画格式，因此它是输出动画的默认形式。在输出动画的时候，单击【发布设置】对话框中的【Flash】选项卡，打开该选项卡，可以设定 SWF 动画的图像和声音压缩比例等参数，如图 12-12 所示。

在【Flash】选项卡中的主要参数选项具体作用如下。

◉　【版本】下拉列表框：可以选择所输出的 Flash 动画的版本，范围包括 Flash 1~9 和 Flash lite 1.0~2.1。因为 Flash 动画的播放是靠插件支持的，如果用户系统中没有安装高版本的插件，那么使用高版本输出的 Flash 动画在此系统中不能被正确地播放；如果使用低版本输出，那么 Flash 动画所有的新增功能将无法正确地运行。所以，除非有必要，否则一般不提倡使用低版本输出 Flash 动画。

◉　【加载顺序】下拉列表框：加载顺序是指当动画被读入时所装载的每一层的先后顺序。当 Flash 动画被网络远程调用时，尤其是在网络传输速率较低的时候，设置加载顺序就很重要了，它决定了在动画的舞台上哪一层先显示出来。但是在网络速度较快时或在本地计算机上欣赏动画时，用户根本感觉不到动画加载的先后顺序。加载顺序主要有两种类型：【由下而上】是指先加载并绘制 Flash 动画的最下层，再逐渐地载入并绘制上面的层；【由上而下】是指先加载并绘制 Flash 动画的最上层，再逐渐地载入并绘制下面的层。

◉　【选项】选项区域：该项目主要包括一组复选框。选中【生成大小报告】复选框可以生成 Flash 动画运行的过程中传输数据的报告文件；选中【防止导入】复选框可以有效地防止所生成的动画文件被其他人非法导入到新的动画文件中继续编辑。在选中此项后，对话框中的【密码】文本框被激活，在其中可以加入导入此动画文件时所设置的密码。以后当文件被导入时，就会要求输入正确的密码；选中【压缩影片】复选框后，在发布动画时对视频进行压缩处理，使文件便于在网络上快速传输；选中【省略 trace 动作】复选框可以忽略在调试 Flash 动画的脚本时经常要使用的跟踪动作，避免查找并删除跟踪动作的过程；选中【允许调试】复选框后允许在 Flash CS4 的外部跟踪动画文件，而且对话框的密码文本框也被激活，可以在此设置密码；选中【压缩影片】复选框，可压缩 Flash 影片减小文件大小，以缩短下载时间；选中【导出隐藏的图层】复选框，可以将 Flash 动画中的隐藏层导出。

◉　【脚本时间限制】文本框：用户可以在该文本框中输入需要数值，用于限制脚本的运行时间。

◉　【JPEG 品质】滑块：调整 JPEG 品质滑块，或在文本框中设置数值，可以设置位图文件在 Flash 动画中的 JPEG 压缩比例和画质。Flash 动画中位图文件是以 JPEG 的格式存储的，而 JPEG 是一种有损压缩格式，当在文本框中键入的数值越大，位图质量越高，文件体积也越大。因此需要根据动画的用途在文件大小和画面质量之间选择一个折衷的方案。

计算机 基础与实训教材系列

要为影片中所有的音频流或事件声音设置采样率和压缩，可单击【音频流】或【音频事件】右侧的【设置】按钮，打开如图 12-13 所示的【声音设置】对话框，设置声音的压缩、比特率和品质。

图 12-13　【声音设置】对话框

提示
　　在【声音设置】对话框中，可以选择禁用、ADPCM、MP3、原始和语音共 5 种选项。

- ◉ 【覆盖声音设置】复选框：选中该复选框后可以设定声音属性并覆盖【属性】面板中的设置。
- ◉ 【导出设备声音】复选框：选中该复选框后可以将声音以设备声音的形式导出。
- ◉ 【本地回放安全性】下拉列表框：该对话框中有【只访问本地文件】和【只访问网络】选项，可以选择其一设置本地文件的回放方式。

12.2.3　设置 HTML 发布格式

在默认情况下，HTML 文档格式是随 Flash 文档格式一同发布的。要在 Web 浏览器中播放 Flash 电影，则必须创建 HTML 文档、激活电影和指定浏览器设置。

使用【发布】菜单命令即可自动生成必须的 HTML 文档。通过【发布设置】对话框中的【HTML】选项卡可以设置一些参数，控制 Flash 电影出现在浏览器窗口中的位置、背景颜色以及电影大小等，在导出为 HTML 文档后，还可以使用其他 HTML 编辑器手工输入任何所需的 HTML 参数，【HTML】选项卡如图 12-14 所示。

图 12-14　【HTML】选项卡

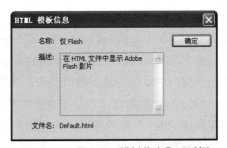

图 12-15　【HTML 模板信息】对话框

在 HTML 选项卡中，各参数设置选项功能如下。

◉ 【模板】下拉列表框：用来选择一个已安装的模板。单击"信息"按钮，可显示所选模板的说明信息，如图 12-15 所示。在相应的下拉列表中，选择要使用的设计模板，这些模板文件均位于 Flash 应用程序文件夹的【HTML】文件夹中。

◉ 【检测 Flash 版本】复选框：用来检测打开当前影片所需要的最低的 Flash 版本。选中该复选框后，【版本】选项区域中的两个文本框将处于可输入状态，用户可以在其中输入代表版本序号的数字。

◉ 【尺寸】下拉列表框：在尺寸下拉列表框中，可以设置影片的宽度和高度属性值。选择【匹配影片】选项后将浏览器中的尺寸设置与电影等大，该选项为默认值；选择【像素】选项后允许在【宽】和【高】文本框中输入像素值；选择【百分比】选项后允许设置和浏览器窗口相对大小的电影尺寸，用户可在【宽】和【高】文本框中输入数值确定百分比。

◉ 【回放】选项区域：在【回放】选项区域中，可以设置循环、显示菜单和设计字体参数。选中【开始时暂停】复选框后，电影只有在访问者启动时才播放。访问者可以通过点击电影中的按钮或右击后，在其快捷菜单中选择【播放】命令来启动电影。在默认情况下，该选项被关闭，这样电影载入后立即可以开始播放；选中【循环】复选框后，电影在到达结尾后又从头开始播放，清除该选项将使电影在到达末帧后停止播放。在默认情况下，该选项是选中的；选中【显示菜单】复选框后使用户在浏览器中右击后可以看到快捷菜单。在默认情况下，该选项被选中；选中【设备字体】复选框后将替换用户系统中未安装的保真系统字体，该选项在默认情况下为关闭。

◉ 【品质】下拉列表框：可在处理时间与应用消除锯齿功能之间确定一个平衡点，从而在将每一帧呈现给观众之前对其进行平滑处理。选择【低】选项，将主要考虑回放速度，而基本不考虑外观，并且从不使用消除锯齿功能；选择【自动降低】选项将主要强调速度，但也会尽可能改善外观，在回放开始时消除锯齿功能处于关闭状态，如果 Flash Player 检测到处理器可以处理消除锯齿功能，则会打开该功能；选择【自动升高】选项，会在开始时同等强调回放速度和外观，但在必要时会牺牲外观来保证回放速度，在回放开始时消除锯齿功能处于打开状态，如果实际帧频降到指定帧频之下，则会关闭消除锯齿功能以提高回放速度；选择【中】选项可运用一些消除锯齿功能，但不会平滑位图；选择【高】选项将主要考虑外观，而基本不考虑回放速度，并且始终使用消除锯齿功能；选择【最佳】选项可提供最佳的显示品质，但不考虑回放速度；所有的输出都已消除锯齿，而且始终对位图进行平滑处理。

◉ 【窗口模式】下拉列表框：在该下拉列表框中，允许使用透明电影等特性。该选项只有在安装 Flash ActiveX 控件的 Internet Explorer 中有效。选择【窗口】选项，可在网页上的矩形窗口中以最快速度播放动画；选择【不透明无窗口】选项，可以移动 Flash 影片后面的元素(如动态 HTML)，以防止它们透明；选择【透明无窗口】选项，将显示该影片所在的 HTML 页面的背景，透过影片的所有透明区域都可以看到该背景，但是这样将减慢动画播放速度。

- 【HTML 对齐】下拉列表框：在该下拉列表框中，可以通过设置对齐属性来决定 Flash 电影窗口在浏览器中的定位方式，确定 Flash 影片在浏览器窗口中的位置。选择【默认】选项，可以使影片在浏览器窗口内居中显示；选择【左对齐】、【右对齐】、【顶端】或【底边】选项，会使影片与浏览器窗口的相应边缘对齐。

- 【缩放】下拉列表框：在该下拉列表框中，可以使用比例参数值定义电影在指定宽度和高度边界中的放置方式。该选项只有在【宽度】和【高度】文本框中输入了和电影的源尺寸不同的值时才可用。选择【默认(全部显示)】选项，可在指定区域内显示整个影片；选择【无边框】选项，可以对影片进行缩放，使其填充指定的区域，并保持影片的原始宽高比；选择【精确匹配】选项，可以在指定区域显示整个影片，它不保持影片的原始宽高比，影片可能会发生扭曲；选择【无缩放】选项，可禁止影片在调整 Flash Player 窗口大小时进行缩放。

- 【Flash 对齐】选项区域：可以通过【水平】和【垂直】下拉列表框设置如何在影片窗口内放置影片以及在必要时如何裁剪影片边缘。

- 【显示警告消息】复选框：用来在标记设置发生冲突时显示错误消息，譬如某个模板的代码引用了尚未制定的替代图像时。

12.2.4　设置其他发布格式

1. GIF 发布格式

GIF 是一种较方便的输出 Flash 动画方法，选择【发布设置】对话框中的 GIF 选项卡，可以设定 GIF 格式输出的相关参数，如图 12-16 所示。

在 GIF 选项卡对话框中，主要参数选项的具体作用如下。

- 【尺寸】选项区域：设定动画的尺寸。既可以使用【匹配影片】复选框进行默认设置，也可以自定义影片的高与宽，单位为像素。

- 【回放】选项区域：该选项用于控制动画的播放效果，包括 4 个单选按钮。选中【静态】单选按钮后导出的动画为静止状态；选中【动画】单选按钮可以导出连续播放的动画。此时如果选中右侧的【不断循环】单选按钮，动画可以一直循环播放；如果选中【重复】单选按钮，并在旁边的文本框中输入播放次数，可以让动画循环播放，当达到预设的播放次数后，动画就停止播放。

- 【选项】选项区域：该项目主要包括一组复选框。选中【优化颜色】复选框可以去除动画中不用的颜色。在不影响动画质量的前提下，将文件尺寸减小 1000~1500 字节，但是会增加对内存的需求，默认情况下，此项处于选中状态；选中【交错】复选框可以在文件没有完全下载完之前显示图片的基本内容，在网速较慢时加快下载速度，但是对于 GIF 动画不能使用【交错】复选框，【交错】复选框不是默认选择；选中【平滑】复选框可以减少位图的锯齿，使画面质量提高，但是平滑处理后会增大文件的大小，该项是默认选项；选中【抖动纯色】复选框可使纯色产生渐变色效果；选择【删除渐变】复选框可以使用渐变色中的第 1 种颜色代替渐变色。为了避免出现不良的后果，要慎重选择渐变色的第 1 种颜色。

- ◉ 【透明】下拉列表框：用于确定动画背景的透明度。选择【不透明】选项将背景以纯色方式显示，【不透明】选项是默认选择；选择【透明】选项使背景色透明；选择【Alpha】选项可以对背景的透明度进行设置，范围在 0~255 之间。在右边的文本框中输入一个数值，所有色彩指数低于设定值的颜色都将变得透明，高于设定值的颜色都将被部分透明化。

- ◉ 【抖动】下拉列表框：确定像素的合并形式。抖动可以提高画面的质量，但是会增加文件的大小。可以设置无、有序和扩散三种抖动方式，对应的动画的质量依次从低到高。选择【无】选项将不对画面进行抖动修改。将非基础色的颜色用近似的纯色代替。这样会减小文件的尺寸，但是会使色彩失真。【无】(即没有抖动)是 Flash 的默认设置；选择【有序】选项可以产生质量较好的抖动效果，与此同时动画文件的大小不会有太大程度的增加；选择【扩散】选项可以产生质量较高的动画效果，与此同时不可避免地增加动画文件的体积。

- ◉ 【调色板类型】下拉列表框：在列表框中选择一种调色板用于图像的编辑。除了可以在列表框中选择外，还可以在调色板中自定义颜色。选择【Web 216 色】选项，使用标准的 216 色调色板生成 GIF 图像，可以提高图像质量并加快处理速度；选择【最合适】选项，Flash CS4 会自动分析图像颜色。这一选项可以为被编辑的图像生成最为精确的颜色；选择【接近 Web 最适色】选项后，当图像接近 Web 216 调色板时，此类型可以将图像颜色转换为 Web 216 色；选择【自定义】选项后，在【调色板】文本框中输入调色板存储路径就可以自定义调色板了。还可以单击文本框右边的按钮，在弹出的对话框中选择调色板文件。

- ◉ 【最多颜色】文本框：如果选择最适色或接近网页的最适色，此文本框将变为可选，在其中填入 0~255 中的任一个数值，可以去除超过这一设定值的颜色。设定的数值较小则生成较小的文件，但是画面质量会较差。

图 12-16　GIF 选项卡

图 12-17　JPEG 选项卡

2. JPEG 发布格式

使用 JPEG 格式可以输出高压缩的 24 位图像。通常情况下，GIF 格式更适合于导出图形，而 JPEG 格式则更适合于导出图像。选择【发布设置】对话框中的 JPEG 选项卡，打开该选项卡，如图 12-17 所示，可以设置导出图像的尺寸和质量。质量越好，则文件越大，因此要按照实际需要设置导出图像的质量。

在 JPEG 选项卡中的主要参数选项具体作用如下。

- ⊙ 【尺寸】选项区域：可设置所创建的 JPEG 在垂直和水平方向的大小，单位是像素。
- ⊙ 【匹配电影】复选框：选中此复选框后将创建一个与【文档属性】框中的设置有着相同大小的 JPEG，且【宽】和【高】文本框不再可用。
- ⊙ 【品质】滑块：可设置应用在导出的 JPEG 中的压缩量。设置为 0 将以最低的视觉量导出 JPEG，此时图像文件体积最小；设置为 100 将以最高的视觉质量导出 JPEG，此时文件的体积最大。
- ⊙ 【渐进】复选框：当 JPEG 以较慢的连接速度下载时，选中此复选框将使它逐渐清晰地显示在舞台上。

3. PNG 发布格式

PNG 格式是 Macromedia Fireworks 的默认文件格式。作为 Flash 中的最佳图像格式，PNG 格式也是唯一支持透明度的跨平台位图格式，默认情况下，Flash 将导出影片中的首帧作为 PNG 图像。选择【发布设置】对话框中的 PNG 选项卡，打开该选项卡，如图 12-18 所示，可以进行相关的参数设置。

PNG 选项卡对话框中的主要参数选项具体作用如下。

- ⊙ 【尺寸】选项区域：可以设置导入的位图图像的大小。
- ⊙ 【位深度】下拉列表框：可以指定在创建图像时每个像素所用的位素。图像位素决定用于图像中的颜色数。对于 256 色图像来说，可以选择【8 位】选项；如果要使用数千种颜色，要选择【24 位】选项；如果颜色数超过数千种，还要求有透明度，则要选择【24 位 Alpha】选项。位数越高，文件越大。
- ⊙ 【选项】选项区域：包含一组复选框，可以为导出的 PNG 图像指定一种外观显示设置。选中【优化颜色】复选框将删除 PNG 的颜色表中所有未使用的颜色，从而减小最终的 PNG 文件的大小，如果使用 Adaptive 调色板，此复选框将不可用；选中【抖动纯色】复选框可使纯色产生渐变色效果；选中【删除渐变】复选框可以使用渐变色中的第 1 种颜色代替渐变色；选中【交错】复选框后当 PNG 以较慢的速度下载时，可使它逐渐清晰地显示在舞台上；选中【平滑】复选框将为导出的 PNG 消除锯齿。
- ⊙ 【抖动】下拉列表框：如果选择 8 位的位深度，所获得的调色板中最多可包含 256 种颜色，如果正在导出的 PNG 使用的是当前调色板中没有的颜色，那么抖动可以通过混合可用的颜色来帮助模拟那些没有的颜色。选择【无】选项后在导出图像时不使用抖动；选择【有序】选项将使导出的图像抖动，以获得较好的显示质量，同时对文件大小只有极小的影响；选择【扩散】选项将产生高质量的抖动，同时对文件的大小的影响要比【有序】选项大。

- ◉ 【调色板类型】下拉列表框：通过选择适当的调色板，使得导出文件的颜色尽可能地准确。选择【Web 216 色】选项时用户的项目中使用的大多是适于 Web 的颜色；选择【最适合】选项将根据图像中的颜色创建一个自定义调色板；选择【接近 Web 最适色】选项将结合【Web 216 色】选项和【最适合】选项的最佳部分，根据图像中的颜色创建一个自定义调色板，但只要有可能就会使用适于 Web 的颜色来替换自定义颜色；选择【自定义】选项后，在【调色板】文本框中输入调色板存储路径就可以自定义调色板了。还可以单击文本框右边的按钮，在弹出的对话框中选择调色板文件。

- ◉ 【最多颜色】文本框：如果选择最适色或接近网页的最适色，此文本框将变为可选，在其中填入 0~255 中的任一个数值，可以去除超过这一设定值的颜色。设定的数值较小则可以生成较小的文件，但是画面质量会较差。

- ◉ 【过滤器选项】下拉列表框：在压缩过程中，PNG 图像会经过一个筛选的过程，此过程使图像以一种最有效的方式进行压缩。过滤可筛选获得同时具备最佳的图像质量和文件大小的图像。但是要使用此过程需要一些摸索，通过选择【无】、【下】、【上】、【平均】、【线性函数】和【最合适】等不同的选项来比较它们之间的差异。

图 12-18　PNG 选项卡　　　　　　图 12-19　　QuickTime 选项卡

4. QuickTime 发布格式

QuickTime 发布选项可以创建 QuickTime 格式的电影。Flash 电影在 QuickTime 和 FlashPlayer 中的播放效果完全一样，可以保留所有的交互功能。单击 QuickTime 选项卡，打开该选项卡，如图 12-19 所示，可以进行相关的参数设置。

值得注意的是，QuickTime 不支持 Flash 5 以上版本的 Adobe Flash 音轨，如果用户在【发布设置】对话框中选中【带 Flash 音轨的 QuickTime】复选框，系统会打开一个信息提示框，如图 12-20 所示。

图 12-20 信息提示框

QuickTime 选项卡中的主要参数选项具体作用如下。

◉ 【尺寸】选项区域：设置导出的 QuickTime 电影的大小。

◉ 【Alpha】下拉列表框：在该下拉列表框中可以选择 QuickTime 电影中 Flash 轨道的透明模式。

◉ 【图层】下拉列表框：定义 Flash 轨道放置在 QuickTime 电影中的位置。其中，【自动】选项是指 Flash CS4 自动定位，【顶部】选项是指将 Flash 轨道放置在 QuickTime 电影中的最上层，【底部】选项是指将 Flash 轨道放置在 QuickTime 电影中的最底层。

◉ 【声音流】选项区域：选中【使用 QuickTime 压缩】复选框，可以将 Flash 电影中的所有流式音频导出到 QuickTime 电影中，并使用标准的 QuickTime 音频设置重新压缩音频。

◉ 【控制栏】下拉列表框：可以指定用于播放被导出电影的 QuickTime 控制器类型。

◉ 【回放】选项区域：在该选项区域中有 3 个复选框。选中【循环】复选框可使 QuickTime 影片始终循环播放；选中【开始时暂停】复选框可使 QuickTime 电影时在打开时不自动播放，只在单击某个按钮后才开始播放；选中【播放每帧】复选框可使 QuickTime 显示电影的每一帧，并且关闭导出的 QuickTime 电影中的所有声音。

◉ 【平面化】复选框：选中此复选框后，Flash 内容和导入的视频内容将组合在一个自包含的 QuickTime 影片中；否则，QuickTime 影片从外部引入导入的视频文件。

5. Windows 放映文件

在【发布设置】对话框中选中【Windows 放映文件】复选框，可创建 Windows 独立放映文件。选中该复选框后，在【发布设置】对话框中将不会显示相应的选项卡。

6. Macintosh 放映文件

在【发布设置】对话框中选中【Macintosh 放映文件】复选框，可创建 Macintosh 独立放映文件。选中该复选框后，在【发布设置】对话框中将不会显示相应的选项卡。

12.3 导出影片

在 Flash CS4 中导出影片，可以选择【导出】命令，创建能够在其他应用程序中进行编辑的内容，并将影片直接导出为单一的格式。导出影片并不像发布影片那样对背景音乐、图形格式以及颜色等参数都需要进行单独设置，它可以把当前的 Flash 动画的全部内容导出为 Flash 支持的文件格式。文件有两种导出方式：【导出影片】和【导出图像】。例如，可以将整个影片导出为 Flash 影片、一系列位图图像、单一的帧或图像文件、不同格式的活动和静止图像，包括 GIF、JPEG、PNG、BMP、PICT、QuickTime 或 AVI。

要在其他应用程序中应用 Flash 内容，或以特定文件格式导出当前 Flash 影片的内容，可以选择【文件】|【导出】命令，在弹出的子菜单中可以选择【导出影片】或【导出图像】命令。选择【导出影片】命令，可以将 Flash 影片导出为静止图像格式，而且可以为影片中的每一帧都创建一个带有编号的图像文件，也可以使用【导出影片】命令将影片中的声音导出为 WAV 文件。选择【导出图像】命令，可以将当前帧内容或当前所选图像导出为一种静止图像格式或导出为单帧 Flash Player 影片。

导出影片或图像，可先打开要导出的 Flash 影片，如果要从影片中导出图像，可在当前影片中选择要导出的帧或图像，然后选择【文件】|【导出】命令，在子菜单中选择【导出影片】或【导出图像】命令，打开相应的对话框，在【文件名】文本框中输入文件名称，在【保存类型】下拉列表框中选择文件保存格式。单击【保存】按钮，即可按照指定格式导出文件。

在导出图像时，应注意以下两点。

◉ 在将 Flash 图像导出为矢量图形文件(如 Adobe Illustrator 格式)时，可以保留其矢量信息。并能够在其他基于矢量的绘画程序中编辑这些文件，但是不能将这些图像导入文字处理程序中。

◉ 将 Flash 图像保存为位图 GIF、JPEG、PICT (Macintosh)或 BMP (Windows)文件时，图像会丢失其矢量信息，仅以像素信息保存。用户可以在其他图像编辑器(如 Photoshop)中编辑导出为位图的 Flash 图像，但不能再在基于矢量的绘画程序中编辑它们。

【例 12-2】打开一个文档，将该文档导出为 AVI 格式影片。

(1) 打开一个文档，如图 12-21 所示。

(2) 选择【文件】|【导出】|【导出影片】命令，打开【导出影片】对话框，选择【保存类型】为 Windows AVI，如图 12-22 所示。

图 12-21　打开文档

图 12-22　选择导出类型

(3) 在【导出影片】对话框中设置导出影片路径和名称，然后单击【保存】按钮，打开【导出 Windows AVI】对话框，如图 12-23 所示，使用该对话框的默认参数选项设置。

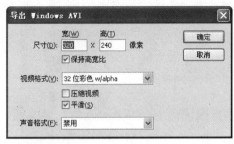

图 12-23 【导出 Windows AVI】对话框

(4) 单击【导出 Windows AVI】对话框中的【确定】按钮，系统会打开【正在导出 AVI 影片】对话框，显示导出影片进度，如图 12-24 所示。

(5) 完成导出影片进度后，可以使用播放器播放 AVI 影片，如图 12-25 所示。

图 12-24 显示导出影片进度 图 12-25 播放 AVI 影片

计算机基础与实训教材系列

⑫.4 上机练习

本章上机练习主要介绍了影片发布操作，可以自制表情，并发布为 GIF 动画文件。关于本章中的其他内容，例如影片的测试和优化操作，将文档导出成为多种格式的文件，可以根据本章中相应的内容进行练习。

新建一个文档，制作逐帧动画，发布为 GIF 格式文件，制作 GIF 图像。

(1) 新建一个文档，选择【文件】|【导入】|【导入到库】命令，导入两张位图图像到【库】面板中。

(2) 拖动第 1 个位图图像到设计区中，调整图像至合适大小，选择【修改】|【文档】命令，打开【文档属性】对话框，选中【内容】单选按钮，如图 12-26 所示。单击【确定】按钮，设置文档大小与内容相匹配。

(3) 在第 2 帧处插入空白关键帧，将另一张位图图像拖动至设计区中，打开【属性】面板，设置 x 和 y 轴坐标位置为 0，0，如图 12-27 所示。

图 12-26　设置【文档属性】对话框

图 12-27　设置图像坐标位置

(4) 选择【文件】|【发布设置】对话框，在【格式】选项卡中选中【GIF 图像】复选框，然后选中发布文件位置和名称，单击【GIF】选项卡，打开该选项卡，在该选项卡中的设置参数，如图 12-28 所示。

(5) 单击【发布】命令，即可发布 GIF 图像，然后打开保存的图像位置，即可预览图像，如图 12-29 所示。

图 12-28　设置 GIF 选项卡对话框

图 12-29　预览 GIF 图像

12.5　习题

1. 阐述优化动画的一般原则。

2. 在 Flash CS4 中，如何发布影片？

3. 创建一个 Flash 影片，测试其下载性能，并创建文件大小报告，最后将其导出为 GIF 文件格式。

综合实例应用

学习目标

目前，Flash 已经广泛应用于网络动画制作。在本章中将通过制作不同类型的 Flash 动画使读者进一步熟练掌握 Flash CS4 的使用方法，并深入地了解 Flash 动画的制作流程。用户在进行练习时，可以融会贯通、举一反三，在掌握其基本功能的同时，能够创建更为复杂的动画效果。

本章重点

- ⊙ 绘制图像
- ⊙ 创建逐帧动画
- ⊙ 创建补间动画
- ⊙ 创建引导动画
- ⊙ 创建遮罩动画
- ⊙ 为动画添加 ActionScript

13.1 制作沙滩退潮效果

新建一个文档，使用【工具】面板中的绘制图像，创建【图形】元件，结合逐帧动画和补间动画，设置元件缓动和 Alpha 值，创建逼真的沙滩涨潮和退潮效果。

(1) 新建一个文档，选择【修改】|【文档】命令，打开【文档属性】对话框，设置文档大小为 600×300 像素，如图 13-1 所示。

(2) 重命名【图层 1】图层为【沙滩】图层。选择【矩形】工具，绘制一个矩形图形，选择【颜料桶】工具，设置线性渐变填充，填充色为淡黄色到深黄色，填充图形。

(3) 选中矩形图形，选择【窗口】|【属性】命令，打开【属性】面板，设置图形大小为 600×300 像素，x 和 y 轴坐标位置为 0，0，如图 13-2 所示。

图 13-1　设置文档大小

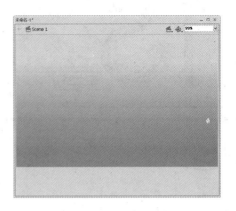

图 13-2　设置矩形图形

(4) 新建【海水】图层，选择【线条】工具，绘制如图 13-3 所示的图形。

(5) 选择【选择】工具，调整图形曲线，选择【颜料桶】工具，设置线性渐变色，填充图形，然后选择【任意变形】工具，调整图形至合适大小。选中图形，选择【修改】|【转换为元件】命令，转换为【图形】元件。

(6) 选中【图形】元件，打开【属性】面板，设置 Alpha 值为 80％，如图 13-4 所示。

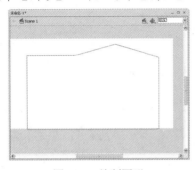

图 13-3　绘制图形

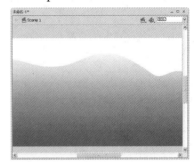

图 13-4　设置 Alpha 值

(7) 在【海水】图层下方新建【海水遮罩】图层，参照步骤(4)~步骤(5)，绘制一个用于创建遮罩效果的海水图形，如图 13-5 所示。将该图形转换为【图形】元件。

(8) 选中【海水】图层中的【图形】元件，将该元件移至如图 13-6 所示的位置。

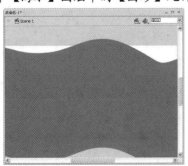

图 13-5　绘制图形

图 13-6　移动【图形】元件

(9) 在【海水】图层第 40 帧处插入关键帧，将该帧处的【图形】元件移至如图 13-7 所示位置。

(10) 在【海水】图层第 70 帧处插入关键帧，选中该帧处的【图形】元件，按下向上方向键，向上移动大约 15 像素位置，移至如图 13-8 所示。

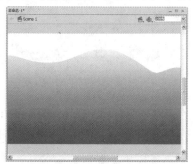
图 13-7　移动 40 帧处元件

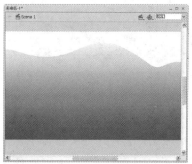
图 13-8　移动 70 帧处元件

(11) 右击 1 到 40 帧任意一帧，在弹出的快捷菜单中选择【创建传统补间动画】命令，创建补间动画，重复操作，创建 40 到 70 帧处补间动画。

 提示

在这里要注意的是，为什么不直接创建 1 到 70 帧补间动画，而分两次创建补间动画？这是为了使海水有逼真的涨潮效果，1 到 40 帧处是匀速运动，40 到 70 帧处的补间动画能起到缓动作用。如果对动画逼真效果要求不是太高的话，可以直接创建 1 到 70 帧处的补间动画，然后在【属性】面板中设置【缓动】选项，也可以达到缓动效果。在制作动画时，其实并不需要有太多复杂的动作，注意动画细节，反而能创建更为逼真的效果。

(12) 在【海水】图层第 110 帧处插入关键帧，将该帧处的【图形】元件移至设计区下方，然后创建 70 到 110 帧的补间动画，形成退潮效果。

(13) 选中【海水遮罩】图层中的【图形】元件，参照步骤(9)~步骤(12)，创建 1 到 40 帧补间动画，在创建补间动画时，将该图层中的【图形】元件始终保持在【海水】图层中的【图形】元件上方，如图 13-9 所示，是补间动画中某一帧处的显示效果。

(14) 重复操作，创建【海水遮罩】图层 70 到 110 帧之间的补间动画，形成退潮效果。

(15) 双击【海水】图层中的【图形】元件，进入元件编辑模式，选中图形，按下 Ctrl+C 键，复制图形。

(16) 返回场景，在【海水遮罩】图层下方新建【阴影】图层，在该图层第 70 帧处插入空白关键帧，按下 Ctrl+V 键，粘贴复制的图形，然后选择【颜料桶】工具，设置线性填充，设置填充色为灰色到深灰色，填充图形，然后将该图形转换为【图形】元件。

(17) 选中【阴影】图层 70 帧处的【图形】元件，在【属性】面板中设置 Alpha 值为 80%，如图 13-10 所示。

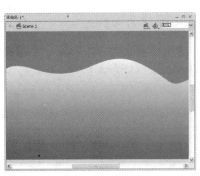

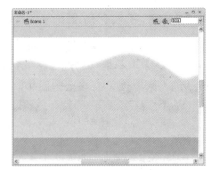

图 13-9 【海水遮罩】图层某帧显示　　　　　图 13-10 设置 Alpha 值

(18) 在【阴影】图层 70 到 110 帧之间插入关键帧，减小每个帧中【图形】元件的 Alpha 值，并将每个帧中的【图形】元件逐次移动 3~5 个像素位置，形成退潮后沙滩上形成阴影效果。

(19) 右击【海水遮罩】图层，在弹出的快捷菜单中选择【遮罩层】命令，创建遮罩层。

(20) 在【海水】图层上方新建【海浪】图层，结合【刷子】工具和【线条】工具，绘制如图 13-11 所示的海浪图形。

(21) 选中海浪图形，转换为【图形元件】。在第 40、70 和 110 帧处插入关键帧，将 40、70 和 110 帧处的【图形】元件移至【海水】图层中对应的【图形】元件上方，例如图 13-12 所示，是 70 帧处的显示效果。

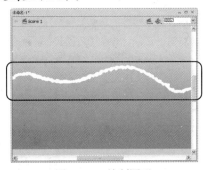

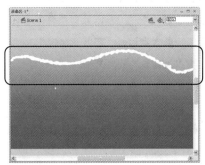

图 13-11 绘制图形　　　　　图 13-12 第 70 帧处显示效果

(22) 选中 40 帧处的【图形】元件，在【属性】面板中设置 Alpha 值为 0%。

(23) 在【海浪】图层上方新建【泡沫】图层，选择【椭圆】工具，绘制泡沫图形，复制多个图形，然后调整图形至合适大小，形成泡沫效果，如图 13-13 所示。

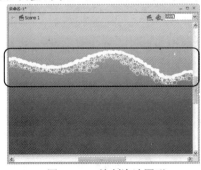

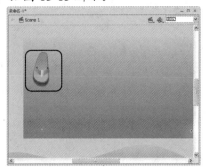

图 13-13 绘制泡沫图形　　　　　图 13-14 调整图像大小

(24) 参照步骤(21)~(22)，创建【泡沫】图层补间动画效果。

(25) 新建【拖鞋 1】图层，选择【文件】|【导入】|【导入到库】命令，导入两个拖鞋图像到【库】面板中，将一个拖鞋图像移至设计区中，调整图像至合适大小并移至合适位置为止，如图 13-14 所示。

(26) 创建【拖鞋 1】图层逐帧动画效果，根据海水涨潮和退潮效果，选择【任意变形】工具，旋转图像并适当移动为止，例如涨潮时，顺时针旋转图像并向上移动适当为止，如图 13-15 所示，是某帧处显示效果。

(27) 新建【拖鞋 2】图层，将另一个拖鞋图像移至设计区中，调整图像至合适大小并移至合适位置为止，然后参照步骤(27)，创建【拖鞋 2】图层逐帧动画效果，根据海水涨潮和退潮效果，选择【任意变形】工具，旋转图像并适当移动，例如退潮时，逆时针旋转图像并向下移动适当，如图 13-16 所示，是某帧处的显示效果。

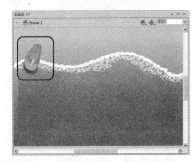

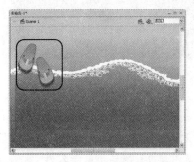

图 13-15　【拖鞋 1】图层某帧显示效果　　图 13-16　【拖鞋 2】图层某帧显示效果

(28) 按下 Ctrl+Enter 键，测试动画效果，如图 13-17 所示。

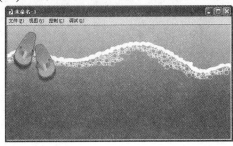
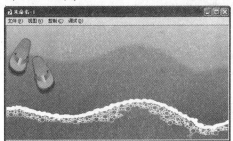

图 13-17　测试效果

(29) 保存文件为【沙滩】。

⑬.2　制作鼠标点击效果

新建一个文档，创建【影片剪辑】元件，编辑元件，结合外部辅助类和文档主类，制作鼠标点击动画效果。

(1) 新建一个文档，设置文档背景颜色为黑色，选择【插入】|【新建元件】命令，打开【新

建元件】对话框，新建一个【影片剪辑】元件。

(2) 打开【影片剪辑】元件编辑模式，选择【文件】|【导入】|【导入到库】命令，导入一个位图图像和一个矢量图形到【库】面板中。

(3) 将矢量图形移至设计区中，调整图形至合适大小，如图 13-18 所示。

(4) 分别在第 2、25、50、75 和 100 帧处插入关键帧，选中第 25 帧处的图形，选择【窗口】|【变形】命令，打开【变形】面板，设置旋转度数为 330，如图 13-19 所示。

图 13-18　调整图形大小　　　　　　　　　图 13-19　设置旋转

(5) 选中第 75 帧处的图形，在【变形】面板中设置旋转度数为 30。

(6) 创建 2 到 25 帧、25 到 50 帧、50 到 75 帧和 75 到 100 帧之间补间动画。

(7) 新建【图层 2】图层，重命名为【控制】图层，在第 1 帧、第 2 帧和第 100 帧处插入空白关键帧，右击第 100 帧，在弹出的快捷菜单中选择【动作】命令，输入如下代码，用于动画播放。

```
gotoAndPlay(2);
```

(8) 返回场景，选择【文件】|【新建】命令，打开【新建文档】对话框，选择【ActionScript文件】选项，单击【确定】按钮，创建一个 ActionScrpit 文件，如图 13-20 所示。

(9) 在新建的 ActionScrpit 文件【脚本】窗口中输入如下代码。

```
package {
import flash.display.Sprite;
import flash.display.MovieClip;
import flash.events.Event;
        public class fluff extends MovieClip {
                var sizeModifier:Number = Math.random()*0.8+0.4;
                var xSpeed:Number = Math.random()*(-1)-1;
                //随机生成 X 轴速度
                var ySpeed:Number = Math.random()*(-1)-1;
                //随机生成 Y 轴速度
                var g:Number = -0.1;
                //重力
                var w:Number = -0.1;
```

 计算机 基础与实训教材系列

```
//风速
public function fluff() {
    init();
}
private function init() {
    this.gotoAndPlay(Math.floor(Math.random()*100)+1);
    this.scaleX = this.scaleY = 0.8 * sizeModifier;
    //随机缩放大小
    this.addEventListener(Event.ENTER_FRAME, onEnterFrame);
    //刷新侦听
}
private function onEnterFrame(e:Event) {
    this.x += xSpeed;
    this.y += ySpeed;
    if (this.y<-32 || this.x<-32)
    {
        this.visible=false;
    }
}
}
}
```

(10) 将 ActionScript 文件保存名为 fluff，保存到【鼠标点击动画】文件夹中。

(11) 返回文档，右击【库】面板中的【影片剪辑】元件，在弹出的快捷菜单中选择【属性】命令，打开【元件属性】对话框，单击【高级】按钮，展开对话框，在【类】文本框中输入 ActionScript 文件保存文件名为 fluff，单击【确定】按钮，连接【影片剪辑】元件，如图 13-21 所示。

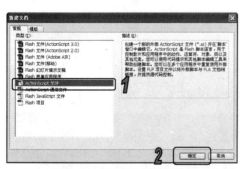

图 13-20 【新建文档】对话框　　　图 13-21 连接 AS 文件

(12) 再次新建一个 ActionScript 文件，在【脚本窗口】输入如下代码。

```
package {
    import flash.display.MovieClip;
    import flash.display.Sprite;
    import flash.events.MouseEvent;
    public class main extends Sprite {
        public function main() {
            stage.addEventListener(MouseEvent.CLICK, onClick);
        }
        private function onClick(e:MouseEvent) {
var sl = Math.floor(Math.random()*1)+1;
            for (var i:uint=0; i<sl; i++) {
                //随机生成蒲公英
                var flu:fluff = new fluff();
                addChild(flu);
                flu.x=mouseX;
                //出现在鼠标处
                flu.y=mouseY;
            }
        }
    }
}
```

(13) 将 ActionScript 文件保存名为 main，保存到【鼠标点击动画】文件夹中。

(14) 返回文档，打开【属性】面板，在【类】文本框中输入连接的外部 AS 文件名称为 main，如图 13-22 所示。

(15) 将【库】面板中的位图图像移至设计区中，设置大小为 550×400 像素，x 和 y 轴坐标位置为 0，0，如图 13-23 所示。

(16) 选择【文本】工具，输入文本内容，设置文本内容合适属性并移至合适位置，如图 13-24 所示。

图 13-22　连接外部 AS 文件

图 13-23　插入文本和图像

(17) 将文档保存名为【蒲公英】，保存到【鼠标点击动画】文件夹中。

(18) 按下 Ctrl+Enter 键，测试动画效果，如图 13-24 所示。单击鼠标，即可产生一个随机大小的飘动的影片剪辑。

图 13-24　测试效果

13.3　制作缓动效果

新建一个文档，创建【影片剪辑】元件，定义文档主类，创建缓动效果。

(1) 新建一个文档，选择【矩形】工具，绘制一个矩形图形，打开【属性】面板，设置矩形图形大小为 550×400 像素。

(2) 选择【颜料桶】工具，设置线性填充色，填充图形，如图 13-25 所示。

(3) 选择【插入】|【新建元件】命令，打开【新建元件】对话框，新建一个【影片剪辑】元件。

(4) 进入元件编辑模式，选择【文本】工具，输入文本内容，设置文本内容合适属性，如图 13-26 所示。

图 13-25　绘制矩形　　　　　　　　　图 13-26　插入文本

(5) 返回场景，选择【文件】|【新建】命令，新建一个 ActionScript 文件，在【脚本】窗口中输入如下代码。

```
package {
    import flash.display.Sprite;
    import flash.display.StageAlign;
    import flash.display.StageScaleMode;
```

```
import flash.display.StageDisplayState;
import flash.events.Event;
import flash.display.MovieClip;
import flash.utils.Timer;
import flash.events.TimerEvent;
import flash.events.MouseEvent;
public class bg extends Sprite {
//构造函数
    public function bg():void {
        Initialize();
    }
    //初始化函数
    private function Initialize():void {
        //设置舞台属性
        stage.scaleMode=StageScaleMode.NO_SCALE;
        stage.align=StageAlign.TOP_LEFT;
        stage.displayState=StageDisplayState.NORMAL;
        //设置关键变量
        ItemsHolder();
    }

    private function ItemsHolder():void {
    var Layer:int=10;
    var Items:int=70;
    var Holder:MovieClip=new MovieClip;
    var HolderItems:Array=new Array;
    stage.addChild(Holder);
    //初始化并添加物件
    for (var LoopA:int; LoopA<Layer; LoopA++) {
        HolderItems[LoopA]=new MovieClip;
        Holder.addChild(HolderItems[LoopA]);
        for (var LoopB:int; LoopB<Items; LoopB++) {
            var TempItem:IC=new IC;
            var Random:Number=Math.random()-.2;
            TempItem.x=Math.random()*(LoopA+3)*stage.stageWidth;
            TempItem.y=Math.random()*(LoopA+3)*stage.stageHeight;
            TempItem.scaleX=.2+Random;
            TempItem.scaleY=.2+Random;
            TempItem.alpha=Math.random()-.2;
            HolderItems[LoopA].addChild(TempItem);
        }
    }
```

计算机 基础与实训教材系列

```
        LoopB=0;
    }
    LoopA=0;
    ItemsMove();
    //元件动画函数
    function ItemsMove():void {
        var UpdateMove:Timer=new Timer(10,0);
        var MoveEasing:int=30;
        var LinearRelation:Number;
        var MouseX:Number;
        var MouseY:Number;
        stage.addEventListener(MouseEvent.MOUSE_MOVE,GetMouseLoaction);
        UpdateMove.addEventListener(TimerEvent.TIMER,UpdateMoveRun);
        UpdateMove.start();
        //获取鼠标位置
        function GetMouseLoaction(event:MouseEvent):void {
            MouseX=event.stageX;
            MouseY=event.stageY;
        }
        //元件位置移动
        function UpdateMoveRun(event:TimerEvent):void {
            for (var LoopA:int; LoopA<Layer; LoopA++) {
            //获取移动基数 X
                LinearRelation=(stage.stageWidth-HolderItems[LoopA].width)/stage.stageWidth;
                //设置移动 X
                HolderItems[LoopA].x-=(HolderItems[LoopA].x-LinearRelation*MouseX)/MoveEasing;
                //获取移动基数 Y
                LinearRelation=(stage.stageHeight-HolderItems[LoopA].height)/stage.stageHeight;
                //设置移动 Y
                HolderItems[LoopA].y-=(HolderItems[LoopA].y-LinearRelation*MouseY)/MoveEasing;
            }
            event.updateAfterEvent();
        }
    }
}
```

(6) 将 ActionScript 文件保存名为 bg，保存到【缓动效果】文件夹中。

(7) 返回文档，打开【库】面板，右击【影片剪辑】元件，在弹出的快捷菜单中选择【属性】命令，打开【元件属性】对话框，单击【高级】按钮，展开对话框，选中【为 ActionScript 导出】

复选框, 然后在【类】文本框中输入 bg.as 文件中定义的类 IC, 单击【确定】按钮, 连接类, 如图 13-27 所示。

(8) 选中文档, 打开【属性】面板, 在【类】文本框中输入保存在【缓动效果】文件夹的外部 AS 文件名称 bg, 如图 13-28 所示。

计算机
基础与实训教材系列

图 13-27　连接类

图 13-28　连接文档类

(9) 将文档保存名为【缓动效果】, 保存到【缓动效果】文件夹中。

(10) 按下 Ctrl+Enter 键, 测试动画效果, 如图 13-29 所示。当鼠标移动时, 影片剪辑会进行缓动运动。

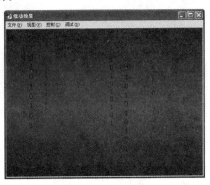
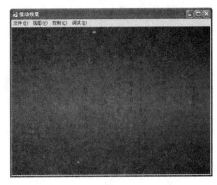

图 13-29　测试效果

13.4　制作马赛克过渡效果

新建一个文档, 导入两个位图图像, 结合文档主类和辅助类, 制作马赛克过渡效果。

(1) 新建一个文档, 选择【文件】|【导入】|【导入到库】命令, 导入两个位图图像到【库】面板中。

(2) 选择【修改】|【文档】命令, 打开【文档属性】对话框, 设置文档大小为 1024×768 像素。

(3) 选择【文件】|【新建】命令, 打开【新建文档】对话框, 新建一个 ActionScript 文件, 在【脚本窗口】中输入如下代码。

```
package script {
//定义类文件位置
    import flash.display.DisplayObject;
    import flash.display.Sprite;
    import flash.display.Bitmap;
    import flash.display.BitmapData;
    import flash.events.Event;
    import flash.geom.Matrix;
    public class Pixelator extends Sprite{
        private var _src:Sprite;
        private var _dst:Sprite;
        private var _destination:DisplayObject;
        private var _inAction:Boolean = false;
        private var _zoomin:Boolean = true;
        private var _pixelSize:Number = 1;
        private var _scaleMatrix:Matrix;
        private var _bitmapProcess:BitmapData;
        private var _bitmap:Bitmap;
        private var _overlay:Sprite;
        private var _outMod:Number = 0;
        private var _inMod:Number = 0;
        private var _pixelCutoff:int = 100;
        // 最大像素为 100
        public static const PIXELATION_SLOWEST:Number = 0.04;
        public static const PIXELATION_SLOW:Number = 0.07;
        public static const PIXELATION_MEDIUM:Number = 0.15;
        public static const PIXELATION_FAST:Number = 0.25;
        public static const PIXELATION_FASTEST:Number = 0.35;
        public static const PIXEL_TRANSITION_COMPLETE:String =
        "PIXEL_TRANSITION_COMPLETE";
        public static const PIXEL_PHASE_2:String = "PIXEL_PHASE_2";
        //构建 pixelator 类方法
        public function Pixelator(_source:DisplayObject, _dest:DisplayObject, _cutoff:int):void {
            _src = new Sprite(); _dst = new Sprite();
            _pixelCutoff = _cutoff;
            var copyData:BitmapData = new BitmapData(_source.width, _source.height, true, 0);
            copyData.draw(_source);
            _src.addChild(new Bitmap(copyData));
            copyData = new BitmapData(_dest.width, _dest.height, true, 0);
            copyData.draw(_dest);
```

```
        _dst.addChild(new Bitmap(copyData));

        _dst.visible = _source.visible = _dest.visible = false;

        _overlay = new Sprite();

        _bitmap = new Bitmap(_bitmapProcess);

        _overlay.addChild(_bitmap);

        addChild(_src); addChild(_dst); addChild(_overlay);

    };
//重新构建方法
        public function reconfigure(_source:DisplayObject, _dest:DisplayObject, _cutoff):void {

        removeChild(_overlay);

        _overlay = null;

        _pixelCutoff = _cutoff;

        _src = new Sprite(); _dst = new Sprite();

        var copyData:BitmapData = new BitmapData(_source.width, _source.height, true, 0);

        copyData.draw(_source);

        _src.addChild(new Bitmap(copyData));

        copyData = new BitmapData(_dest.width, _dest.height, true, 0);

        copyData.draw(_dest);

        _dst.addChild(new Bitmap(copyData));

        _dst.visible = _source.visible = _dest.visible = false;

        _overlay = new Sprite();

        _bitmap = new Bitmap(_bitmapProcess);

        _overlay.addChild(_bitmap);

        addChild(_src); addChild(_dst); addChild(_overlay);

    };
//构建 startTransition 方法
        public function startTransition(_tempo:Number):void {

            if (!_inAction)

            {

                _inMod = 1 - _tempo;

                _outMod = 1 + _tempo;

                _inAction = true;

                _src.visible = false;

                addEventListener("PIXEL_DONE", pixelateDone);

                addEventListener(Event.ENTER_FRAME, pixelateOut);

        } else {

                trace("Currently already processing a transition.");

        }

    };

        private function pixelateIn(e:Event):void {
```

```
            _bitmapProcess = new BitmapData(_dst.width/_pixelSize, _dst.height/_pixelSize, true, 0);
            _scaleMatrix = new Matrix();
            _scaleMatrix.scale(1/_pixelSize, 1/_pixelSize);
            _bitmapProcess.draw(_dst, _scaleMatrix);
            _bitmap.bitmapData = _bitmapProcess;
            _bitmap.width = _dst.width;
            _bitmap.height = _dst.height;
            _pixelSize *= _inMod;
            if (_pixelSize <= 3) {
            //限制时间
                    removeEventListener(Event.ENTER_FRAME, pixelateOut);
                    dispatchEvent(new Event("PIXEL_DONE"));
            }
    };
private function pixelateOut(e:Event):void {
_bitmapProcess = new BitmapData(_src.width/_pixelSize, _src.height/_pixelSize, true, 0);
_scaleMatrix = new Matrix();
_scaleMatrix.scale(1/_pixelSize, 1/_pixelSize);
_bitmapProcess.draw(_src, _scaleMatrix);
_bitmap.bitmapData = _bitmapProcess;
_bitmap.width = _src.width;
_bitmap.height = _src.height;
_pixelSize *= _outMod;
if (_pixelSize >= _pixelCutoff) {
    removeEventListener(Event.ENTER_FRAME, pixelateOut);
    dispatchEvent(new Event(PIXEL_PHASE_2));
    addEventListener(Event.ENTER_FRAME, pixelateIn);
    }
};
private function pixelateDone(e:Event):void {
    disposeLevelOne();
    dispatchEvent(new Event(PIXEL_TRANSITION_COMPLETE));
};
 public function destroy():void {
    disposeLevelTwo();
};
 private function disposeLevelOne():void {
    if (_src != null) removeChild(_src);
    if (_dst != null) removeChild(_dst);
    _bitmapProcess.draw(_dst);
```

```
        _bitmap.bitmapData = _bitmapProcess;
        _src = null;
        _dst = null;
        _bitmapProcess.dispose();
        _bitmap = null;
        _scaleMatrix = null;
        _inAction = false;
        removeEventListener(Event.ENTER_FRAME, pixelateIn);
        removeEventListener("PIXEL_DONE", pixelateDone);
      };
     private function disposeLevelTwo():void {
        removeChild(_overlay);
        _overlay = null;
      }
    };
};
```

(4) 保存 ActionScript 文件名称为 Pixelator，保存到【马赛克效果】/script 文件夹中。

(5) 继续新建一个 ActionScript 文件，在【脚本】窗口中输入如下代码。

```
package {
    import flash.display.Sprite;
    import flash.display.Bitmap;
    import flash.display.BitmapData;
    import flash.events.Event;
    import flash.events.MouseEvent;
    import script.Pixelator;
    //导入 script 文件中 pixelator 类
    public class baseClass extends Sprite {
        private var px:Pixelator;
        private var org:Bitmap = new Bitmap(new pic1(1,1));
        private var dest:Bitmap = new Bitmap(new pic2(1,1));
        //定义 pic1 和 pic2
        private var _bike:Boolean = true;
        public function baseClass():void {
            //未添加 Bitmap(点阵图)，仅供参考作用。
            px = new Pixelator(org, dest, 100);
            px.addEventListener(Pixelator.PIXEL_TRANSITION_COMPLETE, onComplete);
            px.x = 25; px.y = 50; px.buttonMode = true; px.mouseChildren = false;
            addChild(px);
            px.addEventListener(MouseEvent.CLICK, startTransition);
```

```
    };
    private function startTransition(e:MouseEvent):void {
        px.mouseEnabled = false;
        px.startTransition(Pixelator.PIXELATION_FAST);
        //过渡速度
    };
    private function onComplete(e:Event):void {
        px.mouseEnabled = true;
            if (_bike)
        {
           _bike = false;
          px.reconfigure(dest, org, 100);
        } else
        {
          _bike = true;
          px.reconfigure(org, dest, 100);
        }
    };
};
};
```

(6) 保存 ActionScript 文件名称为 baceClass，保存到【马赛克效果】/script 文件夹中。

(7) 返回文档，打开【库】面板，右击其中一个导入的位图图像，在弹出的快捷菜单中选择【属性】命令，打开【位图属性】对话框，选中【为 ActionScript 导出】复选框，在【类】文本框中输入 pic1，如图 13-30 所示。

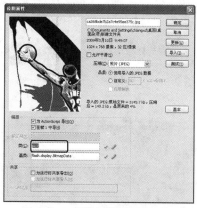

图 13-30 【位图属性】对话框

> **提示**
>
> 在 Flash CS4 中，可以给导入的图像、【按钮】元件和【影片剪辑】元件添加类。有关元件中添加类的操作方法可以参考前文内容。

(8) 参照步骤(9)，添加另一个位图图像外部类 pic2。

(9) 保存文件名为【马赛克图片过渡效果】，保存到【马赛克效果】文件夹。

(10) 按下 Ctrl+Enter 键，测试动画效果，如图 13-31 所示。单击图片时，会以马赛克效果过

计算机 基础与实训教材系列

渡到另一张图片。

图 13-31　测试效果

13.5　制作网站首页

新建一个文档，灵活应用【工具】面板中的工具，利用【按钮】元件特性并应用组件，创建一个网站首页文档。

13.5.1　构建框架

新建一个文档，设置文档合适属性，然后构建页面框架。

(1) 新建一个文档，选择【修改】|【文档】命令，打开【文档属性】对话框，设置文档大小为 800×600 像素。

(2) 选择【文件】|【导入】|【导入到舞台】命令，导入一个位图图像到设计区中，调整图像至合适大小。选择【文本】工具，在位图图像右侧输入文本内容，设置文本内容合适属性，如图 13-32 所示。

(3) 重复操作，继续导入一些图像到设计区中，调整图像至合适大小并移至合适位置，结合【线条】工具和【文本】内容，构建页面的主体框架，如图 13-33 所示。

图 13-32　插入文本　　　　　　　　　　图 13-33　构建页面主体框架

(4) 重命名【图层 1】图层为【框架】图层，在该图层上方新建【下拉列表】图层。

(5) 选中【下拉列表】图层，选择【窗口】|【组件】命令，打开【组件】面板，如图 13-34 所示。

(6) 从【组件】面板中拖动 ComboBox 组件到设计区中，选择【任意变形】工具，调整组件宽度，如图 13-35 所示。

图 13-34 　【组件】面板

图 13-35 　调整组件宽度

(7) 选中 ComboBox 组件，选择【窗口】|【组件检查器】命令，打开【组件检查器】面板，设置 editable 选项为 true，rowCount 选项为 10，prompt 选项为【售后服务店】，如图 13-36 所示。

图 13-36 　设置【组件检查器】面板

> **提示**
>
> 在【组件检查器】面板中，设置 editable 选项为 true，可以编辑组件；设置 rowCount 选项为 10，表示下拉列表最多可显示项目数为 10；prompt 选项是下拉列表默认可见选项。

(8) 选中 ComboBox 组件，在【属性】面板的【实例名称】文本框中输入组件实例名称为 CB，该名称用于在代码中定义组件。

(9) 右击【下拉列表】图层第 1 帧，在弹出的快捷菜单中选择【动作】命令，打开【动作】面板，输入如下代码。

```
import fl.data.DataProvider;
import fl.events.ComponentEvent;
var items:Array = [
    {label:"北京博瑞祥达"},
    {label:"上海景和"},
    {label:"重庆万事达"},
    {label:"福建荣基"},
```

```
        {label:"天津骏达"},
        {label:"江苏南京聚诚"},
        {label:"浙江宁波鑫之杰"},
        {label:"湖南长沙德顺"},
        {label:"广东广州一汽"},
        {label:"山东鑫源"},
];
CB.dataProvider = new DataProvider(items);
CB.addEventListener(ComponentEvent.ENTER, onAddItem);
function onAddItem(event:ComponentEvent):void {
var newRow:int = 0;
    if (event.target.text == "Add") {
        newRow = event.target.length + 1;
        event.target.addItemAt({label:"选项" + newRow},
        event.target.length);
    }
}
```

⑬.5.2　制作页面部分效果

　　构建好框架后，可以根据实际情况，制作页面某一部分的效果，下例是针对页面右下角空白部分制作的一组使用按钮特性效果，也可以利用影片剪辑和遮罩，来创建百叶窗效果。

　　(1) 在【下拉列表】图层上方新建【活动专题】图层。

　　(2) 选择【活动专题】图层，选择【线条】工具，绘制图形，然后选择【文本】工具，在图形中输入文本内容，如图 13-37 所示。

　　(3) 选中【活动专题】图层中的所有对象，按下 Ctrl+G 键，组合对象。选中组合对象，按下 Ctrl+C 键，复制对象，然后按下 Ctrl+Shift+V 键，将复制对象粘贴到初始位置并向右移动并适当位置。重复操作，复制 3 个对象并移动并适当位置。

　　(4) 分别修改复制对象中的文本内容，如图 13-38 所示。

　　　图 13-37　在图形中输入文本　　　　　　　图 13-38　修改文本内容

　　(5) 选中任意一个组合对象，选择【修改】|【转换为元件】命令，打开【转换为元件】对话

框，转换为【按钮】元件。

(6) 重复操作，将其他 4 个组合对象转换为【按钮】元件。

(7) 双击任意一个【按钮】元件，打开元件编辑模式。

(8) 在元件编辑模式中的【指针】帧插入关键帧，选择【文件】|【导入】|【导入到库】命令，导入一个矢量图形到【库】面板中，将该图形移至设计区中，如图 13-39 所示。

(9) 选中插入的图形，选择【修改】|【转换为元件】命令，转换为【影片剪辑】元件，双击元件，打开【影片剪辑】元件编辑模式。

(10) 在【影片剪辑】元件编辑模式中，选中图形，转换为【图形】元件，然后在第 5 帧处插入关键帧。

(11) 选中第 1 帧处的【图形】元件，打开【属性】面板，设置 Alpha 值为 0%。右击 1 到 5 帧之间任意一帧，在弹出的快捷菜单中选择【创建传统补间动画】命令，创建补间动画。最后在第 20 帧处插入帧。

(12) 新建【图层 2】图层，在第 6 帧处插入关键帧。选择【基本矩形】工具，绘制一个圆角矩形图形，在【属性】面板中调整圆角矩形图形度数为 15。

(13) 选择【任意变形】工具，调整圆角矩形图形至合适大小并移至如图 13-40 所示的位置。

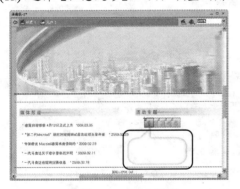　　　　

图 13-39　插入图形　　　　　　图 13-40　插入圆角矩形

(14) 双击圆角矩形图形，打开圆角矩形图形编辑模式，选中图形，按下 Ctrl+X 键，剪切图形。

(15) 返回【影片剪辑】元件编辑模式，按下 Ctrl+Shift+V 键，将剪切的图形粘贴到初始位置。

(16) 选择【文件】|【导入】|【导入到库】命令，导入一个位图图像到【库】面板，拖动该图像到设计区中，位于圆角矩形图形下方位置。

(17) 选中导入的位图图像，按下 Ctrl+B 键，分离图形。

(18) 选中分离的位图图像位于圆角矩形图形外的图形，按下 Del 键，删除图形，如图 13-41 所示。

(19) 选择【文本】工具，输入文本内容，设置文本内容合适属性，将文本内容移至如图 13-42 所示的位置。

图 13-41　删除图形

图 13-42　插入文本

(20) 选中图形和文本内容，转换为【图形】元件。在【图层 2】图层第 19 帧处插入关键帧。

(21) 移动【图层 2】图层第 6 帧处的【图形】元件到如图 13-43 所示的位置。右击 6 到 19 帧之间任意一帧，在弹出的快捷菜单中选择【创建补间动画】命令，创建补间动画。

(22) 右击第 12 帧，在弹出的快捷菜单中选择【插入关键帧】|【位置】命令，插入补间关键帧。

(23) 选中 12 帧处的【图形】元件，移至与 19 帧处【图形】元件相同位置。选择【窗口】|【动画编辑器】命令，打开【动画编辑器】面板，单击【添加颜色、滤镜或缓动】按钮，然后设置 Alpha 值为 20%，如图 13-44 所示。

图 13-43　移动元件

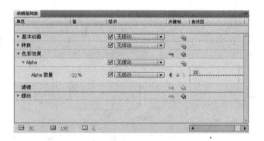

图 13-44　【动画编辑器】面板

(24) 在【图层 2】图层第 20 帧处插入帧，右击【图层 1】图层第 20 帧处，在弹出的快捷菜单中选择【转换为关键帧】命令，将该帧转换为关键帧，然后右击该关键帧，在弹出的快捷菜单中选择【动作】命令，打开【动作】面板输入如下代码，用于停止影片播放。

```
stop();
```

(25) 返回场景，参照以上步骤，制作其他 4 个【按钮】元件动画效果。

13.5.3　制作页面主体部分效果

制作完成页面的框架和右下角空白位置效果后，页面仍然显得比较"安静"，可以创建一组动画效果来丰富页面内容。

(1) 返回场景，新建【宣传】图层。选择【矩形】工具，绘制一个灰色矩形图形并移至合适位置。然后选择【文本】工具，输入文本内容。

(2) 选中文本内容按下 Ctrl+B 键，分离文本，根据车名，选择文本内容，按下 Ctrl+G 键组合文本对象，并移至合适位置，效果如图 13-45 所示。

(3) 选中任意一个文本对象，例如【MAZDA6 轿车】文本对象，转换为【按钮】元件，双击打开【按钮】元件编辑模式，在【指针】帧位置插入关键帧。

(4) 导入一个位图图像到【指针】帧位置，将位图图像转换为【影片剪辑】元件，双击打开【影片剪辑】元件编辑模式。

(5) 在【影片剪辑】元件编辑模式中，将位图图像转换为【图形】元件。在第 7 帧和第 15 帧处插入关键帧。

(6) 选中第 1 帧处的【图形】元件，打开【属性】面板，设置【亮度】为-40%，如图 13-46 所示。选中第 7 帧处【图形】元件，设置【亮度】为 70%。

图 13-45　组合文本对象

图 13-46　设置元件亮度

(7) 分别创建 1 到 7 帧和 7 到 15 帧之间补间动画。新建【图层 2】图层，在第 11 帧处插入关键帧，导入一个 PNG 图形，调整图形大小并移至合适位置。

(8) 选中导入的 PNG 图形，转换为【图形】元件，双击【图形】元件，打开元件编辑模式，选中图形，转换为【影片剪辑】元件。

(9) 双击【影片剪辑】元件，打开【影片剪辑】元件编辑模式，新建【图层 2】图层，结合【工具】面板中的【钢笔】工具和【颜料桶】工具，在图形上绘制如图 13-47 所示的白色抛光图形。

(10) 单击【图层 2】图层第 1 帧，选中该帧处的所有对象，转换为【图形】元件，在【属性】面板中设置 Alpha 值为 80%。

(11) 在【图层 1】和【图层 2】图层第 15 帧处插入帧。新建【图层 3】图层，选择【矩形】工具，绘制一个矩形图形，将矩形图形转换为【图形】元件。

(12) 在【图层 3】图层第 15 帧处插入关键帧，移动第 1 帧处【图形】元件到 PNG 图像左侧，移动第 15 帧处【图形】元件到 PNG 图像右侧，创建 1 到 15 帧处补间动画。

(13) 右击【图层 3】图层，在弹出的快捷菜单中选择【遮罩层】命令，创建遮罩层，制作 PNG 图像抛光效果。

计算机基础与实训教材系列

图 13-47　绘制抛光图形

> **提示**
> 这里介绍的抛光效果步骤相对简练，用户如果不是很明白，可以参考第 6 章中的例 6-2。

(14) 返回【影片剪辑】元件编辑模式，在【图层 2】图层第 26 帧处插入关键帧，选中第 11 帧处的【图形】元件，选择【任意变形】工具，按下 Shift 键，等比例缩放元件；选中第 26 帧处【图形】元件，等比例放大元件并向左移动一定位置。

(15) 分别在【图层 1】和【图层 2】图层的第 55 帧处插入帧。

(16) 新建【图层 3】图层，在第 27 帧处插入关键帧。选择【文本】工具，输入文本内容，调整文本内容合适属性并移至如图 13-48 所示的位置。

(17) 将文本内容转换为【图形】元件，在第 37 帧处插入关键帧。选中第 27 帧处的【图形】元件，在【属性】面板中设置 Alpha 值为 0%，创建 27 到 37 帧之间补间动画，形成一个渐变效果。

(18) 新建【图层 4】图层，在第 55 帧处插入空白关键帧，右击该空白关键帧，在弹出的快捷菜单中选择【动作】命令，打开【动作】面板，输入如下代码。

```
stop();
```

(19) 返回【按钮】元件编辑模式，在【按下】帧位置插入帧，在【点击】帧位置插入关键帧，然后选择【矩形】工具，绘制一个矩形图形，作为【按钮】元件点击范围，如图 13-49 所示。

图 13-48　插入文本内容

图 13-49　绘制点击范围

(20) 返回场景，继续制作其他 5 个【按钮】元件的相应效果，例如淡入淡出效果、百叶窗效果、脉搏效果等。可以使用【动画预设】面板中的默认动画预设来简化操作步骤。

(21) 参照图 13-50 所示制作的其他 5 个【按钮】元件移动时的动画效果来制作动画。但在制作时要注意当动画播放完毕后添加 stop 动作，否则会不断播放动画效果。

【MAZDA6 轿跑车】效果

【WAGON 跑车】效果

【MAZDA5】效果

【MAZDA3 两厢】效果

计算机 基础与实训教材系列

【RX-8】效果

图 13-50 　【按钮】元件移动时的动画效果

(22) 到此，页面就已经制作完成了，可以自行在细节地方添加一些动画效果，例如添加时钟、创建文本超链接等。

(23) 按下 Ctrl+Enter 键，测试动画效果，如图 13-51 所示。

图 13-51 　测试效果

(24) 保存文件为【一汽 MAZDA 页面】。